化学教学的创新模式研究

赵艳霞 吴 蔚 著

电子科技大学出版社
University of Electronic Science and Technology of China Press
·成都·

图书在版编目（CIP）数据

化学教学的创新模式研究 / 赵艳霞，吴蔚著 . -- 成
都：电子科技大学出版社，2023.8

ISBN 978-7-5770-0517-1

Ⅰ . ①化… Ⅱ . ①赵… ②吴… Ⅲ . ①化学－教学研
究－高等职业教育 Ⅳ . ① O6

中国国家版本馆 CIP 数据核字（2023）第 158692 号

化学教学的创新模式研究

HUAXUE JIAOXUE DE CHUANGXIN MOSHI YANJIU

赵艳霞　吴　蔚　著

策划编辑　卢　莉　雷晓丽
责任编辑　卢　莉

出版发行　电子科技大学出版社
　　　　　成都市一环路东一段 159 号电子信息产业大厦九楼　　邮编　610051
主　　页　www.uestcp.com.cn
服务电话　028-83203399
邮购电话　028-83201495

印　　刷　廊坊市鸿煊印刷有限公司
成品尺寸　185mm × 260mm
印　　张　15
字　　数　385 千字
版　　次　2024 年 1 月第 1 版
印　　次　2024 年 1 月第 1 次印刷
书　　号　ISBN 978-7-5770-0517-1
定　　价　68.00 元

前　言

21世纪是信息化的时代，是知识多元化的时代，也是经济一体化的时代，更是所有科学门类综合交叉和创新的时代。国家教育发展"十四五"规划，明确了"建设高质量教育体系"的政策导向和重点要求，坚持把立德树人作为教育的根本任务，旨在培养德、智、体、美、劳全面发展、爱国的社会主义事业的建设者和接班人。教育受到社会的广泛关注和高度重视，这无疑给教育带来了一定的机遇，同时也给教育带来了一系列的挑战。而教学是教育的重要组成部分，随着社会对综合型人才需求的增加以及科教兴国战略的提出，深化教学改革、全面推进素质教育成为信息化时代教学改革与教育发展的主旋律。

高等职业教育作为我国现代教育体系中重要的组成部分，也发挥着重要的作用，旨在为社会培养实用型、复合型的技术技能人才，但是高职教育由于其生源的多样性，学生基础参差不齐，对高职教育教学提出了严峻的挑战。高职化学是一门理论与实践相结合的学科，是所有科学门类综合与创新的基础，与化工、环境、生物、食品、药品等领域密切相关，其学科体系具有理论知识多、抽象、晦涩，操作技能要求高等特点，这给化学教学带来了较大的困难。

目前，高职化学教师多采用传统的教学模式，教学效果十分不理想，从而导致很多学生严重缺乏学习化学课程的积极性与主动性。化学专业知识最终要服务于实际的社会生产，并在社会生产中创造相应的经济效益，因此，新时期的高职化学教学，需要针对时代的要求进行教材内容、教学方式、教学目的等方面的改革，运用多元化的教学方式、灵活的教学评价方式，以取得良好的教学效果。化学教学要想取得良好的教学效果，离不开有效的教学策略、教学设计和典型的案例分析。纵观市面上关于化学教学的书籍，涉及教学论、教学设计等内容的书籍屡见不鲜，但是关于高职化学教学策略与案例分析的书籍却屈指可数。在此背景下，本书针对高职化学教学的策略与典型案例进行了系统的分析和论述，为读者勾勒出一幅策略与案例并存的化学教学蓝图。

本书有以下特点。

第一，理论与实践相结合。

教学策略等理论知识往往晦涩难懂，如果将教学策略等理论知识融入典型的案例分析中，就会使原本枯燥的理论阐述变得有趣且易懂，有利于化学教学策略的实施。本书在论述有关教学策略的过程中，结合作者多年的教学实践，在每种教学策略后面附上典型的案例分析，做到理论与实践的有机结合。

第二，层次清晰，内容具体。

本书按照宏观－微观的模式来安排章节，从化学教学策略相关的基本概念入手，从不同层面对化学教学策略与典型案例进行分析，章节之间层次分明，所论述内容全面、具体。

第三，观点新颖，立意明确。

本书将化学教学策略与案例分析结合起来论述，是化学教学研究的一种新模式。本书在论述过程中，紧扣主题，立意明确，观点新颖，为化学教学提供了新的思路。

本书共分十章，各章的主要内容和编写分工如下：第一章 化学教学策略概述（由赵艳霞、吴蔚负责编写）；第二章 化学教与学过程设计（由吴蔚、赵艳霞负责编写）；第三章 化学导学案教学研究（由赵艳霞负责编写）；第四章 化学任务驱动教学模式的构建（由吴蔚、赵艳霞负责编写）；第五章 信息技术环境下高职化学探究式教学模式研究（由赵艳霞负责编写）；第六章 互惠式教学风格在高职化学实验课程中的教学设计研究（由吴蔚负责编写）；第七章 高职院校化学双创教育教学实践研究（由吴蔚负责编写）；第八章 微课在化学学科中的应用（由赵艳霞、吴蔚负责编写）；第九章 高职院校绿色化学教育（由赵艳霞、吴蔚负责编写）；第十章 化学教师的评价与专业发展（由吴蔚负责编写）。

在本书的写作过程中，笔者查阅了很多国内外书籍和文献，吸收了很多与之相关的最新研究成果，借鉴了一些专家学者的观点，在此表示衷心的感谢！限于作者水平，书中难免存在不足或遗漏之处，敬请广大读者批评指正！

目　录

第一章 化学教学策略概述

本章通过对当前化学教学策略现状的调查，了解当前新课程改革中化学教师面临的具体问题与困惑，为本书寻找到实践的来源；并通过对化学教学策略内涵与本质、研究现状的分析，明晰化学教学策略的研究具有的重要理论与实践价值。

第一节 化学教学策略的研究现状

一、国外研究现状

目前，国内外对教学策略的研究还处于探索和发展阶段。布鲁纳（Bruner）提出儿童认知可分为三个阶段：动作把握阶段、映象把握阶段和符号把握阶段，每个阶段均围绕主体的基本结构进行科学组织。每个学科涵盖一个由基本概念组成的学科结构，每个概念的复杂程度随着阶段的上升而增加，因此教学策略应该是分段设计教材，螺旋式扩展和深化。奥苏贝尔以同化学习理论为基础，认为教学应根据内容采取系列化策略，先介绍主要的组织者，然后再介绍更详细、更具体的相关概念。教学应由一般到具体，学生可以将新的、详细的知识与头脑中已有的更一般的知识联系起来，形成稳定的认知结构。美国教育心理学家加涅的累积学习模式（或学习的层次理论）将教学内容划分为不同层次，按照从简单到复杂、从部分到整体的顺序进行教学。每一个简单部分都是复杂部分的先决条件，复杂部分的教学以简单部分的教学为基础。加涅提出展开教学的几种教学事件包括：集中学员注意力、告知学习目标、回顾前置知识、呈现学习材料、提供学习指导、明确所期望的学习行为、提供行为正确与否的反馈、评定行为、增强记忆，促进迁移。其中，五类学习目标形成了五种教学模式矩阵，从而使各种教学策略形成一个整体序列。赖格卢特（Reigeluth）的教学策略是通过对知识结构的分析来设计教学方法。他将知识结构分为概念、过程和原理三种类型，并根据一般到具体的序列进行精细化设计。当知识结构为概念时，首先要确定概念之间的上位、下位和并列关系，然后选择最重要、最基本的要点按照自上而下的顺序排列。当涉及过程时，首先确定学习的模式，然后以最重要、最具综合性、最基本的概念作为先导，逐渐放宽假设，再逐步教授更复杂的内容。当涉及原理时，首先确定原理的深度和广度，然后探求每个原理的先前原理，对该原理进行精细化加工，找出更复杂的原理，最后将其他类型的内容，如概念、事实信息等，安插在序列中最恰当的位置。梅里尔（Merril）认为学习内容的呈现方式主要包括讲解和探究。为了匹配呈现方式和呈现要素（包括定义、程序、原理和具体例子），他提出了多种教学传递方法。其中，选择呈现形式必须遵循以下三条法则：成分具体化法则——描述各种任务类型所需的呈现方式，即将抽象的概念和过程具体化，以便学习者更好地理解和应用；一致性法则——选择学习者行为结果与其呈现形式的最佳结合。这意味着教学呈现方式应与学习者预期的学习结果相一致，以促进有效的学习；恰当性法则——传递的技巧、反馈和精心加工等要素必须恰当。这意味着教学策略和方法应根据学习任务和学习者的需求进行选择，以确保教学过程的有效性。迪克（Dick）和凯里（Carey）提出教学策略应包括准备活动、信息呈现、学生参与、测验及补充活动等教学事件，围绕任务分析加以设计：①指明教学先后顺序及如何将教学目标归类；②指明教师自己将在准备活动和测验时做什么；③按预测向学生呈现的顺序指明每一个或每一类具体目标的教学任务；④必要的补充活动。拉埃丁（Riding）提出，依据学习者对自身认知风格的认识，至少有三种关键性的策略可以用于提高学习效率：转译、适应、减轻加工负荷。

在科学教学策略方面，美国教育家施瓦布（Schwab）提出了使学生有效地掌握科学概念、培养科学态度的 14 种探究技能。帕迪利亚（Padilla）和米凯尔（Michael）在揭示科学过程技能与科学思维关系的基础上，建议教师要选择符合学习者水平的适当的教学任务，运用熟悉的材料教给学生有效的问题解决策略。贝苏加（Basaga）和哈维达（Huveyda）等根据在研究在生物、化学课程中运用探究教学方式与传统教学方式组织教学时学生技能的差异，得出了运用探究教学方式有利于提高学生科学过程技能的结论。研究表明，通过改革化学实验教学可以促进学生科学过程技能的发展，科学过程技能教学对于促进学生获得科学知识大有助益。

经过实践，人们越来越意识到经典教学策略模式中只重视过程的优化而忽略学生学习动力因素的考虑，无法真正实现有效的教学。斯皮罗（Spitzer）指出，学习不仅仅是认知活动，学习的愿望是学习的基本组成部分。有效的学习取决于过去的学习经验以及当前学习环境所提供的动机。这表明在教学中应该综合考虑学生的学习动力因素，以激发他们的学习愿望。因此，美国南佛罗里达大学心理学教授凯勒（Keller）提出了 ARCS 动机理论设计模式。该模式认为，学生学习动机受到注意（attention）、切身性（relevance）、自信心（confidence）和满足感（satisfaction）四个因素的影响。因此，教师在设计教学策略时，应考虑适当的动机设计，根据学生的动机状况和教学内容的特点，设计相应的动机策略。这包括引起和维持学生的注意力，建立教学与学生之间的关联性，培养学生对学习的自信心，并提供满足感。凯勒的动机设计理论综合了多种动机来源的一般模式，并在教学系统设计中受到了关注。布雷登（Braden）则提出了"线性教学设计与开发模型"，在原有的教学设计模块中增加了动机设计和管理设计两个模块。这些动机设计的研究成果为教学系统设计者提供了思路，例如如何在原有的系统设计模型中加入动机设计成分。梅恩（Main）进行了将动机设计融入军事教学系统设计的尝试。他认为学习的情感领域可以分为两个方面：一是转变学生的价值观、信念和态度；二是涉及学生对学科的态度，旨在激发学生对所学知识的渴望。他指出，我们需要像对待认知目标和动机目标一样重视情感目标，并将学习动机纳入教学系统设计模式中。沃特科沃斯基（Wloldkowski）提出了 TC 动机设计模式，将整个教学过程的动机因素分为态度、需要、刺激、情感、能力和强化，并将动机因素置于连续的教学过程中进行考察，强调其动态性。他将培养学习动机视为教学活动的完整过程，并在教学的开始、展开和结束阶段分别考虑相应的动机因素。这些观点强调了将动机设计融入教学系统设计的重要性。斯皮罗提出了动机情境观，这种动机设计模式的特点是将教学过程中的动机因素作为中心要素进行设计，认为"许多教学理论把动机仅作为教学的预备阶段或先决条件的因素来看待，认为动机只发生在正式教学开始之前，如'激发动机''引起注意''建立定式'等。人们没有把动机作为教学本身的中心要素来看待，这是极大的疏忽。事实上，不管教学方案多么出色，学习将不可能超出学生的动机水平。动机低，学的也少。许多教学的失败在于没有考虑这一层面"。霍林沃思（Hollmgworth）曾提出"动机即是教育的动力"的观点。

二、国内研究现状

（一）知识与技能的教学策略

国内学者对化学教学策略的研究还处于发展探索中，内容包括教学组织策略、教学传递策略、教学管理策略、学习问题解决策略等。国内化学教学策略的研究注重学科知识传授和思维能力培养，这也是国内教学策略研究的特色。近年来，以化学教学策略为主题的博士论文主要有《高中生化学问题解决中的表征与策略研究》《高中生化学问题解决思维策略训练的研究》《基于学习对象的教学设计模型研究》等，硕士论文主要有《多元智能理论视野下的化学教学策略研究》《新课程理念下初中化学教学策略的研究》《化学教师课堂教学策略的理论与实践研究》《促进高中特长生自主学习化学的课堂教学策略研究》《高职化学教学策略研究》《多元智能理论在化学教学中的运用》《利用智能强项进行化学教学的策略研究》《新课标下化学教学策略的探究》《中学有机化学知识内容的分析及教学策略研究》《培养学生综合能力的化学教学策略研究》《高职学生认知风格与化学教学策略的研究》《化学课程有效教学策略研究》《在化学教学中学习动机激发策略探讨》《促进学生有效学习的化学课堂教学策略研究》《化学教学中教学策略的选择与运用》等。学位论文侧重于研究哲学、认知心理学、建构主义基础和新课程理念指导下的化学教学策略，期刊论文侧重于从实践的角度进行化学教学策略的综合讨论。

概念图是化学教与学的重要工具。概念图的构建可以帮助学生完善化学知识认知结构，从而使其转化为一种有效的学习策略，实现由"学会"则"会学"的转变。化学教学中构建概念图的具体策略包括以下几点：首先，设计先行组织者，帮助学生连接知识，畅通思路；其次，组织概念网络，促进新旧知识的同化；再次，进行反思评价，修正和发展知识结构；最后，进行变式练习来应用概念，以加强理解。此外，研究者还从知识类型的角度进行了化学教学策略的研究。他们认为，有效的化学概念教学策略包括实验探究概念教学策略、主体性概念教学策略和"先行组织者"概念教学策略等。还有研究者从心理学角度研究认为化学概念学习的策略，主要有通过图式间相互作用来理解和掌握概念、利用变式来理解掌握概念、通过比较来理解掌握概念、提供概念的正反例来理解掌握概念。中学有机化学概念方面的教学策略主要有呈现典型实例使学生明确概念的属性、遵照循序渐进的认识规律使学生在不断的学习中加深对概念的理解、强调反应机理使学生理解有机化学基本反应类型、运用比较法使概念之间的关系明晰化从而使有机化合物知识系统化。有机化学结构与性质方面的教学策略主要有注重分析有机物分子的结构特征，突出官能团的作用，归纳共性与分离个性，把握同类有机化合物性质的一般规律，注重有机化合物之间的相互转化关系，形成结构化的知识网络。还有研究提出促进化学知识迁移的教学策略，主要有教授学生认知策略，培养学生的化学知识迁移能力；培养学生的元认知技能，使其能够意识到自己的学习过程和策略，并进行调整和优化；促进学习之间的联系，帮助学生将不同的知识点进行关联和整合，避免思维定式的干扰；针对知识的难点和重点，进行"一题多练"和"举一反三"的习题训练，从不同角度构建问题，培养学生的变通能力和迁移能力；强调培养学生归纳总结问题的能力，通过类比联想从个别中总结出普遍规律，并通过类比联想认识个别情境，促进学生灵活运用知识的能力；激发学生对化学学习的兴趣，避免负迁移，通过正迁移促进学生的学习动机；挖掘化学内容与其他学科的相关知识点的联系，促使将其他学科的知识和解决问题的方法迁移到化学中，培养学生的迁移能力。总之，教师"为迁移而教"的各种策略旨在通过教而达到不教的目的。

（二）化学实验的教学策略

化学实验设计的策略有多制法策略、多器用策略、多法鉴别策略、多用策略、替代策略、增减策略、颠倒策略、组合策略、引入策略、模拟策略等。通过化学实验培养学生科学探究能力的策略主要有设计开放性实验试题，培养学生的探究能力；设计实验探究式教学，培养学生探究的习惯、意识及能力；将化学实验设计成探究性实验。还有学者认为，可通过实验观察、操作和思维相结合，实验设计与实验改进，探究性实验教学和多样化实验习题的设计等，培养学生的创造性思维。

（三）思维方法的教学策略

有研究者认为，化学教学中需要加强对学生多种表征能力的培养，使学生的认知结构均衡发展，通过各种表征类型及其联系的建立实现有意义的学习。还有研究者研究了化学思维的培养策略，认为化学家的化学思维方法融入化学教学的方式是多样的。将科学家的化学思维方法融合在学生的探究活动之中，能够有效地提高学生对科学家研究化学思维方法的关注。以化学家科学活动的化学思维方法作为主线进行化学教学策略设计是可行的。有研究者具体提出了培养思维品质的策略：抓本质——培养思维的深刻性；善于变通——培养思维的灵活性；熟能生巧——培养思维的敏捷性；敢于质疑——培养思维的批判性；注重创新——培养思维的独创性。有研究者认为，化学教学中创造性思维培养的策略和方法主要有发散为本脑力激荡法、表象为本观察法、表象为本情境创设课堂教学法、知识结构调整教学法、直觉思维总结法、模型建造教学法。还有研究者认为，认知策略对化学学习过程有着极其重要的作用。在化学教学中应着重培养学生的认知同化、比较辨析、提纲图示和类比迁移等认知策略。有研究者认为，解决一个复杂问题的过程，就是一个将基本加工结合再结合直到问题解决的过程。针对化学课堂上某些枯燥抽象、复杂难懂的化学问题，有的研究者提出应加强和重视"子问题"设计。设计策略包括通过把难点用类比迁移、具体化、情境化和递进式等方式降解，使其成为学生能够解决的一系列问题，然后逐个解决，从而达到解决复杂问题的目的。

（四）化学学习策略

有研究者从心理学的角度研究发现，学生的知识总量、知识的组织方式、数理基础和认知特点对表征有影响，与学生的性别和年级关系不大。学生的化学知识总量与学生的数理基础、解题能力、分类和表征成绩均有较高的相关性。高职生可能主要使用以数据驱动的逆向推理策略，以概念或图式驱动的正向推理策略或正、逆混合推理的策略。知识总量大的学生认知和元认知水平较高。在常态下，教师应结合学科教学内容的特点进行有目的的策略训练。学科领域的专门策略对学生提高学科问题解决能力具有积极的促进作用。研究者从多元智能发展的角度提出了策略来培养学生的不同智能：①发展言语语言智能：通过讲故事、听故事、参与小组讨论等方式来培养学生的言语语言智能。②发展数理逻辑智能：通过分析综合方法、比较分类法、归纳法、演绎法、类比法、假设方法、联想思维法等方法来培养学生的数理逻辑智能。③发展身体运动智能：通过化学实验、师生合作实验、家庭小实验等方式来培养学生的身体运动智能。④发展视觉空间智能：通过创设优雅的教学环境，利用图表、图解、图像、照片和激发想象等方式来培养学生的视觉空间智能。⑤发展音乐节奏智能：通过欣赏与内容有关的音乐，将学习内容与乐曲相结合或创作新的乐曲等方式来培养学生的音乐节奏智能。⑥发展人际关系智能：通过分组学习、合作学习等方式来培养学生的人际关系智能。⑦发展自我认知智能：通过化学元认知教学、自我指导学习等方式来培养学生的自我认知智能。⑧发展自然观察者智能：通过充分利用化学课内外资源和网络媒体中的资源来培养学生的自然观察者智能。还有研究者认为，高职生解决化学问题过程的思维阶段相应的有效思维策略主要有8种：①读题审题策略；②综合分析策略；③双向推理策略；④同中求异、异中求同策略；⑤化繁为简策略；⑥巧设速解策略；⑦模糊思维策略；⑧总结反思策略。其中，策略①至策略④和策略⑧为一般问题解决策略，策略⑤至策略⑦为化学学科问题解决思维策略。但是，在运用这些思维策略解决问题时，通常还会随着化学问题类型、问题解决环境和问题解决者的化学知识基础等因素的不同而有所改变。

（五）情感态度与价值观的教学策略

根据教学实践，确立切实可行的情感教学目标，营造有利于形成健康积极的情感态度和价值观的外部氛围；以课堂教学为主线，课外教育活动为辅助。要充分利用课堂时间，以激发学生对化学学习的兴趣为出发点，以启发和鼓励为手段，以化学知识教学、化学实验教学、研究性学习、讨论和交流为载体，以人格高尚的科学家为榜样，努力以环境、情感、理性、智力和评价培养情感。牢牢把握课堂外培养学生情感态度和价值观的有利时机，不让教育走入死胡同。

（六）综合性策略

有研究者认为，有效的化学教学具体策略主要有把思考的第一时间留给学生、基于探究的实验教学、组织有效的小组合作学习等。要学生自己发现问题、分析问题、解决问题，真正地掌握所学的知识，即学生自己教自己。要让学生自己教自己，最为关键的就是，教师在课堂教学中要讲究思维教学的策略，即引发学生的好奇心，引导学生动手设计实验，注重一题多解和拓宽学生的学习空间。要设计先行组织者，改变学生原有认知结构变量；重视概括能力、智力技能学习和方法的指导，使学生由经验向概念、规则迁移；掌握双基知识，培养学生的类比迁移能力；重视实验教学以及实施差异教育，使不同智力水平的学生发生有效的学习迁移；等等。还有学者探讨了新课程三维目标的实现策略：正确把握三维目标的内在联系，教学要适合学生的思维水平和认识基础，教师要适时激发学生的学习兴趣和学习动力；处理好建构知识与培养能力的关系，采用对话互动式的教学形式；教师课堂点拨要及时。课堂教学要有"四化"策略：探究教学——善于内化，概念教学——善于同化，难点教学——善于分化，迁移教学——善于类化。还有研究者根据新课程理念以及化学学科特点，提出在化学新课程教学中要重视以下教学策略的实施：①教学的情境化策略；②教学的人文化策略；③教学的先行组织者策略；④教学的探究化策略。

三、对已有研究存在问题的反思和对今后研究的展望

（一）存在的问题

（1）对过程与方法目标的设计、情感目标的设计涉及不够，缺乏一个基于三维目标的综合教学策略。因为学习结果与认知过程如何与教学策略结合起来，还需要从经验层面提升到教学理论层面上，这样才能为教学提供指导。一线教师的许多研究只是一种经验的推广，没有上升到理论层次。对教师而言，经验在教学中是重要的，而将优秀的经验提升为指导教学的普适性理论应该是今后的研究方向。

（2）化学学科的特点是以实验为基础，实用性强，与社会生活联系紧密，但是结合学科特点的教学策略研究较少或者不全。虽然已经有一些针对化学学科特点的化学教学策略研究，但是不够系统，学科特点的某些方面得到强化，而某些研究相对薄弱。例如，针对实验技能的化学教学策略研究较多，针对知识类型、情感态度、思维方法等的化学教学策略研究较少，特别是缺少对整合型策略的深入研究。

（3）如何科学地将三维目标应用于教学策略实践仍处于经验性的摸索阶段。以培养学生的科学素养为宗旨等先进教育理念，其许多化学教学策略显得较空洞，可操作性和实践性不强，从某种程度上来说只是将一般教育理念具体到化学学科教学中而已，没有落实到具体的实践和操作环节中。

（二）发展趋势

化学教学策略研究的价值取向将更加注重人本，强调学生的主体作用和学习动机的激发，以及化学知识与实际生活情境的联系。研究将从理论与实验两方面同时进行，并加强与教师教学风格、思维品质的匹配研究。此外，化学教学策略研究将与哲学、心理学、脑科学等领域的研究结合得更加紧密。同时，研究将更加重视培养学生的化学学科核心素养。

总的来说，我们应该综合运用多元化的教学策略，根据学生的实际情况创造性地组织教学，并设计出符合教师特征和实际教学背景的化学教学策略。

第二节 教学策略的概念与构成

一、关于教学策略概念的概要的讨论

（一）教学策略与教学设计

教学策略是教学设计的一部分，是用于实现教学目标的教学实施方案。虽然教学策略在实现教学目标方面起着重要作用，但它只是整体方案中的一个组成部分，不能取代全部。国外学者将教学策略视为教学设计过程的一环，与其他要素一起构成完整的教学设计。如加涅（Gagne）就把教学设计分为鉴别教学目标、进行教学分析、鉴别起始行为特征、建立课文标准、提出教学策略、创设和选择教学材料、设计与执行形成性和总结性评价等几个部分。史密斯（Smith）和瑞甘（Ragan）也将教学策略视为教学设计过程的环节之一。在国内，教学设计通常包括教学目标、教学内容、教学对象、教学策略、教学媒体和教学评价等基本要素。因此，教学策略与教学设计是部分与整体的关系。教学策略主要解决"如何教"的问题，包括课时的划分、教学顺序的安排、教学活动的设计和教学组织形式的选择等。

（二）教学策略与教学观念

教学策略是指以一定的教学观念和教学理论为指导，为实现一定的教学目的，完成特定的教学任务，获得预期教学效果，实现教学目标而制定，并在实施过程中不断调适、优化的教学总体方案。教学策略具有明确的指向性，它是由特定的教学目标所决定，直接为实现教学目标、完成教学任务、解决教学问题服务的。教学策略不仅重视"教"，而且重视"学"，教和学是辩证的对立统一的关系，要强调教和学的相互作用，注意学生的意义建构。教学策略具有灵活性和多样性的特点，正因为这样，才能满足不同教学的需要，不存在对所有情况都适用的教学策略。教学策略与教学观念有着千丝万缕的联系，但将教学策略与教学观念视为一体却值得商榷。教学策略的外延并没有那么宽，其本身的制定或选择也处于教学观念的关照之下，受教学观念的制约；它不仅同教学观念一样具有支配教学行为的功能，而且它具有可操作性的本质属性。因此，教学策略与教学观念是有实质区别的。

（三）教学策略与教学模式

教学模式是教学活动的总体安排和组织方式，是教学活动的结构框架。反映特定教学理论逻辑轮廓，具有直观性、假设性、完整性和稳定性。教学策略和教学模式都是教学活动中的重要概念，都是为实现教学目标服务的。教学策略和教学模式都具有灵活性和多样性的特点，可以根据不同的教学目标和教学情境进行选择和调整。教学策略是具体指导教学活动的总体方案，是教学方法的总和，是教学方式的具体化；教学模式是教学活动的总体安排和组织方式，是教学活动的结构框架。教学策略具有明确的指向性，是由特定的教学目标所决定，直接为实现教学目标、完成教学任务、解决教学问题服务的；而教学模式具有相对稳定性，是为保持某种教学任务的相对稳定而具体的教学活动结构。教学策略具有灵活性和多样性的特点，可以根据实际情况对教学内容、方法、组织形式等进行补充、调整；而教学模式具有相对固定性，是一系列教学行为的组合，指向整个教学过程。

（四）教学策略与教学方法

教学方法通常有三层含义。①实现教学内容、达到教学目的的一切手段、途径都叫教学方法。这是比较广义的理解，是教学理论、原则和方法的总称。教学组织形式更可称为教学方法。②教学方法是教师在教学原则的指导下采取的一系列的活动措施，与教学组织形式密不可分。③常用的教学方法包括讲授法、讨论法、直观演示法、练习法、读书指导法、参观教学法、谈话法、自主学习法等，此种界定将教学方法从教学原则、教学组织形式中分离开来。一般教学论论著中所阐述的教学方法，指的就是第三种含义。教学策略与教学方法密切相关，但两者并不是等同的概念。教学策略规定和支配教学方法的选择，使教学方法更好地服务于教学目标，还包括对教学组织形式、教学内容的安排以及教学程序的设计等方面的考虑。教学策略属于战略范畴，是在教育观念指导下，根据教学目的、原则、方法和手段的预设行为而形成的综合结构。教学方法则属于战术范畴，是具体操作方式和教学手段的选择和运用。虽然掌握了大量的教学方法并不一定表明具有较高的教学策略，但教学策略的制定能够指导和优化教学方法的选择和运用，从而提高教学效果。综合运用适合的教学策略和教学方法，可以更好地实现教学目标，促进学生的学习和发展。

经整理、分析和补充，可以得出以下较为合理的定义：教学策略是教学设计中的一部分，旨在在特定教学环境下满足学生的学习需求、实现教学目标，通过制定、调整和采取教学计划和方法来实施。教学策略具有以下基本特征：首先，教学策略具有指向性，即它们指向特定的教学目标和教学活动，并规定特定的教学行为。教学策略的确定依据是教学目标和学生特点。其次，教学策略具有结构功能的整合性，即教师在选择或制定教学策略时，需要综合考虑影响教学策略构成的教学方法、步骤、媒体、内容和组织形式等要素，以形成适合教学实践的最佳教学实施措施。同时，在发挥教学策略作用时，强调合理构建和优化组合具体教学方式和措施。再次，教学策略具有启发性，它能够激发教师主动寻找解决教学问题的简捷途径和方式，从而有效地解决问题，促进教师的教学水平提高。最后，教学策略具有灵活性，教师在选择或制定教学策略以及运用教学策略解决问题时，需要根据不同的教学目标、内容和任务要求，结合学生的初始状态，选择最适宜的教学方法、媒体和教学组织形式，并随着教学情境的变化进行相应的设计和调整，以实现特定的教学目标和完成特定的教学任务。以上四点特征是教学策略是有效的保证。

二、教学策略的构成

（一）组织策略

组织策略是指教学中关于如何进行教学、呈现什么内容以及如何呈现内容的策略。在宏观上，组织策略包括以下方面。

（1）教学范围：根据教学任务、教材内容、学生特点和学习目标之间的联系，将教学内容划分为可教授、可学习的单位，确定一门课程或一个单元的教学范围。

（2）教学内容的顺序安排：根据不同学科或教学领域的特点，将教学内容按照一定的顺序进行安排。例如，历史课程可以按照时间和年代进行组织，地理课程可以按照空间进行组织，探究调查课程可以按照研究或调查的步骤进行组织，等等。微观的教学组织策略是指课堂教学活动的详细设计，包括课堂构成、步骤顺序和时间分配。例如，赫尔巴特提出了明了、联想、系统、方法四个阶段的教学方法，后来发展为预备、提示、联结、总括、应用的五段教学法。在我国，传统的教学组织策略包括复习旧课、导入新课、讲授新课、复习巩固、练习等步骤。

（二）陈述策略

陈述策略包括选择适当的教学媒介和分组策略，这些选项可以在整个教学过程中保持一致，也可以根据教学阶段进行调整。以教学媒介为例，在计算机课程中，引入阶段可以使用录像面向所有学生，教学过程中利用幻灯片进行讲解，最后由教师进行口头概括并提供印刷材料。具体来说，陈述策略包括以下两种。

（1）媒体选择。随着科技进步，可用于教学的媒体种类不断增多。然而，每种教学媒体都具有其特定的功能和局限性，这意味着某种媒体只能适用于特定的教育场景。针对特定的学习任务和具有特定特征的学习者，只有选用合适且有效的媒体，才能实现最佳的教学效果。

（2）分组策略，也就是教学组织形式的选择。通常可分为集体教学和个体化教学两种类型。前者包括课堂授课，后者包括程序化教学、听导教学等。由于不同的教学组织形式对教学活动产生不同影响，可能起到促进或限制作用，因此要求教学设计者了解各种组织形式的特点，以便在现有条件下实现教学优化。

（三）管理策略

管理策略是指在教学设计过程中对组织形式和陈述策略的选择决策，它涉及组织形式和陈述方法的选择，旨在优化资源利用。作为教学策略的调和者，主要任务是管理策略规划、组织、协调和控制教学活动，确保教学活动高效地进行，类似交响乐的指挥者。具体而言，它指导教学步骤的安排和表述方式，协调各种表述方法的衔接，对信息组织和简化进行设计，使其成为可表述的单元，并对如何以适时、适当的方式将这些信息传递给合适的人进行设计。在微观层面，它还包括课堂控制策略等。教学策略的三个组成部分之间并不是彼此孤立的，三者之间相互联系，任何一种教学策略都需要综合考虑这三个部分。对于组织策略，要考虑媒体的选择，以及考虑对分组策略是否产生影响；选择媒体时则要充分考虑内容组织的顺序和教学步骤，这两者要想高效地发挥作用，离不开有效的管理调控过程。目前，部分学者根据教学策略设计中对以上三个部分的偏向差异，将教学策略分为内容型、方法型、方式型和任务型四种类型。

这段话强调了教学策略结构中的一个重要部分——反审意识。它指的是教学主体反思和超越自己的教学计划的意识，是教学策略的关键特征之一。在过去的几十年中，反思性教学成为教学研究领域的热点之一，它要求学生学会学习，同时也要求教师学会教学。选择和使用教学策略也需要不断地反思，教学策略需要根据学生的需求和特点进行调整和优化。每个学生都有不同的学习方式和需求，教师需要反思自己的教学策略是否适合学生，是否能够帮助他们更好地学习。教学策略需要根据教学目标和内容进行选择。不同的教学目标和内容可能需要不同的教学策略，教师需要反思自己选择的教学策略是否能够有效地达到教学目标。教学策略需要根据教学环境和资源进行调整。教学环境和资源的不同可能会对教学策略的选择和使用产生影响，教师需要反思自己的教学策略是否适应当前的教学环境和资源。第一，策略的选用并非一劳永逸的，教学活动的复杂性和多变性要求教师在教学前、教学时和教学后都进行反思。在面对不同的教学情境时，教师需要根据实际情况来修改、补充和调整组织、传递和管理策略。第二，"会反思的人才是成熟的人"，教师通过不断地反思，可以摆脱冲动的例行行为，以更加审慎的态度来设计教学策略，从而实现不仅培养学生，还全面发展自身，达到更高水平的成熟。第三，反思在促成理论向实践转化、实践升华为理论中具有重要作用。仅仅关注基础教学理论而忽视实际教学情况，所建立的理论可能过于抽象，难以应用；而仅关注实际教学情况而忽略教学的价值和目标，可能导致缺乏策略性和教育性。因此，反思成为理论与实践、事实与价值之间的桥梁，促进相互转化。然而，反思意识仅仅是一种观念，还需要通过具体的行动来实现，包括运用组织策略、陈述策略和管理策略，否则可能陷入唯心主义的困境。

第三节　教学策略的影响因素

一、学习风格

学者们对学习风格的定义存在多样性，因为它涵盖了感知方式、认知方式、情感和行为方式等多个因素。基菲（Keefee）认为，学习风格是指学习者对学习环境的感知、认知方式以及与学习环境互动时表现出的倾向性方式，这种方式相对稳定。而里德（Reid）将学习风格定义为学习者吸收、处理和储存新信息、掌握新技能的方式，这种方式是自然而然的，具有惯性，不会因教学方法和学习内容的差异而改变。我国教育心理学家对学习风格提出了不同的概念。邵瑞珍在国外学者对学习风格定义的基础上，界定学习风格为学习者持续一贯的个性化学习方式，融合了学习策略和学习倾向。陈琦和刘儒德认为，学习方式指学习者在解决学习任务时展现出的个人特色方式。从以上定义中，我们可以总结出学习风格的核心特点：它是学习者吸收、处理新信息的方法，具有相对的稳定性；它是个性化的感知和认知方式，受社会和情感因素影响；学习风格影响学习者的学习行为。

（一）学习风格的类型

1. 按照对感觉通道的偏重分类

根据学生在学习时对视觉、听觉和动觉的偏好不同，可以将学习风格划分为视觉型、听觉型和动觉型等类型。视觉型学生喜欢通过视觉方式接收学习材料，偏好阅读书籍、笔记，或通过视觉媒体如电视图像进行学习，他们对纯粹的口头讲解不太适应。听觉型学习者注重听觉刺激，擅长理解语言和音响信息，学习外语时偏向听与说，对于单词拼写和句型结构关注较少。动觉型学生则倾向于动手参与学习，对于实际操作和认知活动感兴趣。学生在感觉偏好方面的差异，直接影响教师选择教学媒体和设计教学组织。

2. 按照认知方式的不同分类

根据学生认知方式的差异，可以将学习风格分为合作型、竞争型、场独立型、场依存型、参与型和回避型等。其中，合作型学生偏好小组合作的学习形式；竞争型学生喜欢有挑战的学习任务；场独立型学生学习有自主性，能按自己的习惯调整学习节奏，具有较强的学习责任感；场依存型学生则依赖教师设置目标和提供反馈，较多地依赖自己所处的周围环境的外在参照，以环境的刺激交往中定义知识、信息；参与型学生在课堂上喜欢互动，主动参与提问和回答；而回避型学生更喜欢在课堂中保持低调，避免被老师或同学关注。

3. 按个性方面的差异分类

学习风格可以根据个性差异划分为不同的类型，包括内向型和外向型、沉思型和冲动型。不同学生类型表现出不同的特点：内向型学生能自主设定学习目标并进行自我评价，但在表现方面较为保守；外向型学生善于参与课堂互动，积极表达自己；沉思型学生倾向于深思熟虑，权衡多种解决方案后做出选择，通常表现准确；而冲动型学生可能会根据有限的信息草率判断，反应迅速但容易出错。这些类型是根据学生的认知反应和情绪反应的速度来划分的。

（二）依据学习风格选择教学策略

1. 选择教学策略的基本原则

在化学教学中，教师往往多采取统一不变的教学策略，很容易忽视不同学习风格的学生之间的差异，进而影响课堂教学质量。因此，研究学习风格对教师选择教学策略的影响具有重大意义。教学设计者根据学生个体的学习风格，对教学目标、内容、手段等进行选择、组合、优化，为每个学生显露自己的特长提供条件，充分发挥每个学生的学习积极性和个体素质优势。

从学生学习风格的角度来看，素质教育应实施"扬长补短"的教学策略。其中，"扬长"是指根据学生的学习风格特点制定策略，发挥学生的学习优势。"补短"则是针对学生的短板，有意识地进行教学设计，纠正学生的不足。尽管"扬长"策略可以提高学习效率，但无法弥补因学习风格差异而导致的学习能力不足。由于学习环境和内容多种多样，无法仅凭个人偏好完成所有学习任务。有时，解决问题可能需要运用学生不擅长的学习方式，这就需要"补短"策略。对于学生来说，越是在某个领域薄弱，越需要在该方面加强训练，尽管可能会暂时影响学习速度和成绩，但这有助于弥补因学习风格差异而导致的学习能力不足，最终促进学生心理和学习能力的全面发展。

2. 教学策略的运用

（1）多样化教学手段。考虑到学生的不同感觉通道偏好，教师需要采用多种手段，如语言描述、挂图、投影、录音、录像、多媒体展示和实验演示等，以提高教学效果。在选择教学手段时，也要考虑到不同学习风格，如视觉型、听觉型等，进行适当的组合和侧重。

（2）灵活选择教学形式。随着教育改革的推进，课堂讨论逐渐成为常见的教学形式。不同学生有不同的学习偏好，教师可以根据学生的学习风格来选择合适的教学形式，例如引导性讨论、小组合作、个人研究等，以促进学生的参与和学习效果。教师在组织、引导讨论时，需要同时考虑场独立型和场依存型学习风格的学生，采用匹配策略和矫正策略相结合的方法。对于场依存型学生，可以使用教师启发、小组学习等策略，通过及时的鼓励激发他们的学习兴趣，逐渐培养独立思考的能力。而对于场独立型学生，可以允许他们自主思考，然后在交流中完善自己的观点，从而在合作学习中培养兴趣。通过这些方法，教师可以更好地满足不同学习风格的学生的需求，提升教学效果。

（3）差异化的课堂训练。在课堂训练中，应根据不同学习风格的学生的需求，灵活调整内容和时间。例如，对于冲动型学生，可以设置一些具有挑战性的选择题，不限制时间，以培养耐心和细心的习惯，提高正确率。对于沉思型学生，可以提供高密度、快节奏的训练，以加快解题速度。

（4）个性化的辅导。辅导应根据学生的学习风格差异进行个性化的安排，以取得更好的效果。对于场依存型学生，可以采取外部引导的方式，设置集体问题吸引他们的注意力，指导他们的学习，并及时提供反馈。对于场独立型学生，应引导他们学会分析课文、编写复习提纲，理清学习线索。而对于场独立型学生，应允许他们自主选择学习任务、速度和方法，教师在其中充当咨询者的角色，提供点拨和解疑，而不是过多干涉。通过这种个性化的辅导方式，可以更好地满足学生的学习需求。

二、教学媒体

教学媒体有多种类型，在教学策略中的应用也很多。下面介绍几种比较常用的教学媒体，分析其对教学策略选择的影响。

（一）静态教学媒体

静态教学媒体包括多种形式，如教科书、黑板、粉笔、挂图、标本、模型、实验演示等。以模型为例，模型是根据教学需要加工制作的仿制品，它在理科教学中具有重要作用。通过模型，教师能够将抽象的概念或过程以视觉的方式呈现，帮助学生更好地理解复杂的科学原理。模型能够激发学生的好奇心和探索欲望，让他们能够观察和操作，从而更深入地掌握知识。对于视觉型学生，模型的使用可以直观地展示事物的特征和结构，帮助他们理解和记忆。对于动手能力较强的学生，模型可以提供实际操作的机会，增强他们的实践经验。而对于理解能力较弱的学生，通过观察模型，他们可以更清楚地理解抽象的概念。模型还可以促进互动和讨论。教师可以引导学生观察模型中的细节，提出问题，引发学生的思考和讨论，从而激发他们的学习兴趣，培养他们的分析能力。总之，模型作为一种静态教学媒体，在理科教学中具有独特的教学价值。它不仅能够帮助学生更好地理解科学原理，还能够激发学生的学习兴趣，促进互动和讨论，提升教学效果。

（二）动态教学媒体

随着现代信息技术的迅猛发展，现代教学媒体的种类和功能不断增多，其中包括以下几种。

视频：视频是通过电信号方式捕捉、处理、储存、传送和重现的静态影像序列。在教学中，视频能够以图像和声音的结合形式，生动地呈现各种内容，从而提高学生的视听体验，增强学习的吸引力。

投影器：投影器在现代教学中具有重要作用。它可以改善传统面对面教学中的效果，减轻教师的板书负担，为教师提供更多的时间来展开互动和讨论。同时，投影器也为学生提供更清晰的视觉参考，帮助他们更好地理解教学内容。

音频：音频媒体主要通过声音传达信息，帮助学生更直观地感受教师无法用语言具象表达的情感和情境。音频可以用于播放讲解、音乐、自然声音等，丰富教学的感受。

这些现代教学媒体在教学中扮演着重要角色。视频可以以生动的方式呈现复杂的概念，投影器和音频可以提供多样化的教学体验，增强学生的参与度和兴趣。随着技术的不断发展，教育者可以更好地利用这些媒体来创造更丰富、更引人入胜的教学环境，提高教学效果。

（三）信息教学媒体

信息教学媒体是教学媒体进一步发展的方向，包括虚拟现实和仿真教学、多媒体计算机教学系统、远程教育、校园网等。这些媒体的整合能够促进教学内容、方式和学习环境的协同，实现"教"与"学"的互动。

网络资源与教学的整合，实际上是将教学过程中的各要素融合在一起，以促进更有效的教学和学习。通过整合网络资源，教师可以为学生提供丰富多样的学习材料，拓展课堂内容。同时，学生可以根据自己的学习需求，灵活地获取相关信息，加强自主学习。这种整合还能够创造更互动的学习环境，鼓励学生参与讨论、合作和交流，提高他们的学习动力和效果。

第四节　化学教学的常用策略

一、元素化合物知识教学策略

（一）元素化合物知识在化学教学中的价值

1. 元素化合物知识是化学的重要内容

在化学教学中，元素化合物知识约占教学内容的 60%，囊括了主族元素、副族元素、过渡元素及其化合物和各类有机物及其代表物。元素化合物的知识包含物质的物理性质、化学性质等，某种物质的具体性质又包括物质的存在、制法、保存、用途、检验和反应等知识内容。在化学学习中，元素化合物知识几乎贯穿了整个学习的知识点，是学习化学知识的框架和基石。

2. 元素化合物知识有助于学生能力的培养和情感教育

教学的核心任务是培养和提高学生的学科能力。能力不是知识的简单堆砌，而是通过一定程度的培养由学生自己构建而形成的，它是学生自身在学习的条件、情景中自主内化而来的，与实践是密不可分的。在元素化合物学习中，经常进行物质的性质、制备、分离与提纯、检验、组成与结构、变化的规律等探究活动。这些探究活动对学生能力培养能起到铺垫作用。教师通常采用知识点与真实情景相结合的教学策略来讲解元素化合物知识。生产生活与元素化合物知识相关的地方有很多，教师将生活实际与知识点相结合，让学生通过真实的情景进行学习，不仅能够感受到化学的魅力，激发学生对化学学习的兴趣，还能让学生更加热爱生活，培养学生的唯物主义世界观，发展学生自主获取知识的能力。因此，元素化合物知识是激发学生正面情感的好素材。

3. 元素化合物知识有助于学生解决生活问题

现实生活需要每个人充分利用自身的多种能力来解决各种实际问题。教育的价值在于满足作为社会成员的个体的社会性发展的需要，赋予受教育者社会生存能力，促进个体不断地社会化。元素化合物中包含众多与科学、技术、社会、环境密切相关的内容。如学习氧化还原后，学生就能够解释某些实际现象和问题。例如，对铁生锈、苹果切开易变黄、植物光合作用等现象的解释，利用含高价元素的金属矿物制备常用的金属材料，理解常见化学电源的工作原理、人和动物对能量的消耗，等等。生命中的营养素、奥运会中美丽的焰火、生活中各类无机盐（$NaCO_3$、$NaHCO_3$、$CaCO_3$）等都体现了元素化合物与人类生活的密切联系。对这些知识的学习，能有效地帮助学生解决生活中的一些实际问题。

（二）元素化合物知识的特点

1. 元素化合物知识编排特点

元素化合物知识依照从个别到一般的顺序编排。由个别元素氯、钠、铁、铜、硫、氮到元素族的介绍，由元素的个性到元素族的共性，这是一个系统提高的过程。与此对应，化合物知识从分散学习到归类学习，显然是一个由个别认识到整体认识的飞跃，是一个渐进的过程。其中元素化合物知识和理论知识相互交织编排，理论知识的学习基于一定的元素化合物知识基础，同时元素化合物知识受基础理论的指导。在引入元素周期律之前，重点在于掌握元素化合物性质等内容，强调了"族"规律，为后续周期律的引入打下了基础。这个阶段的关注点是培养学生的分析和归纳能力。在学习了元素周期律后，侧重于运用理论来解释元素与化合物的结构、性质和变化规律，重在培养学生的推理能力。在这个过程中，理论和实际知识相互融合，有助于学生逐步理解化学领域的复杂性，并培养他们的思考和推理能力。

2. 元素化合物知识内容特点

化学包含主族元素、副族元素及其化合物，这些知识具有庞杂、琐碎的特点。学生学习某一知识点时，觉得很容易理解，但是当学习的知识量逐渐增加时很容易混淆。特别是在没有学习元素周期律的情况下，学生对元素的理解是孤立的，不会整体地把握，容易让学生产生负担和挫折感。化学是从原子、分子的层面研究化学物质，学生在学习元素化合物的组成、变化的同时，会不可避免地融合其微观结构和反应原理规律，即穿插了化学原理的部分内容，这就无形中要拓展学生学习的内容，加大了学生学习的难度。深入课改后加强了元素化合物与生产生活的联系，拓宽了概念原理的教学，这无形中也增加了元素化合物教学的烦琐性。因此，在教学时普遍感到元素化合物知识"繁、乱、杂、难"。

（三）元素化合物知识的教学策略

1. 搭建支架教学策略

"支架"（scaffold）一词最初是建筑领域的专业术语，用于描述在建筑过程中提供临时支持的结构，例如脚手架。教育工作者将这个概念引申到教学领域，意为在学生学习过程中，教师提供帮助，为学生完成任务搭建一个支持性结构，就像建筑中的脚手架一样，帮助学生逐步攀升。

（1）工具支架。

工具支架是指使用模型、多媒体等工具来辅助教学的一种支持方式。它旨在为学生提供实际操作和情境经验，以帮助他们有效地应用工具和资源。例如，在学习物质组成与结构时，教师可以利用球棍模型等工具，将微观概念转化为宏观呈现。

（2）问题支架。

问题支架是指在学生面对未知情况时，以问题为引导，提供支持性结构。问题支架是提升学生语言运用能力的重要途径，教师可以为学生搭建问题支架、图示支架、情境支架和范例支架等，在语言实践活动中训练并提高学生的听、说、读、写能力和综合语言运用能力。在化学教学中，问题支架常被使用。将新内容的框架转化为问题链的形式，可以帮助学生逐步构建意义。例如，在研究盐类水解时，提出一系列问题，帮助学生建立对水解过程的认知框架。

（3）元认知支架。

元认知支架是在学习过程中为学生提供的帮助，使他们能够评估和反思自己已知的知识，以及还需要完成什么任务。这种支架帮助学生在学习中开展元认知活动，有助于他们更好地管理和指导自己的学习。这类支架可以是一种简单的提示或供学生去反思的目标或问题，用以帮助学生去反思组织知识的内在心理机制。例如，学生在学习硫及其化合物的内容时，在结课部分让学生画出他们已知的所有硫及其化合物的转化关系图，然后由教师提供详尽的转化关系图，最后让学生通过对比进行查漏补缺。

（4）信息支架。

信息支架是指在学生遇到难题时，向他们提供关键性的陈述性信息，帮助他们克服困难。这种支架直截了当，学生能够直接利用提供的信息来获得新知识。例如，当学生在学习氨基酸时需要制备谷氨酸，但却陷入困境时，教师可以为学生提供信息：制备弱酸的方法有哪些？通过这样的提示，学生能够很快地选择使用强酸制备谷氨酸，从而完成氨基酸的制备。

（5）实验支架。

实验支架指的是在化学教学中利用实验作为支架的一种教学方式。实验是化学学科的基石，通过实验支架可以解决和突破化学学习中的重难点。例如，对于离子定向移动这一概念，可以通过将一根浸有高氯酸钾溶液的棉线放置在滤纸中间，然后对夹在滤纸两端的导电夹施加电流，学生可以清楚地观察到一条紫色的离子线在特定方向上移动。

支架教学策略都是为学生提供帮助的有效方式，使他们能够更好地理解抽象概念和原理，并在实践中应用所学知识。这些支架类型在化学教学中有助于激发学生的学习兴趣，促使他们更深入地探究化学现象。

2. 随机进入教学策略

随机进入教学是指学生在学习新知识时，可以根据自己的实际情况，选择在不同时间、不同渠道、不同方式下多次探索同一化学教学内容，从不同角度和侧面进行理解，以达到深入掌握相关知识的目的。这种教学策略具有独特的认知性、多元性和灵活性，有助于培养学生的自主学习能力和探究能力。通过随机进入教学，学生可以通过面对不同问题情境，从不同方面主动构建合理完整的知识结构体系。

例如，在开展二氧化碳性质的教学过程中，教师可采用多种方法。首先，可以通过口头说明或展示相关图片，向学生介绍与生产生活相关的实例，如碳酸饮料、温室效应、植物光合作用、灭火器和人工降雨等，以激发学生的学习兴趣。然后，从以下四个不同情景展开关于二氧化碳性质的探究学习，每个实验都呈现在不同的背景下。

实验1：将带火星的木棒插入装满 CO_2 气体的集气瓶中，观察火星是否会熄灭，得出 CO_2 不支持燃烧的事实结论。

实验2：原本四处乱窜的苍蝇在充满 CO_2 气体的密闭容器中逐渐停止活动，该实验以 CO_2 气体不能供给呼吸为设计要点，逐步让学生了解 CO_2 气体化学性质。

实验3：紫色石蕊溶液在通入 CO_2 气体后变红，启发学生积极主动思考进一步挖掘 CO_2 气体溶于水显酸性的化学性质。

实验4：澄清石灰水溶液在通入 CO_2 气体后变浑浊，这个现象引起学生知识均衡，激发学生学习的兴趣，使其产生透过现象看本质的探究意识，最后使学生通过查找资料或与他人交流逐渐清晰地得到问题解决的方法。

以上四个实验从不同的方面展开关于 CO_2 气体性质的教与学，包含了以基本知识传授为基础的教与学。通过这种教学方法，学生可以在多种情境中体验和理解二氧化碳的性质，促进他们从多个角度思考，全面地建构知识体系。这种多元化的教学方式不仅有助于学生的知识吸收，还可以培养学生的批判性思维、自主学习和解决问题的能力。

3. 实验探究策略

由于所有现象和变化都在预料之中，学生缺乏自主发挥的机会，因此难以激发学生积极思考。为了增强学生对实验的探索性，在实验教学中，教师应采用的一系列方法和策略，以帮助学生更好地进行实验探究，提高学生的实验技能和科学素养。例如，在铁钉与 $CuSO_4$ 溶液置换反应实验后，可以增加以下三个实验问题激发学生探究兴趣：① Na 与 $CuSO_4$ 溶液反应是否可以置换出 Cu？② Na 与 $FeSO_4$ 溶液反应会出现什么现象？③室温下把铁钉放入盛有浓 H_2SO_4 的烧杯中经过一段时间后再取出洗净，然后放入 $CuSO_4$ 溶液中会发生什么现象？学生在铁钉和 $CuSO_4$ 溶液反应的思维定式下，对实验①很容易得"出反应后生成了 Na_2SO_4 和 Cu"的结论，实际上会有蓝色絮状物生成，同时伴随大量气体产生，但却无 Cu 析出。对实验②学生也容易误认为与实验①的现象一样，而实验的结果却多了"白色 $Fe(OH)_2$ 沉淀转变为红棕色 $Fe(OH)_3$ 沉淀"的现象。实验③由于铁表面生成了一层致密的氧化物，不发生反应。这种设置可以反复锻炼学生的思维，让他们不断修正和完善自己的理解，从而提高学习效果。通过实验中的探索性问题，学生将更加积极参与，思维更为活跃，从而深入理解化学知识。

4. 类比教学策略

类比教学是一种十分有效的教学策略，它主要是要找出教学内容之间的相似之处，找到共性规律。对于元素化合物的教学采用此方法是最合适的，虽然元素化合物知识繁多，但知识间总是有千丝万缕的联系，找到相似之处对学生理解记忆具有极大的帮助。类比教学有以下三个步骤：①找出可以联系的关键点，为类比打下基础；②展开联想，由"此"联系到"彼"；③精加工，在联想的基础上尝试类比。

5. 建立坐标策略

在元素化合物教学中，很多信息都是以文字描述的形式呈现给学生的，众多零散的记忆性内容无形之中加重了学生的负担。如果将量化的数值在数轴上加以呈现，就能更加清晰明了，而且在一定程度上增加了化学知识的趣味性与艺术性。

关于同位素、同素异形体、同分异构体等概念的辨析是学生容易出错的地方，关键原因在于部分学生未能很好地理解概念。原子核内质子数相同、中子数不同的原子互称为同位素。为了形象地体现，以质子数为横坐标、中子数为纵坐标建立直角坐标系，并将一些常见的同位素进行标注位置、结构与性质三者的相互关系是元素周期律学习的核心内容。如果以直角坐标系的形式呈现主族元素，将"最外层电子数＝主族序数，电子层数＝周期数"这一结论，类比到数学中利用横坐标（主族序数）和纵坐标（周期数）来确定某一点（某元素所在的位置），能更好地突破难点。

坐标除了可以应用在上述较为零散的知识点之外，还可以应用于知识的整理与总结上。以"硫和含硫化合物的相互转化"为例，重点为硫和含硫化合物的相互转化，旨在引导学生构建起硫和含硫化合物相互转化的知识网络图。因此，在该课的教学中，首先可以引导学生列举常见的含硫物质，并将这些物质按照一定的标准进行分类，学生自然会想到分类依据，可以是化合价、物质类别、状态等，然后教师可以自然地以板书的形式构建出坐标系。在后续新课的教学中逐渐完善知识网络，最终让学生掌握"相同价态含硫物质的相互转化可以通过非氧化还原反应得以实现，不同价态含硫物质的相互转化可以通过氧化还原反应实现"的知识，从而落实重点，突破难点。

将坐标这种最基本的数学工具应用于化学教学中，并在此基础上进行适当的拓展与创新，能有效增强教学直观性，从而服务于化学教学实践。

5. 直观教学策略

（1）创设情境，激发兴趣。创设情境，就是要把学生的注意力集中到当天所要解决的问题上来，使学生的心理活动处于"观察→兴趣→疑问→思维"的积极状态，使"注意"与"思维"处于高度活跃状态。例如，对于中学课本上的反应 $SO_2+Br_2+H_2O=2BrH+H_2SO_4$，学生既难记忆，又易忘记，若设计如下实验则效果明显：首先，把 SO_2 通入溴水或碘水中，两溶液褪色。接着，把 SO_2 通入蓝色的碘的淀粉溶液中，蓝色褪去；将溶液滴入碘水中，碘水颜色褪去。最后，将 Na_2SO_3 溶液滴入盐酸酸化的 $BaCl_2$ 溶液中无沉淀。向 Na_2SO_3 溶液中滴入溴水或碘水，再加入盐酸酸化的 $BaCl_2$ 溶液，却生成了白色沉淀。做好这些实验，给学生留下了鲜明、深刻的印象，激起学生的好奇心，活跃学生的思维，使 Br_2 在 SO_2 水中的反应容易记忆，而且加深了学生对 SO_2、Na_2SO_3 还原性和对卤素单质的认识。

（2）探究知识，启迪思维。在化学教学中利用学生的好奇心及想要探索其中奥秘的愿望可以启迪学生的思维。例如，在按教材完成金属钠在盛水小烧杯中的实验后，提出在"盛 $CuSO_4$ 溶液的试管中，加入比黄豆粒稍大的金属钠后有何现象？"学生通常最多只能运用新旧知识分析得出如下反应：$2Na+2H_2O=2NaOH+H_2\uparrow$，$CuSO_4+2NaOH=Cu(OH)_2\downarrow+NaSO_4$。从而得出现象：除具有钠与水反应的现象外，还可看到蓝色沉淀。但实验结果表明，还有可能出现氢气燃烧发出的爆鸣声和金属钠在试管内燃烧的现象。通过这种实验，使学生一直处于探究和积极思考之中，学生不仅能观察到实验现象，而且能够思考产生现象的原因，还能辨别出由于反应条件的不同而导致化学反应不完全相同。

二、化学用语教学策略

（一）化学用语在化学教学中的价值

化学用语是在化学科学发展过程中逐步形成和发展起来的。远至古代的炼金家道尔顿已开始用一些符号来表示某些元素物质。到1860年，国际化学界公认用柏齐里乌斯建议的用拉丁文名字的起首字母，或再加一个小写字母代表化学元素符号。至今，世界已有了通用的化学语言，它是广大化学工作者进行信息学术交流和传播的重要工具。

化学用语是学习化学的基本工具。在学习化学开始就接触到化学用语（元素符号、分子式、化学方程式）的概念，在讲到分子、原子、离子等概念时，用分子式、电子式、元素符号、离子符号来表达，化学定律用分子式、化学方程式等来体现，电解质的电离和中和反应的实质要用电离方程式、离子方程式来阐明，离子化合物和共价化合物的结构要用电子式来表明，化学实验中的化学现象要用化学方程式来记录，化学计算要以化学用语为依据。可以说，没有化学用语就没有办法进行化学教学。

化学用语还是培养学生抽象思维能力和锻炼学生记忆能力的一种方式。化学用语蕴含了与之相对应的化学概念，化学概念是化学事物本质性的概括，学生在学习和使用化学用语时，必然会发展自己的抽象思维能力。化学用语作为一种符号，要求学生会读、会写、会运用。必须首先牢牢记住这些符号。因此，学生在学习化学用语的过程中，也会发展自己的记忆能力。

（二）化学用语分类

根据不同的标准，化学用语可以分成不同的类别。下面具体介绍不同类型的化学用语。

1.表示元素的符号或图式

（1）元素符号。

元素符号是用来标记元素的特有符号，如 H、N、Cl、Na 等。

（2）核素符号。

核素符号是用来表示核素的符号，由元素符号、质量数（左上角）、质子数（左下角）共同构成。例如，H 的核素符号分别为 H、D、T。

（3）离子符号。

离子符号是在元素符号右上角表示离子所带正、负电荷数的符号。例如，钠、氯和硝酸根的离子符号分别为 Na^+、Cl^-、NO_3^-；。

2.表示物质组成和结构的式子

能用来表示物质的组成及结构的式子有化学式、实验式（最简式）、分子式、结构式、示性式等。

（1）化学式。

用元素符号表示物质组成的式子称为化学式，如 Fe、Mg、H_2、Cl_2、H_2O 等。

（2）实验式。

实验式又称"最简式"，用元素符号表示化合物中元素的种类和各元素原子个数的最简整数比的式子。例如，NaCl 是氯化钠晶体的实验式，表示氯化钠晶体里钠和氯的离子数之比为 1：1；P_2O_5 是五氧化二磷的实验式，表示五氧化二磷中磷和氧的原子数之比为 2：5。有机化合物中有很多化学式不同、实验式相同的物质，例如，苯和乙炔的实验式都是 CH，所以通常不能用实验式来表示某种有机化合物。金属原子间以金属键结合成金属晶体，所以金属元素符号是表示金属组成的实验式。固态非金属，如较为稳定的石墨，是由碳原子以复杂的化学键构成的混合键型晶体。为了简明，通常也只用仅能反映其组成的实验式"C"来代表石墨。通常用实验式来表示的物质是金属单质、大多数固态非金属单质（如直接由原子构成的非金属单质）和离子化合物。

（3）分子式。

分子式用来表示单质或化合物的一个分子中所含一种或各种元素的原子数目。例如，二氧化碳分子由 1 个碳原子和 2 个氧原子构成，分子式为 CO_2。由于稀有气体的分子是单原子分子，所以它们的分子式就是它们的元素符号。互为同分异构体的有机物，它们的分子式相同，但它们的结构和性质不同，因此有机物一般不用分子式而用结构简式来表示。分子式通常用来表示由分子构成的无机物，这些无机物一些是非金属单质，但主要是共价化合物。

（三）化学用语的教学策略

因为化学用语的数量非常多，而且很枯燥，因此，学生在学习过程中，感到困难较大。如果这个难关过不去，整个化学学习将难以进行下去。为了有效地解决这些问题，可采用以下策略。

1.符号转换，巧妙记忆

符号转换是一种巧妙的记忆策略，可以从多元智力的角度来理解。根据加德纳的理论，不同智力领域（如语言、音乐、数学、空间关系等）形成了不同的符号系统（文字符号、音乐符号、数学符号、图像符号等）。每种智力都以特定的符号系统为媒介，用于意义建构。智力的多样性与符号系统的多样性相互对应，不同智力对不同符号系统有不同的敏感度。例如，语言智力适合处理文字符号，音乐智力适合处理音乐符号。

学生可以利用不同智力领域的符号系统来更好地理解和学习知识。比如，对于记忆元素符号，可以运用多种方式，如用肢体动作符号进行比喻，运用图像符号艺术手法来创造记忆形象等。当学生在特定符号形式下遇到困难时，根据多元智力理论，可以将其转化为另一种符号形式来学习，以提高学习效果。这种符号转换策略可以将一种智力的符号形式转化为另一种智力的形式，例如从数字转化为图表，从语言转化为动作，从音乐转化为动作等。

以一个例子来说，一个在视觉空间智力方面有优势的学生可能难以理解用文字描述的分子结构，但是当他将文字转化为图形时，就能够迅速理解分子的空间排列。通过符号转换进行学习，可以极大地改善学习效果，增强记忆力。符号转换还有助于建立多重的知识表征，将抽象的符号与具体的实际情境相结合，从而更持久地掌握所学内容。这种方法可以使学习过程更富有创意和趣味，减轻学习的枯燥感，从而更好地掌握化学知识。

化学学科中有许多需要记忆的用语和概念，通常采用机械记忆策略，即死记硬背的方式，这容易让学习变得枯燥乏味，导致学生产生厌倦情绪。但运用符号转换策略可以改善这种状况。例如，学习碳酸钙的反应时，可以将其中的方程式转化为具有生动意象的语言文字符号来记忆："粉身碎骨浑不怕 $[CaO+H_2O=Ca(OH)_2]$，要留清白在人间 $[Ca(OH)_2+CO_2=CaCO_3\downarrow+H_2O]$"。这种方法类似于于谦的《石灰吟》，其中表达了坚贞的品质，但从化学角度来看，也隐含着这三个化学反应。通过符号转换，可以将抽象的化学符号还原为有生活体验的形式，重新将符号世界与现实生活相连接，从而让知识记忆变得更加轻松和愉悦。

符号转换不仅有助于提高记忆效果，还能够帮助学生建立多重的知识表征，将抽象的符号与具体的形象相结合，使记忆更加深刻和持久。这种方法使学习过程更富有创意，让学生更好地理解和掌握化学知识。通过将化学符号转换为有趣的表述，可以让学习变得更加有趣和有意义。这种方法可以使知识更容易被记住，并且在长时间内不会被遗忘。

2. 理解含义，名实结合

化学用语是代表物质的组成、结构和变化的一系列符号或因式，化学用语不仅表述特定的化学概念，且代表一定的化学事物，它与化学事物是"名"和"实"的关系。因此，让学生真正理解化学概念所表示的化学事物的含义是化学用语教学过程的一个至关重要的环节。化学用语本身包含化学的基本概念和理论，在客观表述物质及其变化实质的同时，也代表着量的关系。例如，分子式不仅表示某单质或化合物，还代表该单质或化合物的相对分子质量及组成元素间的定量关系；化学元素符号不仅表示某种元素，同时还代表该元素的相对原子质量。因此，化学用语教学必须做到"名""实"结合，让学生理解化学用语的含义。

指导学生不仅要学会正确书写化学用语，更要掌握其在化学学习过程中的意义，从而达到有意义地识记。例如，见到一种元素符号或一种化学式，学生就应该想到它所代表的元素或所对应的物质及这种元素或物质具有的特征。学习一个化学方程式时，学生就应该想到此方程式所描述的化学反应，发生这个化学反应时有什么现象产生。化学用语的内涵随着学生化学学习的进展而不断充实。例如，水的化学式 H_2O，初中学生只知道它的含义：①水这种物质；②一个水分子；③水由氢氧两种元素组成；④一个水分子由两个氢原子和一个氧原子构成；⑤水中氢氧元素的质量比是 1∶8；⑥根据水分子的组成可以推算出它的相对分子质量为 18。到了高职一年级，学生学习了物质的量之后，又知道水的摩尔质量是 18 g/mol。这样，就使枯燥的化学用语变成了活生生的、既有宏观又有微观、既有定性又有定量的事实。

学习化学用语的记忆负担很重，教师应使学生了解化学术语、符号的意义和特点。

结合化学反应现象的线索，减少机械记忆，增加理解记忆，从而减轻学生的记忆负担，提高记忆效率。

3. 合理安排，分散难点

化学用语普遍比较抽象，需记忆的东西较多，学生学习时感到有些枯燥，因而可运用以下策略。

（1）分散难点，循序渐进。例如，在讲解化学离子方程式书写时，必须先检查中学已学过的离子符号的书写方法和常见的酸碱盐的溶解性表的记忆，然后在学习强、弱电解质的概念时要求学生知道常见的强、弱电解质的化合物类别，只有做好这方面的铺垫，才能学好离子反应发生的条件，最后才有可能学好离子方程式的书写。

（2）理解含义，激发兴趣。只有理解了有关的含义，无论是记忆方面还是实际的解决问题方面，学生才会感觉到学习化学的轻松，从而产生学习化学的兴趣，调动学生的积极性和主动性，挖掘学生的潜能。例如，在学习离子方程式书写时，对于"易溶的、易电离的物质用离子符号表示"的理解应该是：某物质必须同时满足"易溶的"且"易电离的"这两个条件才能写成离子形式，否则，如果某物质是易溶但是难电离的（如 CH_3COOH）或者某物质是易电离但是难溶的（如 $BaSO_4$）均应用化学式表示。

（3）反复练习，落实技能。在对化学用语含义透彻、全面理解的基础上，再把这些知识熟练地、准确地运用到实际的问题解决中才能形成该项技能。因此，必须通过反复练习，注意落实。例如，书写离子方程式技能的形成通常包括以下几步：一是理解和判断具体物质是该写成离子符号还是化学式；二是按照教材介绍的四步（可简写成"写""拆""删""查"四个字）进行讲解；三是进行变式教学，即通过举例把化学方程式改写成离子方程式，或者讲解有关离子共存的判断题；四是进行相应的变式练习；五是尝试"一步书写法"，即整个过程在大脑中完成，通过思维一步书写反应的离子方程式。当然，这种技能还必须结合以后的教学训练才能形成。

4. 加强规范，正确书写

教师在教学时要注意课堂教学语言的准确性、规范性，要准确地表达每个化学用语的内涵和外延，准确地剖析重要的字、词含义。

（四）化学策略性知识的教学策略

化学策略性知识总是同时存在于化学教学内容之中，因而，根据相应的知识、技能教学，我们可采取以下几种常见的教学策略。

1. 概念学习策略

概念学习策略从根本上说是揭示概念的内涵，把握概念的外延。因此，在采用概念学习策略的教学过程中应注意以下几点。

（1）让学生用准确的语言和明确的文字揭示概念的内涵，抓住概念的关键特征。例如，学习"可逆反应"的概念，抓住在"相同"的条件和"同时"这两个关键特征，就揭示了这个概念的内涵。

（2）恰当运用正例和反例。在概念学习中运用正、反例是不可缺少的。正例有利于学生概括出共同特征，反例有利于学生辨别出非本质特征和无关干扰特征，有助于加强对本质特征的理解。例如，讲解"电解质"的概念后，用氢氧化钠作为正例，是因为氢氧化钠无论在水溶液或是熔化状态都能导电；再用硫酸钡作为正例，说明硫酸钡在熔化状态下能导电但在水溶液中很难导电，帮助学生理解电解质概念中"或"字的含义，从而能够把握电解质的本质。再用二氧化碳、金属钠作为反例来帮助学生辨别电解质的外延——化合物，从而判断钠不是电解质，明白二氧化碳水溶液导电的原因，从而深刻地理解"能导电"的含义。

（3）适当练习，适时反馈。会说、会背概念并不能表示已掌握了概念，只有及时地安排一些练习，让学生在实际运用中体会概念的含义，并做出及时的反馈，纠正学生对概念理解的偏差，才能让学生真正掌握概念。

2. 元素及其化合物学习策略

（1）重视结构与性质的关系。对于具体的元素化合物知识的学习，教材总是从存在形式、结构、性质（物理性质和化学性质）、检验、制法（或合成）、用途等方面介绍的，这些方面的关系如下：物质的结构决定其性质，而物质的（化学）性质决定其存在、制法和用途。通过这些方法的学习，可以使学生形成较系统的认知结构，从而有利于形成知识结构。

（2）重视元素周期律的理论指导及学习前后归纳与演绎方法的学习。元素周期律对学习元素化合物知识具有指导作用，元素周期律在教材中的位置决定了学习元素化合物知识时应采用不同的学习方法：若为学习前（新课），应采用概括和归纳方法形成某一族元素的周期性变化规律；若为学习后（新课），应采用演绎的方法，利用元素周期律推断和预测元素化合物的一般规律性知识，然后在总结共性基础上处理好元素的特性；若为高三总复习，则采用演绎法和训练法，更多的是调动学生的思维，把教学落实到实际的训练和知识运用之中。

3. 技能训练策略

技能包括动作技能和心智技能，练习是学生技能形成的一个重要的基本途径。常用的教学策略有以下几种。

（1）明确训练的目的，掌握有关技能的基本知识。讲解技能的基本知识、示范技能的基本操作是掌握技能的前提，而明确训练的目的是提高练习的积极性、主动性的内部动因，这两方面的结合可以提高训练的效果。

（2）循序渐进，讲究训练的时间和次数的分配。技能的形成是有计划、有步骤地训练的过程，通常要经历以下几个过程：一是在教师的指导示范或举例讲解下，理解技能的基础知识；二是掌握基本的操作要领或解题思路；三是反复操作练习或进行变式习题训练，此过程切忌机械操作或题海战术，必须有积极的思维过程；四是局部训练后的技能之间的连接，使各个局部训练连成一个整体，使训练达到自动化，从而便于灵活运用和迁移；五是讲究训练的时间和次数，此过程应视学生的具体情况及练习的复杂程度而定，练习越复杂，学生基础越差，训练的总时间越长，次数越多；六是掌握正确的练习方法，及时反馈，强化训练效果。只有及时反馈，才能及时纠正学生的错误和认知偏差，保证训练的准确性。总之，应以提高训练效果为标准和目的。

（3）掌握解答各类技能的程序性知识，形成一定的认知结构。进行技能训练和培养就是使学生了解某种类型问题的解决规则、方法和步骤，经过反复训练和强化，形成这类问题与操作稳固的联想，即一定的认知结构。那么在解决同类问题时，就可得心应手，顺利完成，即形成了心智技能。

4. 记忆训练策略

记忆的品质包括记忆的敏捷性、持久性、准确性和准备性，只有当一个人这四方面的品质都发展的时候，即记忆达到快、牢、准、活时，才可以说这个人具有良好的记忆品质。记忆的常用策略有以下几方面。

（1）科学地识记。一是提高识记的目的性。教师明确告诉学生识记的目的，强调学习的重点和难点，能够激发学生的学习动机，调动学生的学习积极性，使识记材料更清晰、更准确、更全面。二是提高识记的理解程度。理解是意义记忆的基础，意义识记的效果明显优于机械识记，意义识记可以提高识记的品质。三是重视记忆方法在识记中的作用。识记通常有部分识记与整体识记之分。例如，记忆钠及其化合物的相互转化关系，可先运用部分识记的方法记忆钠单质、氧化钠、过氧化钠、碳酸钠与碳酸氢钠的化学性质，然后再根据整体识记方法，找出钠单质与钠的氧化物及盐之间的主线关系，从而能够识记钠元素及其化合物的知识网络图，形成认知结构。多感官协同活动记忆法，即综合运用视、听、触觉等多种感觉器官，提高识记效果。这种方法在通过实验来识记物质的物理性质和化学反应现象中效果非常明显。利用口诀、谐音等记忆法也能使记忆的效果明显提高。四是合理安排学习程度。实验表明，低度学习和100%的学习最易发生遗忘，而过度学习有利于保持。但过度学习也不能过量，否则知识保持量也会减弱。例如，对于离子方程式的书写，学生开始对物质何时写离子符号、何时写化学式难以把握，虽然有的学生对初中化学常见的酸、碱、盐溶解度也能熟背，但缺乏对物质溶解性的理解与运用。因此，可以设计一些涉及面较广的离子反应习题，通过过度学习来巩固对溶解度的识记及离子方程式的书写。五是教会学生做笔记。做笔记实际上是把复述、组织等许多功能结合在一起，笔记还能为以后的复习、回忆提供材料，因而做笔记不仅有利于知识的记忆，更有利于知识的重新组织。

（2）合理地再现。再现是对知识的提取，包括再认和回忆。一是重视对材料的复述，单纯的复述仅仅是把原有内容表达出来，没有学生自己的加工，如对元素符号及名称的记忆通常可采用这种方法，而经过加工后的复述，是学生在保持原有材料意义的前提下，经过组织、加工，用自己的语言将材料表达出来。一般来说，经过加工后的复述，对材料的保持效果更好，更容易提取、再现和灵活运用。二是善于运用联想和推理的策略。联想是心理上由一件事物想起其他事物的活动。联想可分为四种：对比联想、因果联想、类似联想、接近联想。运用联想的推理可以揭示事物间的本质联系和规律，使有组织的材料更清晰、更具可辨性。三是科学地复习。首先，要及时复习。根据遗忘的特点，及时复习可以减少知识的遗忘，使所识记的知识得到及时的巩固。根据化学知识的特点，只有及时复习与整理，化零碎知识为整体，逐渐积累，分散记忆的负担，才有利于形成系统的、完整的知识结构。其次，复习形式要多样化，合理地分配复习时间。在复习时可以采用反复阅读、回忆、列表、归纳总结、联想、分类、对比、整理课堂笔记等多种形式，并且注意复习时间的分配，采取连续的或间断的及时复习或延时复习方式，对所学材料进行加工，既可保持、提高学习兴趣，又有助于把学习材料更好地纳入原有的知识结构中。

（五）化学情感态度类内容的教学策略

情感态度类内容是指对学生情感意念、品格和行为规范产生影响的一类教学内容，这部分内容的教学策略主要是结合知识和技能采用渗透的方法进行教学，通常在如下方面进行渗透。

1.结合德育教育，进行辩证唯物主义和爱国主义教育

辩证唯物主义是科学的世界观和方法论，对于化学知识学习具有重要的理论指导作用。教师必须坚持用辩证唯物主义的基本观点处理教材，对教材内容进行深入分析、认真挖掘，从而使学生形成科学的世界观。进行爱国主义教育必须注意结合具体的事实，通过数据分析、历史性意义分析及当前科技发展状况等来感染学生，激发学生的爱国热情，使学生逐渐养成为祖国的振兴而发奋努力的优秀品质。

2.结合化学实验教学，进行科学态度和科学精神教育

无论是演示实验、边讲边实验、学生实验及家庭小实验，都是培养学生科学态度和科学精神的独特方法。化学实验必须要求学生细致观察，规范操作，如实地进行实验记录，分析现象并进行合理推论，所有这些都必须要求学生具有严谨务实的科学态度和坚持不懈的科学精神。此外，通过实验教学，还可以培养学生的协作精神和创新精神。

3.渗透可持续发展思想，进行环境意识和环境保护思想的教育

可持续发展思想强调的是环境与经济的协调发展，追求的是人与自然的和谐相处。只有在教学中渗透可持续发展思想，树立环境保护意识，才能适应社会的发展。具体来说，可从以下几个方面入手：

（1）结合教学内容，进行环境意识和环境保护思想教育；
（2）结合本地实际，进行环境意识和环境保护思想教育；
（3）结合最新科技成果介绍，进行环境意识和环境保护思想教育。

第二章 化学教与学过程设计

一、化学知识的定义

知识是一个广泛使用的词，提到知识时，大多数人会联想到学校和学业学习，如学生在化学课堂中学到的化学知识、物理课堂中学到的物理知识等。《教育大辞典》（顾明远主编）将知识定义为："对事物属性与联系的认识。表现为对事物的知觉、表象、概念、法则等心理形式。"这是根据哲学认识论中的反映论给出的定义，强调知识是客观世界的主观反映。著名的认知心理学家皮亚杰从心理学的角度提出："知识是主体和环境或思维与客体相交换而导致的知觉建构，知识不是客体的副本，也不是由主体决定的先验意识。"本章所指的知识特指化学知识。

二、化学知识的分类

化学知识通常包括六类：化学基本概念、基本理论、元素及化合物知识、化学计算、有机化合物知识、化学实验。这种知识分类的方法是从知识结构的角度考虑的，因缺乏心理学依据，不利于教师教学设计和学生学习。研究者依据认知心理学广义知识分类的方法，将化学知识划分为化学陈述性知识、化学程序性知识和化学策略性知识。

（一）化学陈述性知识

化学陈述性知识是指"是什么"的知识，即对内容的了解和意义的掌握（如概念、规律、原则等知识）。它包括化学知识中的言语信息、概念、规则等，如元素符号、质量守恒定律等。

①言语信息：有关名称或符号的知识，如物质名称、化学仪器名称、元素符号、化学术语、化学用语等。

②概念：简单命题或事实的知识，如基本概念，元素及化合物的性质用途等。

③规则：有意义的命题组合知识，如物质结构、化学定律、溶液理论、化学平衡等理论知识。

（二）化学程序性知识

化学程序性知识是指"怎么用"的知识，就是在遇到新的问题时有选择地运用概念、规律、原则的知识，它与认知技能直接联系，即化学原理、规则等的运用。例如，质量守恒定律属于陈述性知识，而应用此定律进行计算则是程序性知识。

（三）化学策略性知识

化学策略性知识是指"为什么"的知识，即知道为何、何时、何地使用特定的概念、规律、原则。它是关于如何思考以及思维方法的知识，与认知策略直接联系，一旦掌握，能自觉地、熟练地、灵活地运用，那么它就转化成了能力。

三、化学教学过程

所谓教学过程，就是教师教和学生学的相结合或相统一的活动过程，也即教师指导学生进行学习的活动过程。优化教学过程的本质是优化教学过程的整个系统，包括这个系统中的各个要素优化配置、恰当组合、协调运作。从化学教学系统的教育和发展功能来看，化学教学过程是学生积累化学知识和经验的过程，也是化学心理结构的构建和化学基本素养养成及系统发展的过程。在我国，课堂教学的一般过程也称作课堂教学结构。

（一）课堂教学过程的历史考察

1. 赫尔巴特的教学过程模式

赫尔巴特的教学过程模式以一定的认识论、心理学和教学理论为依据，强调心理学的统觉理论在教学过程中的作用，认为教学必须使学生在接受新教材时，唤起心中已有的观念，他和他的学生按照儿童获得知识的心理过程将教学过程划分为五个阶段，见表 3-1 所列。

表 3-1　赫尔巴特的教学过程模式

序号	形成阶段	教学过程
①	预备	通过问答式谈话，使学生回忆已有相关知识，为学习新知识做准备
②	提示	提出许多实例，供学生观察和了解
③	联系	使学生比较和分析所提到的事例
④	统合	帮助学生求得一条可以解释事例的规则、原则、原理等
⑤	应用	提出习题、作业，让学生使用已学过的规则或原理解答问题

尽管上述"教学形式阶段"所包含的教学过程带有模式化倾向的机械性质，但是，赫尔巴特学派使复杂的教学过程变得简便易行，比起无程序的教学是一大进步。它的缺陷在于忽视了学生的主动性，看轻了适当的实践在教学上的意义。

2. 杜威的教学过程模式

19 世纪末 20 世纪初，美国教育家杜威提出"反省思维"的理论，为确立教学程序提供了新的依据。他认为思维是对问题的反复、持续的探究过程，共有五个步骤，并据此确立了包括五个相应步骤的教学程序，见表 3-2 所列。

表 3-2　杜威的教学过程模式

序号	思维步骤	教学过程
①	疑难或问题的发现	创设能使学生觉得对于自己有密切关系的情境，引起兴趣和努力
②	确定疑难的所在和性质	当时的情境须能激起学生的观察和记忆，以发现情境中的疑难和解决疑难的途径
③	提出假设，作为可能的解决办法	要假定一种理论在理论上或假设上是最便于进行的计划
④	演绎假设所适用的事例	实施所定的计划
⑤	假设经试验验证而成为结论	把实验的结果和最初的希望相比较，来决定采用的方法的价值，并辨别它的优点、缺点

从教学实践看，赫尔巴特学派的程序强调教师的活动，着眼于将教师已知的东西传输给对此未知的学生。杜威学派的程序强调学生的活动，着眼于让学生自己去发现未知的东西。我们认为，这两种教学过程既相互补充，又相互区别。前者是以教师为中心的接受学习，后者是以学生为中心的发现学习。

3.凯洛夫的教学过程模式

苏联教育家凯洛夫根据知识的学习过程包括知识的理解、知识的巩固和知识的应用三阶段的理论，将教学过程概括为五个环节。

（1）组织上课。

（2）检查复习。

（3）讲授新课。

（4）巩固新课。

（5）布置作业。

以上教学过程模式也是我国广大化学教师所熟知的"五环节"模式。这一固定的模式对新教师适应课堂教学、顺利完成教学任务有重要意义，但过于僵化的"五环节"模式至少存在以下两大缺点。

一是只罗列教师工作的具体事项，没有反映出学生学习的过程。

二是固定的模式不利于灵活运用除讲授法以外的其他方法。

因此，这种传统的"五环节"模式正在受到越来越多的挑战。在教学改革的大潮中，已涌现出一大批具有代表性的课堂教学过程模式。

（二）课堂教学过程

在化学教学的过程中，教师如何组织教学内容，并且通过怎样的形式将教学内容呈现给学生，是教师在教学设计的过程中需要重点考虑的问题。教师需要根据学生的特点和教学目标，对教材的教学内容重新进行编排和组织，使得教学内容既有严谨的逻辑结构，又符合学生的认知规律，有助于学生系统地掌握知识。教学设计过程包括以下四个步骤。

1.分析教学内容

不同的教学内容有不同的结构特点，分析教学内容是教学内容设计的关键一步，走好第一步对后续工作的顺利、有效开展起着积极的指导作用。确定教学目标是设计教学内容的基础和保障，分析教学内容需要依据教学目标，时刻以教学目标为行为准则，以达成学生的教学目标为目的进行。对教学内容的分析不能浅尝辄止、蜻蜓点水、流于形式，要做到细致、具体、深入。

2. 选择教学内容

教师在根据教学目标分析教学内容之后，需要选择具体的教学内容以满足学生的学习，选择教学内容，不是简单地停留在教材上，教师要扩大查找教学内容的范围，利用参考书及网络等途径都是教师进行教学内容筛选的方式。教师不应拘泥于形式，应该开阔教学内容选择的视野，搜集各种有效的教学内容为自己所用，促使学生获得丰富而完整的知识。

在选择教学内容的过程中，教师需要注意所选择的教学内容应该是先进的科学知识，对学生获取经验具有重要作用，内容要具有有效性。所选择的教学内容要尽可能形象、直观，便于学生学习知识。所选的教学内容的深度和广度要适宜，不能太难，增大学生学习的认知负荷，也不能太简单，浪费学生的记忆容量。教学内容要适合学生的学习能力，适应学生原有的知识水平。注重内容的广泛性，选择的教学内容能够为学生提供多样化的学习机会，不仅为学生提供理论、技能方面的知识，也要有关于情感态度方面的内容，促进学生三维目标的达成。

3. 呈现教学内容

教师选择的教学内容需要通过一定的方式呈现出来，教学内容合理的呈现方式能够促进学生认知结构的构建，帮助学生形成完整的知识体系。教师需要根据教学内容的特点选择合适的呈现方式。教学内容呈现的过程中，需要体现出知识呈现的典型性，促进学生的思维建模。在化学教学过程中，需要学生形成一定的思维模式，它能够使学生快速地对知识进行编码，便于对知识进行迁移和整合。教学内容呈现需要保证其准确性，培养学生严谨的思维和科学的态度。教材的编排在某些方面可能会出现知识点的模糊处理，这需要教师引导学生理清准确的知识，使得学生真正理解知识，便于培养学生思维的严谨性。

4. 组织教学内容

教师要将精选的教学内容要进行合理的组织，从而保证知识的完整性和系统性。教师需要依据对教学内容分析的结果进行教学素材的组织。在组织教学内容的过程中要注意保证知识的完整性，教师最终呈现给学生的知识体系应该是完整、系统的，知识的完整性也在潜移默化中培养学生的整体性思维。教师需要引导学生从整体上把握有关的化学知识，使得学生在整体观的引领下，按照一定的规律进行学习，形成特定的思维方式。例如，教师按照"位、构、性"的方式组织开展元素化合物类的知识学习，有利于使学生掌握元素在周期表的位置与其结构的关系，以及结构影响性质的基本规律，促使学生从微观到宏观认识物质的特点。同时，组织教学内容还需要保证知识的连续性，从而培养学生的逻辑思维，学生逻辑思维能力的培养需要教师在呈现知识的时候有一定的梯度，将知识串联起来形成知识链，不仅能降低学生的认知负荷，也能促进学生的逻辑思维能力的提升。

四、化学教学设计与教案编制

在前面我们已经讨论了教学目标、教学策略的专项设计，以及教学过程、学习方案甚至习题编制的设计，使教学设计达到了比较深入和精细的程度。但是，这种局部设计往往忽略或者淡化了整体中各部分之间的内在联系，不能代替对化学教学系统的整体设计。因此，有必要对这些专项设计和局部设计进行整合，即化学教学设计总成。所谓化学教学设计总成是对化学教学各专项设计和局部设计的整合。

化学教学设计总成不是设计之初的整体构思所能代替的。因为整体构思比较粗糙，具有模糊性和概略性，其可操作性较差。如果把化学教学设计总成比作是"最后完成的蓝图"，那么，设计之初的整体构思只不过是一幅草图而已。

化学教学设计总成着重于具体地处理好整体与部分、部分与部分，以及系统与环境之间的关系，力求使系统协调、和谐、自然，能有效地发挥其功能。因此，化学教学设计总成是一项十分重要的工作。

教学设计总成的基础和前提是做好化学教学的各专项设计和局部设计。在总成时，首先要使各部分总成。例如，教学目标总成——使各领域的教学目标组成教学目标系统；教学策略总成——使各局部策略相互协调，形成教学思想统一的教学策略系统；教学活动总成——使各阶段活动、各领域活动相互衔接、相互配合，适当归并，不重复、不冲突、不脱节，形成自然、流畅的教学活动整体过程等。

总之，化学教学设计总成不是各局部设计的简单拼凑，而是力求高效、可行，力求科学性与艺术性的统一。

第二节　化学陈述性知识的教学设计

一、化学陈述性知识概述

陈述性知识是指个人具有的有关"世界是什么的知识"，主要是指语言信息方面的知识，用于回答"是什么"的问题，如"氧化剂是什么""铁的物理性质是什么"等。根据加涅的理论，我们可以将化学陈述性知识的学习分成三种类型：符号表征学习、概念学习和命题学习。

（一）符号表征学习

符号表征学习涉及学习单个符号或一组符号的含义，即理解它们所代表的内容。这种学习的重点在于词汇的掌握，即学习词语背后所表示的概念。符号表征学习的心理过程是建立符号与其所代表事物或概念之间在学习者认知结构中的等值关系。例如，形符是"铜"，音符是"tóng"，化学用语中的符号为"Cu"。这三种形态是可以分离的，学生要在特定的情境下识别它们。

（二）概念学习

概念学习是指学习如何将具有共同属性的事物集合在一起并赋予它们一个名称，同时将不具有这些属性的事物排除在外。概念学习是心理学、认知科学和机器学习等领域的重要研究方向之一。影响概念学习的因素主要包括概念的定义性特征、原型、讲授概念的方式等。概念学习的应用领域非常广泛，包括学习和记忆、高级认知、自然语言、感知和注意、人机交互、教育和计算机生成力量等。概念学习是理解同类事物共同特征的过程。例如，学习"氧化物"这个概念，就是理解氧化物是由负价氧和另一种元素构成的化合物。对某个学生来说，如果已经掌握了这个意义，那么"氧化物"就成为一个概念，代表着特定的概念。概念的特征可以通过独立观察大量同类事物的不同例子获得，这叫作概念形成；也可以通过定义直接呈现给学生，学生会利用已有的概念理解新的概念，这叫作概念同化。

（三）命题学习

命题分为两类：非概括性命题和概括性命题。非概括性命题描述特定事物之间的关系，而概括性命题表示多个事物或性质之间的关系。不管是哪种命题，都是由单词组成的句子表达。因此，命题学习也包括符号表达的学习。总体而言，命题学习相对于概念学习来说更加复杂。

二、陈述性知识学习的条件

我们可以使用认知心理学的同化论来解释陈述性知识的学习条件。同化论的核心是相互作用观念，强调学生的积极主动精神和有意义的学习取向。它强调新观念的潜在意义必须与学生的认知结构中的现有要点相适应。通过新旧观念的相互作用，潜在意义的观念逐渐转化为实际心理意义，同时也导致原有的认知结构发生变化。

三、陈述性知识学习的一般过程

陈述性知识的学习分为激活启动、获得加工和巩固迁移三个阶段，每一个阶段都为后续学习提供了基础。

（一）激活启动阶段

在教学的初期阶段，透过创造符合学习认知规律的教学情境以及融入人文因素的加工，可以有效地引发学生的认知冲突。这为记忆的搜索和提取提供了有益线索，有助于在新知识与已有认知结构之间建立联系。通过这种方式，学生能够清晰地认识到学习的责任与意义，从而激发起他们的学习动机。

（二）获得加工阶段

在获得加工阶段，有三个主要任务需要关注：首先，强调关键术语的表面意义，通过罗列和科学事实的运用来对知识进行科学的理解和界定；其次，对陈述性知识进行深层次的抽象分析，促使学生深入理解、重新定义，并构建相关联的概念；最后，让学生从价值的角度认识所学陈述性知识的实际应用和意义。

（三）巩固迁移阶段

通过引入多种教学条件，如让学生在初次学习时进行主动练习和精细复述，以及在多样情境下进行全面复习和知识的抽象表达，有助于进一步巩固、修正和完善学生所构建的知识框架，同时纠正理解中的错误，促进知识的长久保持。

四、促进化学陈述性知识教与学的策略

陈述性知识的学习过程分为激活启动、获得加工、巩固迁移三个阶段，在不同的阶段可以采取不同的策略。

（一）激活启动阶段的教学策略

教学初期，教师可运用实际问题情境，促使学生回顾既有知识，并有针对性地呈现策划良好的新知识。通过引导学生建构新知识与已有认知的纽带，创造认知冲突，进而激发学习动机，明晰学习目标。案例教学是有效的情境引导法，建议案例注重正面示范，帮助学生形成准确概念。

（二）获得加工阶段的教学策略

教师在去情境化概括陈述性知识时，进行深度加工和编码是关键。深加工与良好编码的知识易于提取、整理，有助于塑造学生的良好认知结构，促进新旧知识的融会贯通。讲述、演示、启发和练习等教学法适用于传递抽象、深奥的知识，有助于学生迅速掌握系统性知识，提升概括能力。丰富基础知识储备有助于培养广泛的知识迁移能力。

（三）巩固迁移阶段的教学策略

对于简单的陈述性知识，挑战在于保持记忆而非理解，以下策略可用于巩固：复述、精加工和组织。对于复杂知识同样可用这些策略，只需根据情境调整。在复述时，要避免简单重复，而是要通过深入理解、具体运用和特别标记来强化记忆。复述可分为机械复述、精确复述和主动复述阶段，并适当运用联想方式学习。

在实际教学中，应根据陈述性知识的特点、学生的认知结构和水平，选择合适的教学策略。无论采用何种方式，都应鼓励学生主动发现和总结，以促进对知识的理解和记忆。同时，鼓励学生将所学知识应用于实际，以检验他们的理解和掌握程度。

五、化学概念的学习过程

化学概念是化学知识的重要组成部分，反映了物质的组成、结构、性质、变化的本质属性及规律。它在学习者脑中呈现为一种能动的思维形式，是化学学科知识的基础。化学概念的学习通过观察和语言接受两种方式进行，包括以下几个阶段。

①感知材料，建立表象。学生有目的地观察典型化学事物，倾听教师讲解或阅读教材，从而建立起表象。

②抽象本质，加工概念。对典型化学事物进行分析、综合和抽象，提取其本质特征，确定各特征之间的联系。另外，对语言材料进行分析，形成关于概念意义属性的本质特征。

③熟悉内涵，初步形成概念。将找出的本质特征类化，推广到其他范围，形成概念，

得出定义，或者联系原有知识同化或理解其含义，使其概念化。

④联系整合，形成概念。

⑤拓展思维，运用概念。运用化学概念对化学事实进行概括、推理、解释。有计划地进行解题练习和实验操作设计等，使学生对概念的认识更加准确、深化和丰富。

六、化学原理学习的主要形式及策略

在探索物质变化的过程中，人类积累了很多关于物质变化的规律性知识，即关于化学反应的基本原理，从而加深了对化学变化的认识。化学基本原理涵盖了从宏观到微观、物质结构与微粒间关系的规律，化学反应过程机理及其控制的研究，是化学和其他学科领域在分子层面上研究物质变化的理论基础，主要包括：化学变化的方向和限度、化学反应的速率和机理问题、物质结构与性质之间的关系。化学原理学习的方法如下。

（一）归纳法

归纳法是从众多结果或结论中分析、概括并总结化学原理的方法，分为实验归纳法和理论归纳法。实验归纳法通过直接观察化学实验结果来总结化学原理，是一种主要的归纳方法。而理论归纳法则是通过对已有的化学基本概念和原理进行归纳和推理，从而得出更普遍的化学原理，例如能量守恒在化学反应中的应用，以及从三大气体实验定律推导出理想气体状态方程等。

（二）演绎法

演绎法是由一般到个别的认识方法，是认识"隐性"知识的方法。演绎法是运用通用的化学原理，经过逻辑推演，得出特定化学原理的思维方式。举例来说，研究理想气体的规律，可以运用归纳法，也可以用演绎法。

（三）类比法

类比法是根据两个对象在某些属性上的相似性或相近性进而推出它们在另一种属性上也可能相似的一种推理方法。

在化学原理的学习过程中，以下几种关键的思维方法和教学策略显得尤为重要。

①熟练思维方法：学生需要熟练掌握化学原理中的思维方法，如分析、综合、比较、推断等。如果不熟练掌握这些方法，将严重影响他们的学习效果。因此，对这些思维方法进行训练和指导是必不可少的。

②建立事实依据：由于化学原理的抽象性，教学过程中需要以充分的感性材料为基础，以便学生更好地理解。从感性到理性的认识过程符合学生的认知规律，有助于他们由现象到本质、由浅入深、由易到难地理解化学原理。

③理解原理本质：虽然感性认识对化学原理的理解至关重要，但不能仅仅停留在表面。学生需要进行抽象思维加工，深入理解原理的本质。例如，在讲解电子云时，学生不能停留在直观感觉上，还需要理解电子云的概念和含义。

④理论联系实际：化学原理的教学应与实际情境相结合，特别是与元素化合物知识联系紧密。从化学原理出发，帮助学生认识各种元素化合物的结构、性质、制备方法等。这

种联系有助于将理论知识应用到实际情境中，提升学生的学习效果。

总之，化学原理的教学需要综合运用不同的思维方法和教学策略，以帮助学生深入理解抽象的概念，建立坚实的知识基础，并能够将理论知识应用到实际情境中。这将为他们的化学学习打下坚实的基础。

第三节　化学程序性知识的教学设计

程序性知识最早出现在人工智能与认知心理学领域，是"怎么用的知识"，如如何书写化学方程式。现代认知心理学认为程序性知识相当于智慧技能和动作技能，它往往潜在于行动背后，难以用词语表达，主要反映活动的具体过程和操作步骤，说明做什么和怎么做，是一种实践性知识，也称操作知识。

一、化学程序性知识与陈述性知识的关系

例如：2g 镁条在空气中完全燃烧，生成物的质量（　　　）。

A. 大于 2g　　　　　　B. 等于 2g　　　　　　C. 小于 2g　　　　　　D. 不确定

该题考查对质量守恒定律的理解。在初三化学的学习中，我们已经掌握了质量守恒定律的概念，是陈述性知识。而上述习题是对该定律的简单应用，即程序性知识。

从上例中我们可总结出程序性知识和陈述性知识的关系与区别。

第一，程序性知识的建立是以相应的陈述性知识为基础的。陈述性知识是关于"是什么"的知识，而程序性知识是关于"做什么"的知识。要明白"做什么"就得先知道"是什么"。

第二，表现形式不同，更重要的是对环境的接近程度不同。陈述性知识的命题网络比较静态，与具体环境的关联性不大；而程序性知识的命题网络较为动态，产生时对具体环境的反应较快。

二、化学程序性知识的分类

从知识结构的角度进行划分，化学程序性知识主要包括以下几类。

①概念及简单规则的运用：如识别物质的类别，配合物、有机物的命名、相对分子质量、摩尔质量的计算等。

②运用原理和规则进行计算和判断：如有关物质的量、化学平衡的计算、物质鉴别、实验设计等。

③根据有关原理、规则进行实验操作：如气体的制备、物质的提纯、有机物的合成等。

陈述性知识是传统意义上的知识，即狭义上的知识，而程序性知识即技能。在信息加工心理学中，知识与技能密切相关。程序性知识作为技能，按照加涅的学习结果分类，可划分为智慧技能、动作技能和认知技能。

①智慧技能：运用规则对外办事的能力

②动作技能：运用规则支配自己身体肌肉协调的能力。

③认知技能：学生内部组织起来、用以支配自己心智加工过程的技能。

三、化学程序性知识学习的一般过程

研究者一般将程序性知识学习的过程划分为三个阶段，即知识的习得阶段、知识的巩固与转化阶段和知识的应用与迁移阶段。

我国皮连生教授进一步将此三个阶段拓展为六个步骤，提出了程序性知识的学与教的一般过程。

①引起与维持注意，告知教学目标。

②提示学生回忆与巩固原有知识。

③呈现经过组织的新信息。

④阐明新旧知识的各种关系，促进新知识的理解。

⑤指引学生反应，提供反馈与纠正。

⑥提供技能适用情境，促进迁移。

四、化学程序性知识的教学策略

现代认知心理学认为，陈述性知识是程序性知识的前身。因此，要掌握化学程序性知识，相应化学陈述性知识的重要性是不容忽视的。但是，仅仅掌握陈述性知识还远远不够，现实中常常出现的"懂而不会"就是掌握了陈述性知识而没有很好地掌握程序性知识。为使学生获得水平较高的程序性知识，可采取以下策略。

（一）概念教学策略

根据不同的抽象水平，可以使用不同的教学方法。对于具体概念，教学通常可以分为四个阶段：知觉辨别、假设、检验假设和概括。在这种情况下，发现式学习是一个适合的方法。例如，学习"氧化物"这个概念时，首先可以展示多种氧化物的化学式，然后假设"氧化物中只有两种元素，其中一种是氧元素"；接着，可以列举更多的氧化物的化学式来检验这个假设，从而逐步精确化假设；最后，可以概括出氧化物的本质特征，即"一种化合物由两种元素组成，其中一种是氧元素的化合物叫作氧化物"。在这个过程中，从外界寻找正例和反例是必要的，正例有助于确定概念的本质属性，反例则有助于排除概念的非本质属性。

对于定义性概念，教学方法可以是先让学生理解概念的含义和本质特征，然后用适量的典型例子进行分析说明。在这种情况下，授受式教学是更合适的选择。

（二）"例-规"教学策略

"例-规"教学策略是指通过学习、分析规则的若干例证，从例证中概括出一般结论的教学策略，属于化学学习中的探究学习范畴。例如，在探究质量守恒定律时，学生可通过多次实验探究，观察质量变化的规律，在此基础上归纳出质量守恒定律。

（三）"规-例"教学策略

"规-例"教学策略与"例-规"教学策略正好相反。它是一种通过先学习和理解规则的含义，然后通过例子加深对规则理解和应用的教学方法。举例来说，教学开始时先传授质量守恒定律的概念，然后通过具体问题来应用这一定律，加深学生的理解。在这个过程中，教师需要提供多样的练习，以促进学生对概念的理解。

五、化学智慧技能的教学设计

皮亚杰将智慧技能划分为辨别、具体概念、定义性概念、规则和高级规则五个亚类，如应用化学规则、原理、概念等解决实际问题等。

智慧技能学习的设计包括以下几点。

首先，依据奥苏贝尔的有意义接受理论，新知识的学习应建立在相关旧知识的基础上，这样新技能的学习才能有效。除此之外，新技能的多个步骤应该以叠加的方式呈现，并且呈现不应超过短时记忆的限制。例如，教师在讲解化学方程式的书写时，若讲解太快，且未提示学过的相关内容，学生会感觉很混乱。

其次，智慧技能的学习也要注意引起学生兴趣，或引发其认知冲突。教学设计中设置颠覆学生已有认识或结合学生感兴趣的内容，有利于达到良好的教学效果。

最后，加涅和德里斯科尔指出，最初习得智慧技能时，可能又快又准，但是它们的保持和在实际问题中的应用却比较困难。因此，重复和变式是必要的。

六、化学动作技能的教学设计

动作技能是指涉及肌肉使用的对行为表现准确、流畅、及时的执行，如进行化学实验操作等。

动作技能学习的设计如下：某一动作技能的习得同智慧技能的习得一样，要满足引起学生注意和兴趣等条件。除此之外，根据菲茨和波斯纳提出的动作学习三阶段理论（早期认知阶段、中间阶段和最后的自动化阶段），动技能的习得（在化学中，即实验操作技能的习得）同样要满足三阶段相应的条件。方法有提示子程序（如言语指导或技能演示）、重复练习、及时反馈等。

七、化学认知技能的教学设计

认知技能是由学生指导其学习、思考、行动和感觉过程的许多方式组成的。加涅将认知技能设想为代表了信息加工的执行控制功能，而且它们构成了其他人所说的条件性知识。

认知技能同样属于程序性知识学习的范畴。因此，有关概念和规则等的智慧技能的学习条件也同样适用于认知技能的学习。但是，认知策略是一种特殊的程序性知识，它有自身的特点。因此，不能将一般概念和规则的学习规律简单推广到认知技能的学习上。

认知策略学习的内部条件有以下几点：①原有知识背景：认知策略的应用离不开被加工的信息本身，在某一领域知识越丰富，就越能应用到适当的加工策略中。②学生动机水平：凡是知道策略应用所带来效益的学生比只学习策略的学生更能保持习得的策略。③反省认知发展水平：认知策略的反省成分是策略运用成败的关键，有些心理学家主张认知策略学习应与反省认知训练结合。

认知技能学习的外部条件涉及以下内容：第一，若干例子同时呈现，越是高度概括的规则，越要提供更多的例子；第二，指导规则的发现及其运用条件；第三，提供变式练习的机会。

第四节　基于问题解决教学模式的化学教学设计

一、问题解决教学概述

（一）问题解决教学模式的内涵

问题解决教学模式，顾名思义是将问题作为模式的主题，以问题的解决为目标，并在解决问题的过程中，使学生掌握规定的教学内容，得到思维和科学方法的训练，提高思维创造性和学习新事物的积极性。由于该模式特别有利于理化教学的优化操作，因此得到了广泛的研究和应用。在化学教学中，探究式教学即属于问题解决教学。

（二）问题解决教学模式的基本结构

问题解决教学模式的基本结构包括：设计情境、提出问题，分析问题、解决问题，回顾、归纳、得出结论，应用。该模式具体操作如下。

第一步，设计情境，提出问题。设计情境即将此问题放入实际情境中，以学生感兴趣的情节表达出来，并将情境中蕴含的知识明确地提出来。情境可选取故事情节、日常生活现象、社会生产实践现象等。

第二步，分析问题、解决问题。分析问题中包含的知识以及需解决的问题，从教材、课外书、网站等资料中搜索解决问题所需的相关信息，进行整理和提取。该过程中要注重培养学生的科学思维能力和探索能力。

第三步，回顾、归纳、得出结论。分析问题、解决问题的结果要用言语形式（文字或图形等）表达出来，这是一个从感性到理性的过程，它可使学生对分析问题、解决问题的思维过程和思维方法有一个简明、有效的把握，同时，又能锻炼学生的表达能力。

第四步，应用。设计与所授内容相似的问题，以巩固"双基"；依据教材、结合社会实际进行适当的综合和拓展，锻炼学生的知识迁移能力。

二、问题解决教学设计策略

（一）问题解决教学设计中创设问题情境的策略

问题情境创设的合理与否直接关系到问题解决教学的成败。创设化学问题情境有以下策略。

①通过实验创设问题情境：化学实验具有直观性和形象性，可以通过实验设置问题，引导学生通过观察、研究和分析实验中的信息来探究问题，揭示化学现象的本质和规律。

②通过旧知识的拓展创设问题情境：利用奥苏贝尔的同化理论，通过将新知识与旧知识联系起来，促进对新概念的学习和理解。

③通过生动有趣的故事情节创设问题情境：对于抽象难懂的理论内容，可以设计引人入胜的故事情节，激发学生的探究热情，使课堂更加生动有趣。

④通过分析相关数据变化规律创设问题情境：教师可以引导学生分析数据、总结规律，

从而增强概念原理的说服力，培养学生的分析、抽象、推理等能力，同时强化科学方法的应用。

⑤通过多媒体技术创设问题情境：多媒体技术可以增大信息传输的容量，提高信息可信度，同时呈现丰富多彩的视听内容，激发学生的学习兴趣。借助多媒体技术，抽象的问题可以变得更加具体、生动，提高学生的积极性。

（二）问题解决教学设计的其他策略

在问题解决教学中，还可采用以下几个策略。

1. 先行组织者教学策略

先行组织者教学策略是一种教学技术，是在学习任务之前呈现给学习者一些引导性材料，它要比原学习任务本身有更高的抽象、概括和包容水平，并且能清晰地与认知结构中原有的观念和新的学习任务关联。其目的是为新的学习提供上位的连接点，使学生原有认知结构更加清晰，从而达到促进有意义学习的目的。先行组织者的具体表现形式可以是包摄性水平较高的文字、图片、表格等。

2. 情境－陶冶教学策略

该策略又称"暗示教学策略"，是保加利亚心理学家洛扎诺夫首创的方法。它通过创设与现实生活类似的情境，鼓励学生在专注但放松的状态下学习。通过与他人合作和交流，培养合作精神和自主能力，以达到培养人格的目标。这一教学策略通常包括以下三个步骤。①创设情境：教师可以使用语言、实物演示、音乐等手段，或利用教室环境中的有利条件，为学生营造一个生动形象的场景，激发情感。②自主活动：教师组织各种游戏、唱歌、听音乐、表演、实验操作等活动，让学生在特定氛围中积极主动地从事智力操作，从而在无意识中进行学习。③总结转化：教师通过引导学生总结，帮助他们领悟所学内容的情感基调，使情感与理性相统一。这样，学生的认识和经验可以转化为指导思维和行为的准则。

这一教学策略旨在通过情境创设和互动活动，激发学生的情感参与，以促进深刻的学习和人格培养。

3. 以"整体"求"结构化"教学策略

问题解决教学模式使教学从封闭走向了开放。教师在进行教学设计的过程中，要仔细研读课标，把握重难点知识以及核心内容，立足于课程的整体目标，把握化学学科的基本结构，实现教学的结构化。

4. 示范－模仿教学策略

该策略适用于技能类知识的学习。该策略分为以下四个步骤。①动作定向（教师示范）：教师首先进行技能演示，展示正确的执行步骤和方法。②参与性练习（教师指导）：学生在教师的指导下进行练习，实践技能并获得及时的反馈和指导。③自主练习：学生在获得基本指导后，自主进行练习，逐渐提升技能水平。④技能迁移：学生可以将所学技能与其他相关技能组合，形成更综合的能力，并应用到不同情境中。

这一教学策略通过示范和模仿，促进学生掌握实际操作技能，并将其应用于不同场景，以达到更高的综合能力。

三、问题解决教学设计案例

案例3-1：关于物质的量浓度的计算

（一）教学目标

（1）知识与技能：巩固并运用物质的量浓度概念；将物质的量浓度与相关概念相连接，构建新的知识架构；能够进行物质的量浓度计算；了解血糖浓度标准。

（2）过程与方法：透过解决问题的过程，逐步培养信息捕捉能力、团队合作能力和独立解决化学问题的能力。

（3）情感态度与价值观：通过小组讨论和资料查阅，进一步塑造团结协作意识和自主解决问题的意识；通过讨论血糖和糖尿病问题，增强学生的健康意识。

（二）问题设计

（1）问题表述

①人体血液中所含的葡萄糖称为血糖。正常水平的血糖对于人体的器官和生理功能非常重要。假设某人血液中血糖的质量分数约为0.1%，若血液的密度约为1 g/cm³，通过计算回答以下问题：a. 若此人为空腹，则初步判断此人血糖浓度是否正常？b. 若此人是在饭后两小时内，情况又如何呢？

②变式练习（略）。

（2）设计意图

①问题以计算人体血液中的血糖浓度为背景，旨在展示物质的量浓度在实际生活中的应用及其重要性。

②问题中通过血糖浓度的判断，巧妙地将化学与生命科学结合，让学生认识到良好生活习惯的重要性。

③最核心的目标是通过问题解决，巩固物质的量浓度相关知识，构建新的知识架构，促进知识迁移，培养学生问题解决能力。

④教师有意省略了葡萄糖分子式和血糖正常标准等关键条件，以培养学生的信息获取能力，激励学生主动查阅资料。

（三）任务分析

1. 问题分析

（1）问题结构分析：尽管存在许多未明示的隐性条件，如葡萄糖的分子式和血糖浓度正常标准等，但这些条件都具有特定的值，构成了一个结构完整的问题。

（2）问题领域知识：涉及质量分数、密度、物质的量浓度及其关系，还包括物质的量、体积等概念；还需要根据葡萄糖的分子式确定其相对分子质量。

（3）问题情境特征知识：包括葡萄糖的分子式以及判断血糖浓度是否正常的标准。

（4）一般策略知识：涉及算法式（数学逻辑推理、数学模型）策略的运用。

2. 学生分析

（1）学生起点能力

①知识：学生已系统学习了质量分数、密度、物质的量浓度、物质的量、体积等概念，对其理解较好。学生也具备了通过化学式确定相对分子质量的能力，并已掌握了相关数学知识和逻辑推理技能。

②知识结构：尽管学生已学习过问题中涉及的关键概念，但这些概念之间的联系可能尚未十分清晰，知识结构的整体性可能还不够牢固。

（2）问题解决的主要障碍

①问题表征障碍：学生未能意识到问题的一般隐含条件，缺乏全面解决问题的能力；相关概念不能形成有效的知识结构。

②策略选择障碍：算法式策略选取应不成问题，但在数理逻辑推理上可能有一定障碍。

案例 3-2：灭火的原理和方法

（一）教学目标

（1）知识与技能：了解火灾的危害；认识燃烧的条件和灭火的原理；能够在特定情境下选择恰当的灭火方法。

（2）过程与方法：通过对燃烧条件问题的自主解决，体验信息获取和自主解决问题的过程。在解决灭火问题的过程中，进一步形成独立思考能力、与人合作能力和问题解决能力。

（3）情感态度与价值观：在自主解决问题和与同学合作交流讨论中体会学习化学的乐趣和价值；通过对火灾的了解，增强社会责任感。

（二）问题设计

（1）问题表述：如何灭火？

（2）设计意图：

①问题以火为背景，主要是让学生了解火灾的危害，增强社会责任感。

②引导学生在解决灭火问题的过程中，构建燃烧条件和灭火原理的知识。

③通过对学生对灭火方法的情境考察，使学生了解解决开放性问题的过程、方法。

④学生在开放性条件下解决问题，有利于培养学生独立思考与合作交流的能力。

⑤问题涉及的知识非常丰富，有利于培养学生的创造性思维能力和发散思维能力。

（三）任务分析

1. 问题分析

（1）问题结构分析：这是一个典型的综合开放性问题，是条件、结论略和内容开放的组合。

（2）问题领域知识：该问题的知识涉及面非常广，不仅包括化学知识，还包括物理知识、生物知识、社会知识等多学科知识。

（3）问题情境特征知识：由于该问题的条件是开放性的，因此，其情境知识需要学生在独立思考和交流讨论过程中根据自身相关知识结构来确定。

（4）一般策略知识：主要使用启发式问题解决策略及具体领域问题解决策略（如多向

思维策略等）。

2.学生分析

（1）学生起点能力

①知识。本节课是初中化学内容，在学习本节课时，学生应该具有了一定的化学、物理、生物等相关知识和一些关于灭火的社会知识。

②知识结构。解决这个问题需要学生运用多学科的知识，因此要求学生根据问题构建多学科的知识网络。

（2）问题解决的主要障碍

①问题表征障碍。问题的表征障碍主要体现在两个方面：其一是对特定问题情境知识的掌握，其二是多学科知识网络、知识结构的构建。

②策略选择障碍。策略的选择障碍主要体现在学生的发散思维能力上。

第五节
化学教与学过程设计实践——实验室制备溴乙烷的改良方法

溴乙烷的制备实验是大学有机化学实验中的一项基础实验，实验室制备溴乙烷最常用的方法是将结构对应的醇通过亲核取代反应转变为卤代物，常用的试剂有氢卤酸、三卤化磷和氯化亚砜。原理如下：

在实验中，溴乙烷的产率不高，主要原因为：（1）生成溴乙烷的反应为可逆反应，在一定时间内乙醇与氢溴酸反应不彻底；（2）反应产物溴乙烷的沸点低，易挥发；（3）反应温度难以控制，温度太低，反应不易发生或过慢，温度太高，则乙醇在浓硫酸的条件下易发生副反应，而且乙醇也会挥发，所以反应温度应控制在 60～78℃；（4）与乙醇反应的溴化氢为气体，挥发有毒，并且容易与硫酸作用氧化成溴等有毒气体，污染产品和环境。

针对该实验的产率低的问题，本节将进行实验改良方案，并与现行实验方案以及其他改良过的方案进行对比，得出最佳方案。

一、现行实验方案的叙述

现各高校教学实验所用的制备溴乙烷的实验方案基本与高等教育出版社的《有机化学实验》所讲述内容一致。下面就以此书中的方案为例，进行对照。

（一）实验内容

在 100 mL 圆底烧瓶中，放入乙醇及水；在不断旋摇和冷水冷却下，慢慢加入浓硫酸；冷却至室温后，加入研细的溴化钠及几粒沸石，装上蒸馏头、冷凝管和温度计作为蒸馏装置；接收器内放入少量冷水并浸入冷水浴中，接引管末端则浸没在接收器的冷水中；在石棉网上用小火加热烧瓶，控制温度，直至无油状物馏出为止。再将此粗产品进行精制，除水、去杂、蒸馏得到纯净物。

（二）加料量

该实验方案是将浓硫酸一次性加入，使反应釜内硫酸浓度过高，产生的溴化氢易被氧化成溴，颜色偏黄（待后处理），而且产率只有 56% ～ 62%。

二、其他改良方案

王建平教授在原实验方案上做了两大改进：一是在加料次序不变的情况下，将所有原料量减半，进行半微量实验；二是在反应器方面做了改良：以 50 mL 三口圆底烧瓶作为主反应器，一口接恒压漏斗，一口接温度计，一口接带温度计的蒸馏头，蒸馏头接直行冷凝管、尾接管、接受瓶（冰镇）。

此改良方法试剂减半，节能环保；在反应过程中硫酸以滴加的方式加入，大大降低反应中硫酸的浓度，降低了溴生成的概率，38℃的馏分产品为乳白色（产品含水分，待后续处理），产率提高到 60% ～ 65%。虽然此方法提高了产率、解决了溴化氢氧化的问题，但所得的产物仍需进行精制，需除水、蒸馏才能得到纯净物。

三、新型改良方案

本改良方法延续王建平教授的实验方案进行半微量实验，对实验反应器做进一步的改进。

（一）实验的仪器

50 mL 三口圆底烧瓶作为主反应器，一口接恒压漏斗，一口接温度计，一口接分馏柱，分馏柱连接带温度计的蒸馏头，蒸馏头接直行冷凝管、尾接管、接受瓶（冰镇）。

（二）实验的内容

本实验采用水浴加热方式，将反应釜里的温度控制在 60 ～ 78℃，乙醇、水、溴化钠加入反应釜，浓硫酸由恒压漏斗滴加，反应约 1 小时，接收 38℃左右的馏分。

（三）实验讨论

本实验最大的突破点在于增添了分馏柱，这样受到冷空气冷凝，少量共沸的乙醇蒸气、水蒸气以及生产的溴乙烷蒸气会在分馏柱内进行一系列的热交换，最终蒸馏出来的是 38℃左右的馏分溴乙烷；乙醇蒸气经冷凝回到反应釜内，未有损耗，可继续参与反应，使平衡仍向正方向移动，提高产率。收集的产品为纯净无色的溴乙烷，无须任何后续除水、蒸馏再处理，而且产率提高到 65% ～ 70%。

（四）小结

（1）该改良方案延续王建平教授的实验方案进行半微量实验，节能环保，并且延用浓硫酸恒压漏斗滴加的方式，解决了溴化氢氧化的问题，避免产品呈黄色。

（2）对反应器进行改良，增加了一根空气分馏柱，可有效地阻止乙醇蒸气的挥发，使平衡继续向正方向移动，提高产率。

（3）空气分馏柱更重要的作用在于阻止水蒸气与溴乙烷一起蒸馏出来形成乳白色的粗产品。改良后实验的馏分为无色、纯净的溴乙烷，免除了后处理工序，节约了时间、药品和能源。

第三章 化学学案导学教学研究

基于化学课程标准，我们对化学学案进行了设计思路的研究，从设计原则、流程到内容进行了不断优化，从课时设计到单元整体设计，再到支架式学案的设计，注重单元结构、知识的逻辑结构、高职生的认知结构、活动结构、作业结构等方面的研究，挖掘单元整体学习价值及核心素养培育，为学生提供必要的学习支架，挖掘化学育人价值，提升学生化学学科素养。

第一节 学案的设计思路研究

学案导学把学生学习放到主体地位，其作用就是要培养学生的学习品质、改善学生思维，从根本上改变学生的学习方式。针对如何设计适合学生学情和时代需要的学案，我们进行了一系列的改进，不断优化化学学案的设计原则、流程及内容。

一、化学学案设计的原则

根据学案的作用，在研究学生的学情和学习特点的基础上，我们制定了具有上海市奉贤中学特色的化学学案的设计原则，凸显学生的主体地位，设计校本化学学案。

（1）系统性原则：根据化学的学习单元进行模块化重组，注重学案的专题和知识的系统性，注重学案设计的整体性和连续性。

（2）课时化原则：按课时设计学案，即一个课时一个学案，紧扣教学进度、学习目标、学习重点、学习难点、知识拓展、课外阅读等内容，既可使学生思路清晰，还节省了学生记课堂笔记的时间，将注意力集中到对问题的理解和深化上，增大思维容量。

（3）问题化原则：从学生的"学"出发，将知识点转变为探索性的问题点、能力点；化学学案给学生留有思维的空间，学生不断质疑、发现问题、分析问题、解决问题，调动学习积极性，促动思考提问，培养发散思维。

（4）方法化原则：强调学法指导，根据本校、本年级、本班学生的实际学情进行校本化设计和调整，能有效地提供学习支架，引导学生进行自主学习，帮助学生逐步掌握学习的内在规律，学会科学的学习方法。

（5）层次化原则：从学生实际出发，针对不同层次的学生，设计成有序的、分层的、阶梯式的、符合学生认知规律的学案。

（6）生活化原则：设计生活化的化学学案，引导学生将化学学科知识与现实生活、化工生产相联系，激发学习兴趣，改善学习方式。

（7）适切性原则：设计多种形式的学生学习活动，适宜、适切、适时、适地、适境、适人、适度、适量。根据学生的实际，循循善诱，让每个学生都能参与提问、说困惑、提建议、想对策，进行资源共享，学有所得。

学案能激发学生学习的兴趣，推动教学过程中的互动、对话；让学生积极主动、科学有效、有序地学习，有针对性、有选择性、有感悟地学习，从而改善学习方式，减负增效，提升学生的化学学科核心素养。

二、化学学案设计的流程

学案设计要以学生为本，以备课组为单位进行集体讨论、设计，设计时要充分发挥备课组的集体智慧作用，让个人设计与组内研讨相结合，充分打磨，有效融合，得到初步的学案，再根据各自班级的不同特点进行创造性的二次优化使用。教师可以根据自己班级学生的具体情况进行调整和改编，因材施教，更符合学生的学情。经过多轮的使用，不断修订，并根据最新的教学要求和课程标准进行更新，以适应学生的发展需求。

三、化学学案设计的特点

学案是导学的学习支架，是教师"教"与学生"学"的中介。为了发挥学案的导学功能，学案的内容应具有鲜明的主题性、探索性和引导性。

（一）根据不同年级的课程设置不同学案板块

学生因智力和基础的不同，在不同的学习阶段，学案板块的设置也会有所不同，以确保导学的层次性明显，从而形成化学教学的金字塔结构。

1. 第一学年学案

在第一学年，我们注重打下坚实的基础。学案板块设置上要更加强调基础教学，以确保学生能够在未来的学习中有更高的起点。学案在这个阶段会更加细化，重点关注知识的生成和深入理解。学案板块一般分为以下几个部分。

①学习目标：明确本节课的学习目标，让学生知道他们将会在本课程中学到什么内容。

②知识牵引：通过引导性的问题或案例，引发学生对所学知识的兴趣，激发他们的思考和好奇心。

③预习导引：引导学生在课前进行预习，了解即将学习的知识点，为课堂学习做好准备。

④问题探究——共同练：在课堂上，通过提出问题和探究活动，让学生积极参与讨论和实践，共同深入探究知识。

⑤实践感悟——自己练：鼓励学生通过实际操作或练习，加深对知识的理解，培养知识的实际应用能力。

⑥提高训练——试着做：引导学生进一步挑战和拓展，进行更高层次的训练和应用，培养解决问题的能力。

这些板块的设置有助于学生逐步建立起对知识的扎实理解和应用能力，为未来的学习打下坚实的基础。

2. 第二学年学案

第二学年的学生在理解能力和逻辑思维能力方面都有了显著提升。在这个阶段，学案的设计更加注重知识的整合和归纳，以及新旧知识之间的联系和迁移，板块的设置强调知识体系的逻辑性。学案板块一般分为以下几个部分。

①学习目标：明确学生在本节课中应该达到的学习目标，指引他们的学习方向。

②学习重点：强调本节课程中重要的知识点，帮助学生将注意力集中在关键内容上。

③学习难点：指出本节课程中可能存在的难点，为学生提供克服困难的指引。

④再回首：回顾上节课所学的知识，将旧知识与新知识相连接，促进知识的迁移和整合。

⑤扬帆起航：引导学生从已有的知识出发，逐步引入新的知识，建立知识的逻辑框架。

⑥乘风破浪：让学生在课堂上积极参与思考和讨论，培养他们的逻辑思维能力和问题解决的能力。

⑦一展身手：鼓励学生通过练习和实践，展示他们对知识的理解和应用能力。

需要注意的是，选修班和必修班在授课内容上可能会有所不同，因此学案的设计会根据不同的课程性质进行调整，以满足学生的学习需求。这些板块的设计有助于学生更好地整合知识，提升逻辑思维能力，并在学习中不断成长。

3. 第三学年学案

第三学年的学案主要以复习为主，特别侧重于专题复习。在这个阶段，学案的设计更注重知识的对比迁移，旨在提升学生的综合应用能力。除了知识的归纳和梳理，学案还强调选取例题和习题，以促进学生更好地掌握所学内容。学案板块一般包括以下内容。

①考纲要求：明确考试的要求和重点，帮助学生理清复习的方向。

②要点回顾：回顾之前学过的重要知识点，巩固基础。

③例题精讲：选取具有代表性的例题进行详细讲解，帮助学生理解解题思路和解题方法。

④名题导思：引导学生思考和解答一些经典名题，培养他们的分析和推理能力。

⑤头脑体操：提供一些思维锻炼题目，激发学生的创新思维和问题解决能力。

⑥跟踪练习：选取一些与复习内容相关的习题，帮助学生巩固所学知识。

这些板块的设计有助于学生进行系统性的复习，加深对知识的理解，培养综合应用能力，并为即将到来的考试做好准备。学生可以通过例题和习题的筛选，更好地理解知识并掌握解题技巧。不同板块的结合使得学生在复习过程中有条不紊，从而取得更好的学习效果。

4. 竞赛辅导班学案

参加竞赛辅导的学生通常对化学充满浓厚的兴趣，并且在学习上有一定的余力。因此，针对竞赛辅导的需要，相应的学案应运而生。竞赛辅导的特点在于没有固定的教材，要求综合性强，因此学案的设计可以汲取多家之长，为学生选择适合他们的辅导资料。针对竞赛辅导，学案板块的设置可以根据具体情况而灵活调整，一般包括以下内容。

①学习目标：明确学生在竞赛辅导中需要达到的目标，引导他们明确学习方向。

②知识精要：精选重要的知识点，进行简明扼要的总结和讲解，帮助学生快速掌握核心概念。

③例题选讲：选择一些经典的例题，进行详细讲解，帮助学生理解解题思路和技巧。

④巩固提高：设计一些深入的习题和挑战性问题，以巩固已学知识并提高解题能力。

这些板块的设计能够满足竞赛辅导的需求，帮助学生更好地准备竞赛。学生可以通过学案中的知识精要和例题选讲，快速把握核心内容，并通过巩固提高板块的练习，提升解题能力和综合素质。整体而言，灵活多样的学案设置将有助于学生在竞赛辅导中得到更好的练习。

（二）根据不同课程要求设置不同学案形式

根据不同时期的教学要求及学生情况，我们对学案的编制不断进行升级，从1.0版由无到有，到2.0版重组优化、3.0版信息助力、4.0版项目设计，不断优化、创新设计和使用，提升学生的化学学科核心素养。学案板块进行了优胜劣汰的整合，内容和形式更灵活多样，更符合当下学生的需求。

（三）优化学案设计，体现因材施教理念

教案即学案，教师的"教"与学生的"学"有机融为一体，这就是教学一体化、自主学习的学案导学的精髓。更重要的是，学案导学融合了现代资源共享的优势，能真正体现因材施教的教学理念。

1. 共享资源，化学学案的优化性

学案的设计是整个备课组甚至整个教研组集体智慧的结晶，是最优质的产物之一。每个新的学案的制作过程都需要主要负责人通过积累的经验、全力以赴的投入以及满满的激情来完成。在备课组讨论和修改学案的过程中，常常会产生集体智慧的火花，不同意见的碰撞也有助于提升学案的质量。而各年级之间资源的共享和经验的积累更是确保学案达到高品质的关键。可以毫不夸张地说，每一个化学学案都蕴含着每位化学老师的心血和努力。通过不断地完善、实践以及反复修改，学案逐步变得更加充实和优化，更具备科学性和人性化。

2. 因材施教，化学学案的差异化

不同班级的学习状况会存在差异，因此学案在异同之间做了适当的调整，更符合学生的实际情况。例如，在实验班学生基础较好的情况下，平行班的学生可以使用相同的学案来涵盖基础部分，但实验班的学案会在知识难度、深度和广度方面进一步扩展。因此，在处理学案时需要在求同存异中寻找平衡，可以让教师自行调整，或者单独设计学案以满足不同需求。高中二年级以后，化学选修班和必修班的学生对学案的要求也会有所不同，因此学案的设计应尽量贴合学生的实际情况，避免过于追求高难度。即使同一位教师在不同平行班授课，班级之间仍然会存在差异。因此，教师需要根据班级的具体情况，对设计的学案进行二次创作，进行润色和调整，以使教学过程更加自然，更符合该班级的实际情况。

3. 分层教育，化学学案的拓展性

在学案导学中，蕴含着一个至关重要的理念——人性化分层教育。学案不仅体现了

课程标准的基本要求，还为那些学有余力的学生提供了思考的空间。课堂中的"拓展探究"环节以及课后的"提高训练"板块，为学生创造了一个充满乐趣的学习领域。通过轻松的学习方式，加深对知识的理解，并逐步积累，学生的思维能力将得到显著增强。这种设计不仅避免了学生盲目阅读课外书籍的弊端，同时也为他们的学习之旅增添了愉悦的色彩。

4. 及时练习，学案导学的反馈性

上海二期课改提倡减负，要真正减负，就要让学生跳出题海，而学案导学在"课堂反馈""巩固练习"等版块精选题目，可使学生做最少的题，获得更多的收获，学会解题方法，举一反三。而学生当堂完成"课堂反馈"，既能消化巩固知识，又能为教师提供直接的反馈，利于教师及时发现问题、正确评价、给予指正，根据练习情况及时调整教学目标、教学进度、教学方法，做到有的放矢。教师用简练、精辟的语言及时点拨、点评，然后留一些时间让学生自己思考、顿悟，从问题困惑中"突围"出来，充分发挥学生的主体性。

学案导学是相对于传统的教案教学而提出的新型教学模式，是教育教学观念的根本变革，是从教师设计怎样教到设计学生怎样学的过程的根本变化，是培养学生自主学习、合作学习、探究学习的有力"武器"。学案导学让学生有备而来，知道教师的授课意图，享有知情权和参与权，摒弃了以往学习时的被动与盲目，找到主动学习的支点，确立了学生在课堂上的主体地位。

四、化学学案设计的策略

高考新政策和新课改对学生提出了新的要求，学案的内容和形式也在不断发展、完善。在学案的设计和结构重组方面，教师更积极动脑改进学案，提升学案的适切性、选择性、统整性、趣味性和探究性。

（一）优化学案内容，适切学生能力要求

结合学校的办学基础和学生基础，针对差异，以学生年龄和已具备的学科知识、能力水平为基础，对学案进行优化，使之更适合学生的能力发展。从利于学生全面发展的角度，全面规划学生的学习内容，突破教材条框，适当增删教学内容，大胆重构教材。同时，学案的载体从纸质到电子化、从导学单到学习任务单，借助智慧学习平台和平板电脑等信息化教学工具，将学案的学习任务分解为课前学习单和课中学习单，课前以微视频为学习载体配合学案检测、了解学生的自主预习情况，然后教师进行二次备课，在课中答疑解惑，再进行探究拓展，激发学生的兴趣，提高学生的化学学习力，不断发展创新。

（二）注重单元设计，统整学案知识体系

针对必修内容多、学习不适应和选修内容少等学习内容轻重不均、缺乏统筹的特点，对高职化学课程统整优化，使学生能够循序渐进，持续发展。坚持教学的针对性和实效性，将课程标准的要求细化在三个不同年级的学段中，甚至单元、课时教学中，以保障课程目

标的实现。

（三）注重课型特点，调整学案板块设置

不同课型化学课的学案可以有所不同，以凸显不同课型的特点，更好地达到导学的效果。

新授课的学案更侧重以旧引新、激发兴趣，从整体目标上认识本节课的学习，通过"课前预习—课中探究—课后复习"三个学习环节引导学生学习。注重以旧引新，在复习旧知识的基础上进行新知识的建构。

复习课的学案更注重知识的系统梳理和应用，在学案板块设置上可增添"思维导图"板块，对知识进行梳理；同时，还可以添加典型例题，在例题解析中应用知识解决问题，学以致用，温故而知新。

习题课的学案更注重知识的应用，在学案板块设置上可侧重变式题组的设计和应用，引导学生学会解题方法，进行拓展思维训练，学会举一反三，培养学生的数据分析素养。

实验课的学案更注重实验原理、实验步骤、实验现象及结论的分析，学案设计要基于实验的几大要素进行精心设计，引导学生进行探究，培养学生模型分析和科学探究的学科核心素养。

项目化学习课的学案更注重创设驱动性问题情景、综合应用知识解决问题，在学案板块设置上可构建项目化学习要素的板块，包括小组分工、评价、成果展示等。

（四）注重学科思维，扩展学案作业探究

学案的设计更注重化学学科思维，以问题探究的方式进行学案设计，在知识呈现上适当留白，留给学生思考和探究的空间，鼓励学生自主探究。学案的作业部分也几经易稿，紧跟学科要求，注重生活化、探究性和创新性，从纷繁复杂的题海中精选出适合学生的拓展题，让学有余力的学生有思维拓展的空间，激发他们的创新学习能力。同时，从提高学生思维品质的角度，站在培养学生创新素养和实践能力的高度，在作业设计中创新，尤其加强探索性作业和开放式作业的研究，逐步完善创新作业设计的思路。

学案的设计集中了整个备课组甚至整个教研组的智慧。在不断完善、实践、再修改的过程中，学案逐步丰满、优化，更具科学性。通过十年三轮学案导学的变革发展，经历了专家系列讲座指导、行为跟进研究、实践反思、推广辐射、理论探索五个阶段，在一轮又一轮的实践研究中，不断改进、完善，初步形成化学学案系列，为按年级、按课型分类实施学案导学提升学生学习力提供了校本化课程资源保障。

第二节　学案的单元设计研究

基于单元设计的课程教学要求，我们将学案重新整合，按照学习单元的目标设计成学习手册，更注重知识之间的整体性、关联性。基于化学学科的五点核心素养，我们尝试对化学教学内容进行重整，划分为八个单元，以单元设计重整课程内容。学程是学校课程实

施的一个基本单位，按照每个学期的教学容量赋予不同的学程数，并根据学程数将化学学科课程划分为内容相对独立且具有内在逻辑关系的教学模块，每个模块包括若干单元，各模块根据目标不同进行分类。化学单元教学是依据课程标准及纲要，围绕专题、话题、问题等主题或者活动等选择学习材料，并进行结构化组织的学习单位。我们根据化学课程标准，将化学知识进行主题式学习单元划分，并进行学案的单元整体设计，有助于学生对化学知识形成整体的认识。化学学程模块设置见表 2-1 所列。

表 2-1　化学学程模块设置

学科		学科模块数	模块代号	周课时	模块在年级的分布数			
				高职一年级	高职二年级	高职三年级		
化学	合格	4	A1～A2，A3～A4	4	2	2	0
	等级	7	A1～A2，B3～B7	4	2	2	3

下面以第一学期的 A1 模块为例，介绍一下学案模块化编写的内容。

一、单元要求及活动建议

高职化学第一学程 A1 模块共分为五个单元，包含"打开原子世界的大门""探索原子构建物质的奥秘""开发海水中的卤素资源""物质的量"和"氧化还原反应"。学案对每个单元的教学资源及学生活动给出了建议，教师可在此基础上开展合适的项目化学习；同时，每个单元又按照课时进行了每节课的学案编写。单元整体要求及活动建议见表 2-2 所列。

表 2-2　单元整体要求及活动建议

单元	课时	单元要求	单元教学资源	单元学生活动建议
打开原子世界的大门	3	要求学生能够从原子、分子层次认识物质的结构，了解科学家探索微观世界的过程，揭示化学学科的本质及其规律	高职教材	（1）查阅原子结构模型；（2）了解人类认识原子结构的过程
探索原子构建物质的奥秘	5	要求学生能够从化学键、晶体结构层次认识物质的结构，理解物质结构的复杂性和多样性，培养学生科学的思想方法和探究科学真理的精神	高职教材	（1）专题研究：写一篇小论文，阐述化学键的发现历程、规律及启示；（2）项目研究：利用牙签和泡沫小球制作常见物质的化学键模型

续表

单元	课时	单元要求	单元教学资源	单元学生活动建议
开发海水中的卤素资源	11	要求学生掌握氯及其化合物的性质、制备、用途等知识，通过卤素的学习将学习内容与资源和环境问题相联系，使学生初步学会学习物质性质的基本方法。通过将科学精神和人文精神的结合，培养学生热爱大自然、热爱生命的情感，树立可持续发展的思想	高职教材	（1）如有条件，参观氯碱总厂；（2）学生实验"食盐的提纯和精制"；（3）实验设计"卤素活泼性比较"（4）学生实验"海带中提取碘"
物质的量	10	涉及初高中知识的衔接，使学生掌握一些化学语言的表达，认识物质变化中的物质的量的关系	高职教材	（1）气体摩尔体积的测定实验；（2）一定物质的量浓度溶液的配制；（3）关联阿伏伽德罗常数的测定实验
氧化还原反应	3	要求学生能够从电子转移角度来认识其反应的实质，根据化合价升降或电子转移来判断氧化剂和还原剂，对反应物中只有两种（或一种）元素的化合价发生改变的氧化还原反应方程式进行配平，并能用单线桥法标出电子转移的方向和数目	高职教材	（1）观察生活中的氧化还原反应；（2）了解生活中抗氧化剂的使用原理

二、单元学习内容和目标

科学有效的单元规划是单元设计的前提，各学科首先根据课程标准，重新审视目前的教材编排，依据学科特点规划单元数量和内容，设计学习手册。单元教学不是课时教学的简单组合和切分，而是在基于标准理念下聚焦单元结构特征，挖掘学习价值的过程，包括学习过程和方式的优化。高职第一学程单元学习目标见表2-3所列。

表2-3 高职化学第一学程单元学习目标

学习内容		学习目标	能力要求
一级知识	二级知识		
原子结构	原子核	（1）知道同位素及质量数（2）知道元素的相对原子质量	A
	核外电子排布规律	了解原子核外电子运动状态，理解原子核外电子排布规律	B
	核外电子排布的表示方法	学会书写1～18号元素的原子及其对应的简单的离子结构示意图、电子式	B
	离子	学会书写1～18号元素对应离子的结构示意图、电子式	B

续表

学习内容		学习目标	能力要求
化学键	离子键	（1）理解化学键、离子键的概念 （2）认识离子键是阴、阳离子间的静电作用及其形成条件 （3）理解离子化合物的含义	B
	共价键	（1）理解共价键的概念 （2）初步学会常见共价分子的电子式和结构式，学会用电子式表示共价分子的形成过程 （3）初步认识共价键的极性	B
	晶体	（1）了解晶体的概念 （2）了解离子晶体、分子晶体、原子晶体的结构 （3）理解离子晶体、分子晶体、原子晶体的结构特点与性质的关系	B
氯	氯气的物理性质	知道氯气的毒性，掌握氯气的物理性质：色、态、味、密度、熔沸点、溶解性	A
	氯气的化学性质	理解氯气的化学性质：与金属、某些非金属、水、碱等反应的现象及相关化学方程式	B
	漂粉精	知道漂粉精的主要成分、制法及漂白原理	A
	海水提溴和海带提碘	（1）理解海带中提取碘，学会萃取分液原理及操作 （2）学会海水中提取溴 （3）初步学会物质的分离方法	A
	氯溴碘单质活泼性比较	（1）掌握卤素性质的相似性和递变性，学会元素非金属性强弱的比较方法 （2）学会元素活泼性强弱的实验设计	B
化学计算	物质的量、摩尔质量	（1）掌握物质的量、摩尔质量、质量之间的计算 （2）了解阿伏伽德罗常数的含义 （3）理解摩尔质量的概念及摩尔质量与相对原子质量、相对分子质量之间的关系	B
	气体摩尔体积	（1）理解气体摩尔体积的概念，辨析摩尔体积、气体摩尔体积、标准状况下的气体摩尔体积 （2）理解影响物质体积特别是气体体积的因素 （3）初步掌握标准状况下的气体摩尔体积的有关计算	B
	阿伏伽德罗定律	（1）理解阿伏伽德罗定律的含义 （2）了解阿伏伽德罗定律的推论及简单运用 （3）初步学会气体体积在化学反应中的简单计算	B
	物质的量浓度	（1）理解物质的量浓度的概念 （2）应用物质的量浓度的概念进行简单的计算	B

续表

学习内容		学习目标	能力要求
氧化还原反应	氧化还原反应的基本概念	根据化合价升降或电子转移来判断氧化剂和还原剂	B
	氧化还原反应的配平	反应物中只有两种（或一种）元素的化合价发生改变的氧化还原反应化学方程式的配平	B

三、单元及课时学习安排

我们进行了单元的教学整合设计，对学案等教学资源进行开发设计，并从单元角度进行了每个课时的教学关联和调整，引导学生关注化学知识的整体性和系统性。本模块共五个单元，分 32 课时，具体学习内容及学习资源见表 2-4 所列。

表 2-4 高职化学第一学程单元课时安排

课时次序	学习内容	学习资源	说明
1	原子结构与同位素、相对原子质量	高职教材（第一学期）	第一学期教材
2	揭开原子核外电子运动的面纱	高职教材（第一学期）	第一学期教材
3	复习讲评		
4	化学键与离子键	高职教材（第一学期）	第一学期教材
5	离子键与离子化合物	高职教材（第一学期）	第一学期教材
6	共价键与共价化合物	高职教材（第一学期）	第一学期教材
7	晶体	高职教材（第一学期）动画	第一学期教材
8	物质结构单元复习	高职教材（第一学期）	
9	海水晒盐	高职教材（第一学期）视频	第一学期教材
10	氯碱工业	高职教材（第一学期）视频	第一学期教材
11	氯化氢、盐酸和氢氧化钠	高职教材（第一学期）	第一学期教材
12	氯气的性质	高职教材（第一学期）演示实验、视频	第一学期教材
13	氯水、次氯酸、次氯酸盐（漂粉精）	高职教材（第一学期）演示实验、视频	第一学期教材
14	氯气的实验室制法	演示实验	
15	"海水中的氯"小结		
16	从海水中提取溴、碘	高职教材（第一学期）视频	第一学期教材
17	"海带提碘"学生实验	学生实验	
18	卤素单质化学活泼性的探究	高职教材（第一学期）实验	第一学期教材

续表

课时次序	学习内容	学习资源	说明
19	卤素单质性质的变化规律及 Cl^-、Br^-、I^- 的检验	高职教材（第一学期）实验	第一学期教材
20	物质的量及计算	高职教材（第一学期）	第一学期教材
21	气体摩尔体积	高职教材（第一学期）	第一学期教材
22	气体摩尔体积的应用	习题课	
23	阿伏伽德罗定律	链接	http://baike.baidu.com/
24	物质的量浓度（第一课时）	高职教材（第二学期）	第二学期教材
25	物质的量浓度（第二课时）	高职教材（第二学期）	第二学期教材
26	一定物质的量浓度溶液的配制（第一课时）	演示实验	第二学期教材
27	一定物质的量浓度溶液的配制（第二课时）	学生实验	
28	物质的量浓度习题讲评	见学习指导书	
29	物质的量复习	见学习指导书	
30	氧化还原反应的基本概念	高职教材	第一学期高职教材
31	氧化还原反应的配平	高职教材	第一学期高职教材
32	单元复习	高职教材	第一学期高职教材

在化学教学中，分设"一般"和"提升"两个层级，并配以不同的学程数，将原本分散在几个学期学习的课程相对集中，能够提高学习效率，培养高职学生的兴趣。在模块化学习模式下，学习者必须参与自主学习、同伴互助、小组合作、探索研究等活动，从而提高学生对化学知识体系的整体构建，提升学科素养。

第三节　支架式学案设计研究

新课程标准的核心理念是"以学生为本"，转变学生的学习方式，突出培养学生的创新精神和实践能力，倡导学生主动参与、探究发现、合作交流的学习方式，促进学生的可持续发展。支架式学案给学生提供一种帮助他们学习的工具和材料，以逐步培养他们的自主学习能力，教师在教学中起到学法指导的作用。在化学学案中，能够降低学生学习的困难程度、挖掘学生潜力的各种类型学习支架，即脚手架，就是支架式学案。根据教学任务不同，支架的目的也不同。为了适时、适度地为学生提供帮助，我们尝试设计了不同类型的学习支架，以便更好地引导学生进行自主探究学习。

一、学习支架的构建原则

学习支架不仅能帮助学生提高学习效率，还可以大大提高学习兴趣。因此，如何为学生构建合适的支架就是一个很值得探讨的问题。构建合适的学习支架，要考虑到以下原则。

（1）适时性原则。根据学生与课程的要求，只有当学生与课程均有要求的时候，教师适时地设计支架才能够起到作用。在学习过程的什么时候提供支架，当学习任务完成到什么程度时可以撤除支架，都需要精心设计。

（2）适度性原则。每个学习支架都应当有阶梯性，目的是给学生留有恰当的发展空间。让学生站在支架上通过自己"跳一跳"，才能"摘到桃子"。

（3）多元性原则。学习支架要以多种方式呈现，在不同课型、学习不同教学内容时综合使用多种形式的学习支架，激发学生的兴趣，拓展学生思维和学科核心素养。

（4）个性化原则。学生的学习风格、学习能力不同，学习支架也要进行个性化分层，满足不同学生的需求，提高学生学习的积极性。

（5）逐退性原则。学习支架让学生站在巨人的肩膀上，经历更为有经验学习者所经历的思维过程，从而慢慢形成自己的学习经验和能力，而最终学习支架要慢慢退出，从教师给学习支架到学生自我寻找构建学习支架，内化为学生自我的能力。

二、学习支架的学案类型

根据教学任务不同，支架的目的也不同。美国圣地亚哥州立大学教育技术系的伯尼·道奇博士认为学习支架可以分为接收支架（收集向导、词汇表和时间表等）、转换支架（维恩图、SCAMPER 模板和权重累加表等）和产品支架（陈述模板和大纲、写作提示模板和多媒体模板等）。根据化学教学的特点和学生特点，我们尝试构建了一些具有学科特点的化学学案的学习支架。

（1）情境性支架。依据教材的内容和难度，在教学中创造一定生活化、趣味性的教学情境作为学习支架，作为化学课的情境导入，可帮助学生更快地唤醒生活经验，激发学生的学习兴趣，适用于生活化性质的导入学习。

（2）问题性支架。把核心知识通过具有启发性的问题作为学习支架引导学生思考，或者设置一系列相关的、逐步深入的问题性支架，能够开阔学生的思路、启发学生思考，适用于探究性问题的自主学习。

（3）实验类支架。实验是化学学科的基础，设计与化学实验相关的实验类支架，如数字化实验图像、物质信息数据等，可以更好地帮助学生理解复杂的实验现象问题，适用于创新性实验的探究学习。

（4）图像类支架。在教学中，化学概念和原理比较抽象，构建图像类学习支架比较形象直观，如思维导图、概念图、模型图等，可以更好地帮助学生理解化学概念和原理等问题，适用于抽象性原理的提升学习。

（5）表格类支架。化学研究既有定性研究也有定量研究，因此，构建表格类学习支架，以表格形式呈现物质的性质数据、评价量表等，可以规范研究的量、评价的度。

除了情境性支架、问题性支架、实验类支架、图像类支架、表格类支架外，还有其他类型的学习支架，如信息性支架、知识性支架、程序性支架、策略性支架、训练性支架等。

当然，一节课的教学中可以灵活使用各类学习支架，多角度、多层次地帮助学生进行自主探究学习。

三、学习支架的学案设计

在化学学案的基础上，构建学习支架，形成支架式化学学案。

（一）性质课支架式学案的设计——激发兴趣，引导探究

性质课学习支架以提高学生学习兴趣、引导探究为主。

案例："乙醇的结构"学案

在学习乙醇之前，已经学习了有机烃的相关知识，对有机分子的结构的探究已有一定的认识。所以教师可提供一些学习支架，包括图像类、模型类、知识性、问题性、训练性等学习支架，引导学生自主进行探究学习。

【学习支架1】数据类学习支架，探究分析组成

学习支架1：探测小队取2.24 L甲烷气体与足量氧气充分燃烧后，将生成的气体先通过无水氯化钙，再通过氢氧化钠溶液，测定反应前后增重，前者增重3.6 g，后者增重4.4 g，经元素分析测定无其他产物，且甲烷蒸气的相对密度是相同状况下氢气的8倍。请得出甲烷的分子式。

设计思想：因为学生已经学习过烃的组成的探究方法，所以通过学习支架1既可以让学生回顾以前的知识，又可以让学生通过思考、分析，得出探究乙醇分子组成的方法，引导学生自主进行探究学习。

【学习支架2】模型类学习支架，形象化搭建结构

学习支架2：请类比乙烷的分子结构，用牙签、泡沫小球搭建乙烷的分子结构模型。

设计思想：学生已经学习过烷烃的结构与性质，所以很容易能够搭建乙烷的结构，得到乙烷的结构后，学生要思考的是把氧元素插在哪里。氧元素只能连两个共价键，所以学生很轻松地能够想到氧元素的两种插入方式，很自然地得出乙醇可能的两种结构。

【学习支架3】知识性学习支架，定性分析结构

学习支架3：烷烃里面的C—H键不能与钠反应产生氢气，而水的结构式为H—O—H，能与钠反应产生氢气，你从中得到了什么启示？

设计思想：前面学生已经提出了乙醇可能的两种结构，通过观察，很容易发现两种结构的不同主要集中在C—H键与O—H键，所以通过支架3引导学生思考烷烃里面的C—H键不能与钠反应产生氢气，而水的结构式为H—O—H，能与钠反应产生氢气，学生自然能想到可以通过钠与乙醇的反应来探究乙醇的结构。

【学习支架4】问题性学习支架，定量探究结构

学习支架4：取1 mol乙醇与足量的钠发生反应，如果是C—H键断裂产生____mol H_2，如果是O—H键断裂产生____mol H_2。

设计思想：前面学生已经通过定性实验探究出了乙醇可能的结构，为了进一步验证乙醇的结构通过支架4引导学生思考1 mol乙醇与足量的钠发生反应，如果是C—H键断裂产生几摩尔 H_2，如果是O—H键断裂产生几摩尔 H_2，自然能想到可以通过定量实验进一步

验证乙醇的结构。

4个学习支架相辅相成，从乙醇分子组成的数据分析到分子结构的模型猜想、定性定量分析，逐步引导学生进行深入分析、探究，得出结论。

（二）理论课支架式学案的设计——证据推理，类比分析

性质课学习支架以提高学生学习兴趣、引导探究为主。

案例："气体摩尔体积的概念"学案

本节课是高职化学第一学期第二章"开发海水中的卤素资源"中"物质的量"单元的第二课时。在第一课时复习物质的量的基本概念基础上，本节课是气体摩尔体积的第一课时，初步理解气体摩尔体积的概念，并继续研究宏观与微观的联系，初步建构气体体积与质量、微粒数等之间的关系，为下节课学习阿伏伽德罗定律打下基础。

本节课采用微项目引导探究的教学模式。在"环节二"宏微结合、项目探究中，分三个微项目，各设计了一个学习支架，逐步引导学生合作探究物质体积的规律和影响因素，突破教学难点。

【学习支架1】表格类学习支架，数据推理提供依据

微项目探究1：1 mol物质的体积

数据分析：已知物理公式 $V=m/\rho$，请分成小组分别计算不同状态1 mol物质的体积（见表2-5）。

表2-5　1 mol物质的体积

物质	温度，压强	质量/g	密度	体积
Fe			7.8 g/cm^3	
Al			2.7 g/cm^3	
H_2O			1.0 g/cm^3	
H_2SO_4			1.83 g/mL	
H_2	0 ℃，101 kPa	2	0.0899 g/L	
CO_2	0 ℃，101kPa	44	1.977 g/L	
O_2	0 ℃，101kPa	32	1.429 g/L	

学生通过计算后，交流得出结论，形成共识，对1 mol物质的体积有了感性认识。分析结果见表2-6所列。

表2-6　学生分析结果

物质	温度，压强	状态	质量/g	密度	体积
Fe		固态	56	7.8 g/cm^3	7.2 cm^3
Al		固态	27	2.7 g/cm^3	10 cm^3
H_2O		液态	18	1.0 g/cm^3	18.0 mL
H_2SO_4		液态	98	1.83 g/L	53.6 mL

物质	温度，压强	状态	质量/g	密度	体积
H_2	0 ℃，101 kPa	气态	2	0.0899 g/L	22.3 L
CO_2	0 ℃，101 kPa	气态	44	1.977g/L	22.3 L
O_2	0 ℃，101 kPa	气态	32	1.429 g/L	22.4 L
（1）相同条件下，1 摩尔物质的体积，固体、液体的体积较小，气体的体积较大					
（2）相同条件下，1 摩尔不同固体或液体物质的体积是不同的					
（3）相同条件下，1 摩尔不同气体的体积是几乎相同的					

设计说明：提供表格类学习支架，让学生通过物理公式 $V=\dfrac{m}{\rho}$，分组计算得出 1 摩尔固、液、气三类不同状态下的物质的体积，并分析规律，为研究 1 mol 物质的体积提供依据，根据推理、分析，得出物质体积的一般规律。

【学习支架 2】类比类学习支架，微观探究辩证思考

微项目探究 2：影响物质体积的因素

为了方便学生的微观探究，构建了三个生活类比类学习支架，以生活中学生常见的米、花生米来类比不熟悉的微观原子、分子，以生活经验中水和水蒸气的体积感受为例，来对比探究影响物质体积的因素。

设计说明：通过生活例子的类比分析，从微观角度分析影响物质体积的因素，并借助动画进行辩证思考，从而寻找到影响体积的主要因素。

【学习支架 3】实验类学习支架，探究外因

微项目探究 3：影响气体体积的条件

影响气体分子间距离的因素有哪些？是如何影响的呢？我们构建了实验类学习支架，在实验中直观感受温度、压强对气体体积的影响，利用气体压强传感器和温度传感器，在温度不变的情况下，改变其体积，观察压强的变化。同时，我们还构建了动画支架，通过动画形象分析，透视温度、压强等外界条件对微粒间距离的影响。宏微结合，从而得出结论：气体温度升高，微粒的间距增大；压强增大，微粒的间距减小。从而进一步分析得到，只要温度和压强一定，1 mol 任何气体占有的体积都大约相同。

设计说明：创设实验类学习支架，通过针筒实验及数字化实验的观察、分析，探究温度、压强等外界条件对气体体积的影响；同时，通过动画，将微观气体分子受温度、压强影响的变化直观地呈现出来，帮助学生更好地理解影响气体体积的条件。

（三）实验课支架式学案的设计——剖析实验，自主探究

实验课中会出现各种实验现象，包括颜色变化、异常现象、数字化实验图像等。面对复杂多变的实验现象和实验数据，教师可提供一些实验类的学习支架，包括思维导图类、图像类、数据类等学习支架，引导学生自主进行探究学习。如"乙酸乙酯的制备"学案的相关支架。

"乙酸乙酯的制备"学案

班级_____　姓名_____　学号_____

【实验目的】识别实验室制乙酸乙酯的装置，理解实验步骤和产物的提纯方法。

【实验原理】

（1）化学反应：

特点：

（2）试剂：

【制备条件】

通过制备过程中，改变反应物浓度、反应条件温度以及催化剂的量，观察反应平衡的变化、制备的速率变化以及产生乙酸乙酯的纯度等方面的变化。

物质信息的表格学习支架，见表2-7所列。

表2-7　物质信息的表格学习支架

物质	沸点／℃	密度／（g/mL）	水溶性	价格／（元／吨）
乙酸	117.9	1.05	易溶	4500
乙醇	78.5	0.79	易溶	4200
乙酸乙酯	77	0.90	微溶	

【课堂小结】

案例说明：本节课根据学生的学习情况，设计了三个学习支架。

【学习支架1】实验原理的学习支架

实验原理的学习支架以思维导图为主体。思维导图是一种将思维形象化的方法，是有效的思维模式，运用图文并重的技巧，把各级主题的关系用相互隶属与相关的层级图表现出来，有利于人脑的扩散思维的展开。运用思维导图呈现化学反应速率和平衡的整体知识，能更好地帮助学生从快、多、好三个角度宏观认识物质制备的一般原则。

【学习支架2】实验现象的学习支架

借助数字实验的图像和数据构建学习支架，可以对实验现象进行更直观和深入的分析。本节课通过改进后的数字化实验仪器装置来制备乙酸乙酯，构建实验图像数据的学习支架，帮助学生分析实验现象和背后的原因。

【学习支架3】实验结果的学习支架

化学实验结果并不是单一的，提供一些拓展学习的支架，可以鼓励学生课后继续探究。本节课提供了大学有机实验手册中的信息支架，鼓励学生继续深入研究、创新设计实验。

第四节　《生物药物仪器分析》学习领域课程课业设计的探索

学习领域课程以典型工作任务为载体，其学习内容的组织形式是课业。课业是学习情境的"物质化"表现，课业设计在教师作用、学生地位等方面与传统实践教学有明显区别，

《生物药物仪器分析》课程对此进行了实践探索。

由于现行课程教学与高等职业教育特点之间存在差距，课程及其教学模式改革成为当前高等职业教育发展面临的首要任务。基于工作过程的学习领域课程充分体现了职业教育职业行动能力的培养，并将之贯穿于整个教学的全过程。学习领域课程是由企业实践专家提出专业对应的工作岗位及岗位群实施的典型工作任务，并根据能力复杂程度整合典型工作任务形成职业行动能力领域，专业教师根据认知及职业成长规律递进重构行动领域转换而成的，并根据完整思维及职业特征分解学习领域为主题学习单元，设计学习情境，撰写课业设计，组织课程实施。

一、课业设计的基本概念

课业是教师根据课程计划中的学习情境设计的、学生在教师指导下（理想情况下尽量）自主完成的综合性学习任务，或称针对情境的作业。课业是学习情境的"物质化"表现。它帮助学生在学习新知识、技能的同时获得关键能力，特别是学习能力和自我发展能力。每个课业都针对一个学习情境，多数情况下，课业是一个教学项目。课业的文本载体包括有"课业设计""评价表""学习工作页""任务书"或"学生引导文"等形式。

一般没有统一的规定，教师应根据不同课程的特点和学生的实际情况进行创新性设计和不断实践。当然，课业设计的推行不仅依赖于教师的积极探索和学生的自主参与，而且还依赖于学校教育观念的转变、教学资源的保障和教学管理系统的创新与重建。

课业设计在教学过程中重视学生的学习过程，学生在教学过程中处于中心地位，是学习的主角；在教学内容上要让学生能力素质得到全面提高；在教学方法上以学生的学习过程为中心来设计各项教学活动，以保证教学效果；在学习结果的考核评估方面主要考核学生解决实际问题的能力。

二、课业设计与传统教学方法的区别

传统的教学方法主要以课堂教学为主，理论教学方式以教师讲授为主，以教师为主，学生为辅，配套的实践教学仅为检验课堂教学所传授的现成知识而设立。这种"主－辅"结构的"理论－实践"课程教学已经不能适应现代职业教学的需要。

课业设计作为一种新的教学方法，有利于学生个性发挥，有利于促进互教互学，有利于教学改革，能把理论与实践有效结合起来。课业设计与传统实践教学方法的区别主要表现在教师作用、学生地位、考核内容、信息来源、参与形式、评价标准等方面，见表2-8所列。

表2-8　课业设计与传统教学方法区别

	课业设计	传统教学方法
教师作用	辅助、引导	传授
学生地位	以学生主体	以学生为辅
考核内容	能力、技能导向	知识导向
信息来源	多元化	单一化

	课业设计	传统教学方法
参与形式	团队	个人/团队
评价标准	优/劣	对/错
评价内容	教学过程/结果评价	结果评价
评价方式	自评、互评、小组评价、教师评价	教师评价

三、《生物药物仪器分析》课业设计

《生物药物仪器分析》学习领域课程以真实工作任务及其工作过程为依据进行整合序化教学内容，并转化为五个学习情境：青霉素注射液酸度的测定、生血片中铁的测定、中药大黄主要成分的测定、麝香止痛搽剂中乙醇的测定、克霉唑乳膏的主要成分的测定。既涵盖了传统课程体系的知识点，又使学生在实际情境下进行学习，以完成典型工作任务全过程为目标，实现由工作过程向教学过程的转化。

根据学习情境进行课业设计时，应充分遵循指导性、时效性、适度性、专业性、多样性、客观评价性原则。在课业设计时，要做到以下几点：①课业任务是对典型工作任务进行教学化处理的结果；②学习内容包括专业能力和跨专业的关键能力，而不仅仅是事实性知识和操作技能；③在教学中学生的学习活动占主导地位；④学习环境尽量接近真实的工作环境。通过完成课业，教师应将学习过程评价与结果评价相结合，小组评价和个人评价相结合。同时灵活采用自评、互评和小组评价，最后由教师进行评价，具体指出学生评价的不足之处，并与学生达成共识。下面以学习情境"青霉素注射液酸度的测定"为例具体阐述，见表2-9所列。

表2-9　学习情境"青霉素注射液酸度的测定"课业设计

专业：生物工程系生物制药专业	
学习领域：生物药物仪器分析	计划学时：56
学习情境：青霉素注射液酸度的测定	使用学时：6
学习任务	
学生能够使用酸度计技术测定青霉素注射液的酸度 要求： 1.能够查阅专业文献资料（课本、实验指导、学生作业等，获得检测分析方案； 2.能够根据给定条件，制订最佳检测分析方案； 3.完成青霉素注射液酸度的检验任务，并写出检验报告	

专业：生物工程系生物制药专业	
学习目标	
1. 利用各种信息资料，以学习小组的形式初步制订检验工作计划 2. 学习小组间互相讨论工作计划，提出建议，确定最终实施方案 3. 通过检验方案的实施，掌握用酸度计技术测定青霉素注射液酸度的基本检验过程和基本操作技能 4. 通过检验方案和结果的讨论评价，体会完整的检验工作过程，掌握使用酸度计的基础理论和操作技术	
学习内容与活动设计	
学习内容：	1. 酸度（P）计基本操作技术 2. 酸度（P）计检测的基本理论依据 3. 仪器的校正定位在检验工作中的作用 4. 标准缓冲液的选择原则
活动设计	1. 以学习小组形式，利用专业资料（参考教材、实验任务书、药典通则），初步编写出酸度（P）计使用的主要操作流程 2. 通过老师引探法、演示法教学，获取电位分析法的理论依据及关键技术 3. 各学习小组研讨，制定使用酸度计技术测定青霉素注射液酸度的实施方案 4. 各学习小组实施检验方案，正确记录检验结果，写出检验报告（教师检查指导） 5. 学习小组互相交流检测过程和检验结果，总结评价，从而获取完整的使用酸度（P）计法检验物质的工作过程
教学条件	
一体化教室	* 有多媒体教学系统 * 有实验器材和药品
教师	* 仪器分析专业双师型教师 * 仪器分析辅导教师
教学媒体	* 学习教材／参考资料／检验任务书 * 教学课件／教学视频
教学方法及组织形式	
教学方法	教师引探法／学生自主探究法。教学过程采取引导－自主学习的形式。教师引导学生自主学习和体验性学习
组织形式：	学生 3～5 人分为一组。分小组独立完成检验工作。必要时全班一起讨论，完善检验方案，教师可做适当讲解、演示、指导。各小组在全班交流检验结果和检验过程，互相评价，最后教师总结，完成本单元学习任务
企业工作情景描述	制药企业和生物制品企业对生产原料、半成品、成品质量需按国家标准或药典标准进行严格控制，检验中心需分别对其成分和含量进行检验。检验员工作过程：领取检验任务单→按药典制定检验方案→实施检验过程→记录检验结果→复核后撰写检验报告→递交相关部门
学业评价	
1. 方案的设计 30%（组员根据各自的贡献进行自评和互评，小组进行组评） 2. 任务的实施 40%（学生互评，教师根据实施过程中观察和最后的数据综合评估） 3. 报告的撰写 20%（教师根据各学员最后提交的报告进行评价） 4. 参与自主性 10%（教师根据各学员的表现进行评价）	

四、《生物药物仪器分析》学习领域课程的实施

《生物药物仪器分析》是集知识和技能于一体，实践性很强的课程。它要求学生既要学好理论知识，又要掌握实际操作技能。采用行动导向教学法，以学生为主体，强调"通过行动来学习"，让学生从"做"当中去"认知""累积""再认知"。在实施课程教学时，遵循"资讯、决策、计划、实施、检查、评估"这一完整的行动过程序列，充分地调动学生主动学习的积极性，学生通过这六步完整的行动过程，掌握操作技能，以应对职业工作的变化。以学习情境"青霉素注射液的酸度测定"为例，其实施过程见表2-10所列。

表2-10　学习情境"青霉素注射液酸度的测定"教学设计和实施过程

步骤	工作过程	学生做	教师指导	教学方法
资讯	明确任务，青霉素酸度的检测方法	接受教师提出的任务，并查找相关资料	讲述任务背景，明确任务	引导文法、案例教学法
决策	根据青霉素的性质，确定最佳检测方案	根据所查资料，对检测方法进行阐述（PPT形式），并进行对比、讨论，确定最佳检测方案	接受学生咨询并监控讨论过程；为学生提供设备和实验条件	主题辩论法、头脑风暴法
计划	酸度计的使用和操作	根据酸度计的操作说明书和实物，对构造及操作进行归纳	对学生归纳的内容进行修改和总结；并接受学生咨询并监控讨论过程	引导文法、任务驱动法
实施	通过酸度计，完成青霉素的酸度测定	自主使用仪器，并完成青霉素注射液的酸度测定	监控学生的操作，及时纠正错误；并回答学生提出的问题	学做一体化
检查	填写任务报告单，分析结果	填写任务报告单，并对结果进行分析，小组间进行展示	及时纠正错误；并回答学生提出的问题	演示法
评价	自评、互评、小组评、教师综合评价	以小组讨论的形式进行评估	对各小组进行综合评价，并进行总结	头脑风暴、引导文法

通过设计的学习情境的训练，将"教、学、做"融为一体，将分析问题、解决问题、团队协作始终融入教学全过程。学生通过"独立地获取信息、独立地制订计划、独立地实施计划、独立地评估计划"，在自己"动手"的实践中，掌握职业技能、习得专业知识，从而构建属于自己的经验和知识体系，为今后从事分析检测工作岗位打下坚实的基础。当然，在实施过程中也暴露了一些问题，如在工作情境的营造和模拟的过程中，实践工作场景难以保证、实践操作过程中设备台套数不足、仪器设备落后等。

第五节　学案导学的德育实践研究

根据化学学科特点，充分挖掘教材中的思想品德教育内容，在学案导学中循循善诱渗透思想教育，让教育扎根于学科教学之中，注重从人文美学精神、科学方法素养、社会道德品质等方面挖掘化学学科的育人价值，注重课内、课外相互联动配合，实现学校、社会、

家庭横向贯通，共同塑造学生的人格品质；通过化学教学渗透德育、开发化学学科的德育功能，让学生在热爱化学、感受化学的学科魅力的同时，热爱生活，热爱社会，把育人落到实处；让教育在教学中焕发活力，为化学学科教育提供参考。

一、以史为鉴，渗透人文美学精神培养

自然科学是由人的认识积累而成的，有社会的烙印。如何理解科学、运用科学、欣赏科学，具有人文色彩，所以自然科学也是思想品德教育的有效载体之一。教师在帮助学生构建化学知识体系的同时，也需要在教学实践中不断挖掘人文素养素材，渗透人文思想教育。

（一）挖掘化学文化内涵，以优秀文化感染学生

德育教育面临三大难题：中西方价值观念的冲突、传统与现代价值观念的冲突、道德伦理与道德实践的冲突，使教育者和被教育者都在不同程度上处于困惑之中。挖掘化学本身的文化内涵，以优秀的化学文化感染学生，呈现传统价值观的有效价值，让学生在多元价值观中做出正确的选择。当学生品味出自然科学中人文精神的底蕴，触摸到科学人物的情感、操行、思想和精神，并与之在思想上和精神上进行交流与汇合，学生的心灵和行动就会受到感召和激励，此时，学生的人文情怀也就油然而生。

1. 在中华历史文化熏陶中感悟中华文明，激发爱国热情

作为21世纪的中学生，要能继承中华民族的优秀传统，弘扬民族精神，在化学教学中有很多中华民族的发明创造成就，是我国劳动人民智慧的结晶，是进行爱国主义教育的绝佳素材。如学习硫的性质时，介绍中国四大发明之一的黑火药，让学生感受中华文明的了不起，激发学生的民族自豪感；学习蛋白质的性质时，介绍中国结晶牛胰岛素的合成过程，让学生体会中国人的聪明智慧和不懈奋斗。

例如：酒文化诗句情境引入，用途介绍激发兴趣。

【引入】酒是故乡的醇，我国的酒文化丰富多彩，请说出有关酒的诗句。

【学生回答酒文化诗句】"借问酒家何处有，牧童遥指杏花村"，"葡萄美酒夜光杯"，"明月几时有，把酒问青天"，"何以解忧，唯有杜康"，等等。

【介绍用途】据记载，我国是世界上最早学会酿酒和蒸馏技术的国家，酿酒的历史已有4000多年。酒中精华是什么？——酒精，化学名称为乙醇。乙醇有相当广泛的用途，如医用酒精（体积分数＜75%的乙醇水溶液）可用于杀菌、消毒等。今天我们就一起来研究一下乙醇。乙醇是一种什么样的物质呢？

挖掘化学中的文化素材，运用艺术性的教学语言，激发学生的道德情感，提高学生的道德品质，落实情感目标于无痕。

2. 探讨化学研究的历史背景，以丰富的化学史激励学生

化学史源远流长，古代的炼金、炼丹术，给人类改善生活带来希望；近代发明电以后冶炼铝等金属的发展，使得人类物质生活大大丰富；现代有机化学合成新物质，改善了人类医疗条件，给人类生活带来质的飞跃；未来，人类希望探索太空，更是离不开化学的新材料、新技术……在浩瀚的历史长河中，化学可以说是促使人类文明进步的一大功臣，挖

掘化学本身的文化内涵，以优秀的化学文化感染学生，可激发学生兴趣和探索化学的欲望。以史为鉴，展开化学研究历史的画卷，人文素养培养就蕴含其中。

世界文明博大精深，在化学课堂中引导学生回顾与教学内容相关的文明、文化，在不知不觉中渗透爱国主义教育，帮助学生树立为中华之崛起而奋斗的信心和勇气。

（二）发掘学科美学价值，以化学之美陶冶学生

化学学科教学中蕴含着很多的美，教师要做发现美的引领者，引导学生去发现那些美，以特有的化学美陶冶学生，学会欣赏美，感悟生活中的美，从而净化心灵。

1. 发掘化学材料的对称美，在欣赏中认识化学

化学研究的对象是大千世界的物质，而物质有很多美妙的地方，借用多媒体图片、视频展示化学材料的对称美，在欣赏物质的同时，感悟世界的美好，激发学生对生活的热爱和激情，提升化学的魅力。

如学习晶体时，先展示各种美丽的晶体，调动学生的研究兴趣，活跃其思维，再进行晶体性质的研究，学习就不再是枯燥无味的了，而是充满了美感。学习化工生产时，先播放一些实际生产的视频，让学生身临其境感受化学用于生产、服务人类的应用，体会到化学不只是书本知识，而是活生生的社会知识，在欣赏化学应用过程中喜欢上化学。

2. 发掘化学知识的类比美，在趣味中征服化学

化学有的知识比较抽象，可以通过发掘化学知识与生活的类比美，在趣味化学中化简知识难度，攻克堡垒。

（1）用生活实例打比方，将抽象知识形象化。

打比方可将抽象知识形象化。如学习原子核外电子绕核运动的规律时，可以形象地将电子比喻为被橡皮筋拴在木桩上而想逃离木桩的狗，原子核就是木桩，狗的力气越大则离开木桩越远，那么类比可知，电子能量越高，离开原子核的距离也越远；讲解原子核与原子的大小关系时，把原子比作一幢教学楼，原子核就好像这幢大楼中的一粒粉笔尘埃。这样用生活经验来理解新知识就更容易了。

（2）用体育比赛做类比，使微观知识趣味化。

应用体育比赛做知识的类比对象，学生兴趣浓厚。如把共用电子对偏向比作拔河，把活化分子碰撞比作投篮，增加了知识的趣味性，便于学生理解。

（3）用模型法则搭积木，使空间结构直观化。

模型法是人们通过想象和抽象对现实世界某研究对象的一种简化的印象。在结构化学、有机化学教学中，借助模型法搭积木，可使抽象知识直观化，帮助学生进行空间思维训练，更好地理解物质的空间结构。

如学习同分异构现象时，借助分子结构模型组件，让学生自己动手搭建有机物分子的球棍模型、比例模型，形象直观，极具说服力，可大大降低学习难度。学习乙醇的结构时，知道了乙醇分子式 C_2H_6O，如何推导其结构呢？借助分子结构模型组件，让学生搭积木，搭建出乙醇可能的结构，然后再去研究究竟是哪种结构。学生重温童年的乐趣，兴趣浓厚，思维活跃，也为后面的探究做出了很好的铺垫。

实践证明，在理论化学和结构研究中，借用学生的生活经验，通过运用打比方、做类

比、搭积木，让学生在享受美的同时，将抽象难懂的知识直观形象化，给学生建构可触摸的模型，帮助学生理解，知识得以成倍增长，德育和学科教学相得益彰。

3. 开发化学魔术的神秘美，激发学生的探究能力

化学实验往往伴随着很多有意思的现象，挖掘其中的小魔术，用趣味实验、实验魔术导入新课，可激发学生的学习兴趣，让教学寓教于乐，整堂课变得生动活泼，提升教学效果。

如学习"离子反应（第一课时）"时，笔者首先给出一些试剂和实验仪器，请学生上台表演化学魔术"清水变牛奶、牛奶变清水"，课堂气氛一下就调动起来了；然后笔者乘机追问魔术的奥秘，通过学生自我剖析魔术奥秘，探讨得出离子反应的实质。在讲解碘的性质的时候，上课前当场检验学生指纹，让学生来当一回小侦探，然后引发他们思考碘具有什么样的性质而使它具有这样的用途，学生探究的兴趣浓厚。

实验魔术集科学性与趣味性于一身，是实验教学创新的一大亮点。通过魔术可激发学生学习化学的兴趣，引发学生去探究魔术成功的奥秘，思考魔术背后的化学知识，深化对知识的认识，并应用于实践，教学效果较好。

（三）梳理化学史学故事，以榜样力量激励学生

在化学教学中，介绍化学史和科学家的故事，既能增加课堂的趣味性，又能从中学习化学知识，还能培养学生对化学的情感，在榜样的影响下鼓起探索的勇气。

1. 倾听化学发现的离奇故事，培养为科学献身的精神

科学发现的故事往往充满曲折离奇的情节，对学生很有吸引力。如"元素周期律"案例中介绍门捷列夫生平事迹，"工业合成氨"案例中介绍哈伯曲折的生平和事迹……以化学史为化学学科教育抓手，介绍科学名人对人类文明尤其是化学的贡献，挖掘他们成功背后的故事，让学生从科学家的经历中学习化学知识，也从榜样身上吸取能量，学习他们的科学态度，形成勇于探索、敢于怀疑的品质，从而培养学生的科学素养和为科学献身的精神。

2. 感悟化学发现的离奇故事，培养科学求真精神

我们不仅要教书还要育人，育人是教学活动之本。学科育人并不是在机械教条的训责中实现，而是在教师富有智慧的教学设计之中实现。如学习原子结构时，在人类认识原子结构的古代假想阶段，墨子提出了物质被分割是有条件的，称为"端"；而德谟克利特提出了原子，从而成为古典原子论的提出者，可见探索科学要敢于提出假设，也要敢于求真，用实验事实去证明假想，才能成就科学。这些科学家的故事，不仅培养了学生怀疑和敢于创新的精神，而且培养了学生实事求是的品德、穷追不舍的探索能力和深入细致的分析与思考习惯。

3. 聆听化学家的奋斗故事，激发爱国求真情怀

化学历史上有很多杰出的思想家、科学家为化学学科的发展做出了巨大贡献，他们身上有很多值得我们学习的地方。

如学习纯碱的性质和制法时，可介绍侯德榜的奋斗事迹，他少年时学习就十分刻苦，即使伏在水车上双脚不停地车水时，仍能捧着书本认真读书；后来，他到美国留学，取得

了博士学位，而在国外留学时，他仍时刻怀念祖国，惦记着处于水深火热中的苦难同胞，并毅然回国，身先士卒、实干创业，冲破帝国主义国家对我国的制碱技术的封锁，使日产180 吨纯碱的永利碱厂矗立在中华大地上；同时，他毫无保留地把这一制碱奥秘公之于众，把制碱法的全部技术和自己的实践经验写成专著《制碱》，于 1932 年在美国以英文出版，让世界各国人民共享这一科技成果不仅为中国人争了光，也为世界创造了财富。侯氏制碱法充分显示了侯德榜的学识才干和悉心经营，表现出他高度的事业心和可贵的献身精神，这些都深深激发了学生的爱国情怀。

化学家的故事启迪学生，学习要有肯吃苦的精神和坚忍不拔的毅力，从而确立清晰的学习目标，端正学习态度，不断探索适合自己的学习方法。

化学家的奋斗史，给学生以价值观、人生观的启示。在现代化、全球化竞争加剧的今天，更要学习、利用前人的智慧，"取其精华，弃其糟粕"，用扬弃的观点去看待和理解化学发展史，为学生树立化学家的榜样作用，激发学生的科学探究精神。

勒沙特列晚年对学生说："化学不是一本字典或百科全书，要学生去记忆里面的烦琐细节。化学的美，是在了解逻辑的思考与演绎。"这是学习化学的目的。作为教师，我们要引领学生去发现和拥有化学的美。

二、以理服人，渗透学科方法培养素养

高职学生已经具有一定的化学系统知识，应在方法上给予指导和提高，以研究化学思想方法为主线，将化学知识串联起来形成一个一个的专题，既妙趣横生，又将科学素养的培养得以贯彻落实。

（一）渗透辩证唯物教育，用科学原理指导学生

化学原理中蕴含着丰富的哲学思想，是方法论、辩证思维的有力教育素材。在化学原理中渗透马克思辩证唯物主义教育，以科学的化学观指导学生学习化学，往往能起到出其不意的神奇效果。

1. 在历史故事中说理，培养辩证思维能力

以学生熟悉的生活知识和经验为载体，将书本的知识生活化、立体化，可以起到事半功倍的效果。以用途导入，唤醒学生的生活积累，吸引学生的兴趣。

例如：认识事物的两面性，正确使用它为生活服务。

【投影】1915 年 4 月 22 日下午 5 时，在第一次世界大战两军对峙的比利时伊珀尔战场。趁着顺风，德军一声令下开启了大约 6000 只预先埋伏的压缩钢瓶。霎时间，在长约 6 千米的战线上，黄绿色的云团飘向英军、法军阵地。毫无准备的英、法士兵猝不及防，眼看着黄绿色的气体涌来，先是咳嗽，继而喘息，有的拼命挣扎，有的口吐黄液慢慢躺倒。德军共施放毒气 18 万千克，使协约国 1.5 万人中毒，5000 人死亡。这就是战争史上的第一次化学战，从此，化学战作为最邪恶的战争写入了人类战争的史册。

【教师引入】同学们在日常生活中都有这样的经历，当你打开自来水龙头时，你会闻到一股刺激性气味，这是什么原因呢？自来水能直接用来养鱼吗？

【学生回答】

【教师小结】氯气有毒，但量少时可用于消毒杀菌。

【教师讲解】第一次世界大战期间，氯气作为化学武器首次用于战争，造成很多士兵和无辜百姓的死伤。如果我们在战争中碰到氯气，应该如何保护自己呢？

【案例反思】以学生日常生活中的经历导入，吸引学生探究的兴趣。同时，让学生辩证思考，氯气有毒，但少量可起消毒杀菌作用，体会正确运用化学知识为人类服务的思想。这样，一开课，学生的眼球就被紧紧吸引住，带着浓厚的探究兴趣投入课堂。

在元素及其化合物知识教学中整合生活化学，可以提高学生的学习兴趣和主动学习的积极性，引发学生思考，将书本知识与生活实践紧密结合起来，使学生体验到"知识就是生活""知识可以改变生活"的学习乐趣，在愉快的学习中，真正学到知识，提高能力，从而有效提高教学水平和质量。

2. 研究守恒思想应用，体会付出与回报成正比

氧化还原反应原理中蕴含着大量守恒思想。利用守恒思想进行解题，可将看似复杂的题目巧妙地一步解答出来，令学生惊叹不已。

2011年，上海市奉贤区期中统考试卷第22题：向一定量的Fe、FeO、Fe_2O_3、Fe_3O_4的混合物中，加入150 mL 4 mol/L的稀硝酸，恰好使混合物完全溶解，并放出标准状况下NO气体2.24 L，往所得溶液中加KSCN溶液，无红色出现。若用一定量的氢气在加热条件下还原相同质量的该混合物，所得固体的物质的量不可能的是（　　　　）。

A. 0.30 mol　　　　B. 0.28 mol　　　　C. 0.25 mol　　　　D. 0.22 mol

该题涉及八九个反应，非常复杂，但用守恒法寻找出蕴藏在其中的原子守恒关系——溶液中生成的是Fe（NO_3）$_2$，因此n（Fe）：n（NO_3^-）=1:2，而其中的硝酸根离子为（0.15×4-2.24）/22.4=0.5 mol，所以根据分子式可知铁元素为0.25 mol；而氢气的量一定，可能不足，所以铁元素的物质的量应≤0.25 mol，故选A、B项。在应用守恒思想解题时，学生体会到守恒思想的奇妙，也可趁机告诉学生，事物都是守恒的，付出多少努力，就会有多少回报。

3. 感受动态平衡的美妙，待人接物要公平公正

化学平衡是化学的重要原理之一，在学习的同时，引导学生感受动态平衡的美妙，同时告诉学生要学会调整自我，在为人处事时要学会平衡，待人接物要公平、公正。

化学平衡原理的发现者勒沙特列是一个矿物学家，有一天，他在实验室里研究碳酸钙矿石在水中的溶解，发现碳酸钙在水中不会一直溶解下去，是有一定的量的。他反复实验，都得到相同的结果，证明该现象背后有一个规律——化学反应趋向平衡，这就是有名的勒沙特列移动原理。他提出，化学平衡是维持大自然稳定的关键机制，任何外在环境的变动，不管是温度巨变、大洪水、地震，只不过是改变大自然原来的平衡状态，但不久之后，大自然又会抵达一个新的平衡，使生物得以继续存活。旧的平衡打破，新的平衡还会重新建立，这就是大自然抵抗外在变动的法则。明白了化学平衡原理的来龙去脉，再来理解平衡移动，就容易多了。

（二）普及思想方法教育，用发展眼光引导学生

化学教学蕴含着很多哲学思想，在化学教学中结合化学知识、原理进行方法论教育，让学生在学习知识的同时，学会以发展辩证的眼光看待化学、学会辩证思维方法，并运用到做人做事方面。

1. 体会化学学科思想方法，建立化学一般方法

化学学科思想决定了学习的高度。化学教学中常常涉及观察、思考、理解、分析、综合、归纳、演绎、想象、抽象和推理等思维方法，如在化学计算中常会用到分类讨论法、极端思维法、平均式量法、守恒法、观察法等解题方法，可以又快又好地解决看似复杂的化学计算问题。在学习元素化合物性质时，就着重培养"结构决定性质，性质决定用途"的学科思想，让学生逐步建立学习元素化合物知识的一般方法，高屋建瓴，一览众山小。

2. 剖析化学原理认识历程，全面发展看待问题

化学原理的发现是一个不断完善、不断发展认识的过程，在原理教学中挖掘这些辩证发展认识的教学素材，剖析化学原理的认识过程，不仅完善了对知识的认知，还在教学的同时渗透了用全面发展眼光看待问题的辩证思想教育。

原子结构理论的发展是一个不断完善的认识过程，古典原子论→近代原子论：道尔顿实心球模型→汤姆孙葡萄干面包模型→卢瑟福行星模型→玻尔轨道模型→现代原子论：薛定谔电子云模型。结合原子结构模型图，在回顾原子发现历程的同时，体会化学科学的严谨，引导学生用辩证、发展的观点分析事物，也激起了学生用全面、发展的眼光看待问题的意识。

氧化还原概念的认识过程也是如此，从得失氧角度分析→化合价升降角度分析→电子得失角度分析，体现了从宏观与微观、从表象到本质逐步深入的思维发展过程，对科学概念本质认识的思想方法养成起到积极的促进作用。

科学的认识总是来之不易，在化学教学中强化辩证思想的教育，既是对知识认识的完善，也是对学生科学素养的激发和培养，学科教学和育人相得益彰。

3. 挖掘完善化学基本概念，对立统一认识事物

事物都有两面性，挖掘化学中对立统一的概念，在教学中进行辩证统一的哲学教育，也教会学生如何辩证做人。如氧化还原反应中有几组对立统一的概念：氧化剂与还原剂、氧化反应与还原反应、氧化性与还原性、氧化产物与还原产物……它们既对立，又相互依存。在教学时，进行这几组概念的辨析，是氧化还原反应教学的重点和难点，抓住辩证统一的思想，可加深对知识的理解，同时，也可趁机教育学生，学会辩证统一地做人处事。

（三）进行创新研究教育，拓展思维感染学生

化学是一门以实验为基础的学科，以实验教学研究为契机，在化学实验教学中进行创新研究教育，以化学思想方法感染学生，提升研究方法、科学思维品质。

1. 控制变量科学实验，提升实验研究思维

实验方法是化学学科特有的。如学习化学反应速率的影响因素时，大量利用控制变量法进行对比研究实验，控制改变一个条件进行实验条件筛选、控制实验方法进行对比、控

制样品进行对比，化学反应速率的影响因素就一一地呈现在学生面前，生动形象，让学生印象深刻。学习贝克勒尔发现铀盐的放射性实验，可学习他采用空白实验方法进行研究，推广到生活中的其他对比应用。

2. 定性定量融合实验，体验科学测量应用

学习定量实验时，可对比定量研究方法和定性研究方法的特点，突出各自的优势；也可结合"测定工业纯碱样品中 Na_2CO_3 的质量分数"进行三种定量实验方法的对比分析，让学生根据滴定法、气体质量法、沉淀质量法等反应原理讨论优化实验方案，然后对比总结定量实验方案。从自行独立设计实验方案，到讨论、修改、完善实验方案，整个过程体现了学生的合作学习，也通过三种定量方法的对比，体现了定量思想的应用。根据化学性质设计测定方案，从定性实验到定量实验的扩展延伸，让学生体会到定量实验化学方法的重要性和在生活生产中的应用，在潜移默化中促进学生科学方法的逐步形成。

3. 技术移植创新设计，提升实验创新能力

随着科学的进步和社会的发展，化学也倡导创新研究方法。如移植实验方法，可移植实验研究对象、改进实验装置、进行新的实验方法探究分析，可对实验药品进行分子重组创新设计；引进信息技术进行 DIS 实验，实现同步图像分析实验过程。实验设计是实验教学中的难点。依据学生实际水平和认知规律，将实验设计分解为多个小坡度的问题，逐步解决问题，有利于激发学生的创新技能。

案例举例如下：

中和滴定中"准确测定溶液的体积"是实验的关键之一，以前学过的实验仪器显然达不到实验要求，而这个特定仪器的设计（见表 2-11）是学生进行创新实践的好机会。

表 2-11　中和滴定中滴定管的创新设计

问题序号	教师提问	学生回答	问题设计目的
1	如何让实验精度提高（对比量筒：10 mL 与 100 mL）？	细颈的精度高——要细长的管	设计仪器的轮廓：细长的管，提高精度
2	如何提高所加液体的体积？	大肚，长管——管长一点	设计仪器的长短：长
3	如何实现一滴一滴加入？	针筒、滴管——下端采用滴管	设计仪器的下口：细小
4	如何方便控制滴加液体的速度？	活塞控制	设计仪器的开关控制：活塞
5	刻度如何设计？需要 0 刻度吗？0 刻度在上面还是下面比较好？	1 mL 分为 10 小格，从上往下放液体，0 刻度在上方，读数由上到下逐渐增大	设计仪器的刻度：0 刻度的创新设计
6	请画出这个读数精确，能逐滴加入溶液，方便控制中和反应的定量测定溶液体积的仪器，并为它取个名字	滴定管	归纳概括，全面认识，创新仪器

案例说明：如何创新设计新的实验仪器呢？实验目的是要尽可能减小误差，为了获得

较准确的测量结果，从实验需求的角度将仪器的设计细分为几个小坡度的问题，从仪器的整体轮廓（问题 1）、长短（问题 2），到细节的端口（问题 3）、开关控制（问题 4）、刻度（问题 5），到画出仪器并命名（问题 6），在一系列系统性、层次性、相对独立又相互关联的设计问题中，引发学生思考，集成以前学过的量筒、滴管、容量瓶等仪器的优点和特点，进行重组和改装，在智慧的思维碰撞中，自然而然地创新设计出滴定仪器——滴定管。通过分解问题、亲手设计仪器，学生对滴定管的构造和使用方法印象更深刻，也在仪器的设计中体验了科学家创新、研究的艰辛。

实验课是化学的基础，以实验设计为工具，循循善诱，通过对实验细节的系列问题的探究，引导学生自主设计实验仪器、方案等，让学生充分动起来，动脑、动手、动口，有利于激发学生的创新技能。

当然，化学中的思想方法远不止这些，还有许多值得我们去挖掘和探讨。如在复习时，老师也可以将相关的知识内容进行梳理形成知识网络，通过对比加深对知识的理解，通过归纳演绎的方法进行知识整理应用，在无形中对学生进行方法论教育。

三、学以致用，渗透社会道德品质培养

德育的首要功能是育人，是致力于培养人格完善、个性充分发展的人，是为了人的全面发展。在化学学科教学中强化学以致用，渗透社会道德品质培养，用平等、民主、探讨等方式激发学生的民主意识、社会参与意识、环保责任意识，可以打破教师"一言堂"的教育模式，让学生主动在实践中接受教育，往往事半功倍。

（一）关注时事热点应用，激发学生爱国责任

有意识地借助学生的生活经验为后期学习的内容建立"桥梁"，使学习过程"平易化"，实现生活常识的应用增长，利用化学知识解决实际问题，实现学生迁移能力的提高。

1. 追踪社会时事热点，激发学生爱国激情

展示生活化教学素材，激发学生的求知欲望。动力可来自目标，也可来自原材料。提供一些来自生活、能够夺学生耳目的素材，可有效激发学生的求知欲望，让学生全身每一个细胞都兴奋起来，积极参与。

如学习氧化还原反应，可为学生播放"嫦娥二号"发射上天的视频，以壮观的场景引发学生的视觉效应，引出燃烧的氧化还原反应的课题，也能引导学生关注时事，关注科学发展。学习甲烷的性质，可播放"可燃冰"的新闻报道，让学生了解最新科技。学习原电池的原理时，可播放世博会中的"燃料电池汽车"介绍视频，引导学生关注最新科技给人类社会带来的变革，激发学生用科学为人类服务的斗志，让学生体会国家荣誉的至高无上，激励学生为国家、为班级、为自己的家庭增光添彩。

民族团结教育是德育的重要组成，应把民族团结教育渗透在学科教育中。在新疆内高班的化学课堂上，讲到甲烷时可结合介绍"西气东输"工程，这是新疆各族人民对全国人民的大力支持，当然，内地对新疆的开发与建设也都进行对口支援，学生都能说出各自家乡近几年的巨大变化是在全国各族人民的共同努力下取得的。又如讲到新能源时，介绍新疆的风力发电发展迅速，前景广阔。总之，学科的课堂教育是最好的民族团结的主阵地。

2. 专题研究身边化学，增强学生责任意识

除课堂学习书本知识外，也可创造条件让学生到工厂、农村参观学习，如了解自来水厂净水、化肥厂合成氨的生产流程等，参与探究和讨论，将书本知识化为实践课堂、体验生活。设计专题探究身边的各类问题，如环境污染及治理、变废为宝、新能源介绍及资源的利用、日用化学及厨房化学、营养保健化学等，让学生体验与化学相关的工业生产、社会生活，增加感性认识。

孔子提倡的"有教无类，因材施教"等教育思想在今天仍熠熠生辉。从学生已有的生活经验和知识背景出发，搭建应用性的学习平台，提升学习兴趣，从而提高教学效果，"润物细无声"地对学生进行思想品德教育，往往会事半功倍。

（二）研究生活化学问题，鼓舞学生昂扬斗志

以生活教育为载体，让教育回归生活，是教育的发展趋势；民族精神教育只有回归生活，才能焕发出强大的生命活力。面向学生经历的生活世界、现实的生活世界、未来的生活世界，贴近生活、贴近学生，不断优化化学德育资源，探索生活化教育教学模式。

1. 研究物质用途，感受生活联系

在元素及其化合物性质教学中，常用"结构决定性质，性质决定用途"的理论来指导教学，但若改变一下思维，反其道而行之，先引出物质在生活中的用途，让学生对这种物质产生浓厚兴趣，然后引导学生思考为什么有这样的用途，因为物质这么有用，所以我们才有必要来学习、研究它，以期使化学更好地为生活生产服务。如在讲解铁及其化合物性质时，先请学生来介绍生活中铁及其化合物的用途，如建造材料、锄具、农具、补血剂等，再反过来引导学生学习铁的结构、性质，这样学生的注意力会一直比较活跃和集中。

在有机化合物教学中，也可应用类似的方式。如讲乙醛的性质时，教师可请学生课前查阅资料，先介绍福尔马林及酚醛树脂在生产生活中的应用，再反思为什么具有这样的用途，让学生化被动为主动，自主、自发地投入学习，享受学习的乐趣，不再把学习看作一件枯燥的任务。

2. 结合生活现象，树立环保意识

化学与日常生活息息相关，涉及环境保护、健康等多个领域。在教学中，通过引导学生思考生活中的社会现象和问题，促使他们认识问题的本质并探寻解决方案。举例来说，当介绍肥料知识时，可以问学生赤潮在海水中是如何产生的；讲解塑料性质时，可以提问学生白色垃圾的成分是什么。学生可以根据自己的生活经验和查阅资料来回答，进一步引导他们思考为何这些物质不可降解。通过这种方式，从日常问题出发，激发学生对问题背后原理的探索，这种方法通常能够提高学生的学习积极性。

化学实验经常带有吸引人的效果，通过这些小"魔法"效果可以使教学更加生动有趣。例如，在探讨酸碱盐的特性时，教师可以展示如何使清水变为"牛奶"之后再变回清水的实验，激发学生去深入探索其中的原理，思考背后的化学逻辑；当学习碘的性质时，可以实时展示如何用碘检测学生的指纹，让学生体验小侦探的角色，并思考为什么碘可以达到这样的目的。这样的方法不仅增强了课堂的互动性，还提高了学生的学习兴趣。

（三）关注民生生命教育，塑造学生健全人格

化学与生活紧密相关，我们要在化学教学中渗透生命教育，关注民生，家校联动，共同培养学生正确利用化学知识为生活生产服务。

1. 批判滥用化学知识，关爱生命健康教育

当今社会有许多滥用化学知识的现象，如食品中添加过量添加剂、用甲醛浸泡毛肚、用硫黄熏白银耳、在奶粉中添加三聚氰胺……给化学学科笼罩上了一层阴影。在化学课堂教学中，要批判这些不法商贩滥用化学知识投机倒把、危害他人健康的现象，强化化学学科的正面价值。

事物都有两面性，化学研究对象中有不少物质有毒，但用好了就可以为人类服务。在化学教学中，加强学科对德育教育的渗透，将积极的生活观念和奋发的生活态度渗透到课堂的教学中。如在"氯气的性质"案例中介绍战争中氯气的使用，也警示学生在危急时刻如何利用化学知识保护自己，把化学的负面效应转化为正面的保护措施。长此以往，慢慢让学生产生"生命自觉"，用化学知识保护生命、造福人类，共建和谐社会。

2. 课外作业关注民生，课内课外联动培养

在化学课外作业研究中，作业布置生活化，部分习题创设生活化情境，可吸引学生对生活的关注。

如化学反应速率习题：人们用很多方法来保存食物，如在粮仓中充入氮气以降低氧气浓度，粮食可保存更长时间，这是因为充入氮气降低了氧气的浓度，使粮食腐败的速度减慢。也可在冰箱中保存食物，这是因为冰箱使温度降低，从而使粮食腐败的速度减慢。用铁片与稀硫酸反应制取氢气时，下列措施能使氢气生成的速率变小的是（　　　　）。

A. 加热　　　　　　　　　　B. 不用稀硫酸，改用 98% 的浓硫酸
C. 将反应体系放入冰水中　　D. 铁片改用铁粉

该题巧妙地将用途嵌入题干，唤起学生对生活的关注，让学生在喜闻乐见中阅读题干做题，发现学习并不那么枯燥，从而调动学习的积极性和主动性。

另外，教师除了结合课堂教学布置一些相关的书本作业外，也可尝试布置一些软性的引发学生思考的课外兴趣作业，如让学生搜集生活素材、设计一些生活小实验，提高归纳能力和动手实践能力，还能在无形中渗透民生教育。如学习了二氧化碳的知识后请学生去超市收集各种饮料的成分，归类哪些是碳酸饮料；学习了酸碱盐的知识后，请学生设计应用厨房里的东西来做些有意义的事情，如鉴别物质、清洗水垢等，将课堂知识与生活实践紧密结合，贯穿生活处处皆学问的观点，使学生养成细心观察生活的习惯；学习有机化学，可让学生自己上网搜集装修环保的资料，充分调动学生积极性，关注生活，事实证明，学生提交的研究小论文质量较高，如《装修中的杀手》《甲醛二三事》《新装修的房子怎么住》等都充分展示了学生的研究能力。在观察和研究中，学生的生活态度和学习能力都产生了积极变化。

总之，学科育人要全方位渗透，在课内、课外联动过程中培养学生的人文素质、科学素养和道德品质，三位一体，相互促进；不能仅局限于校园，要将学科德育拓展到家庭、社会，三位一体，使学校、社会、家庭横向贯通，随时巩固教育的效果。

教师是人类灵魂的工程师，是全面推进民族精神教育的主导者和实施者，是学生健康成长的指导者和引路人。教师要言传身教，以高尚的人格来塑造学生人格，以高尚的品德来培育学生品德。"问渠哪得清如许，为有源头活水来"，只有不断提高教师育人的素质，才能更好地培养出德才兼备的高素质人才。教育贵在育人，德育教育不是一朝一夕的事，需要我们在长期的教学实践中，从人文美学精神、科学方法素养、社会道德品质三个维度不断挖掘德育素材和教育契机，适时渗透，课内、课外相互联动，学校、社会、家庭横向贯通，将德育融入学科教学之中，将枯燥的说教变成生动的教学，将课本的说教变成言传身教，让教育扎根于学科教学之中，焕发出灿烂的生命活力，结出累累硕果。

(四)【教学案例1】"氯气"教学案例研究

1. 基本信息

"氯气"是上海科学技术出版社出版的高职教材《化学》第一学期第二章"开发海水中的卤素资源"第二节"海水中的氯"第一课时的授课内容。

2. 德育价值

本课时是氯气的第一课时，以氯气与水、碱反应的性质为载体，蕴含"性质决定用途"的学科思想，辩证看待物质两面性的唯物主义思想、合理利用化学知识为人类服务的思想；通过情境分析应用原理、实验探究漂白成分、自制家用漂白剂、设计工业制漂粉精方案等多种体验活动渗透学科德育，感受科学探究的乐趣，体会化学与生活生产的紧密联系。

3. 案例呈现

片段1：氯气用途——创设生活应用情境，辩证思考服务生活

（情境1. 情境2）观察自来水消毒的图片，观看自来水处理后才能养鱼的视频，回忆打开自来水龙头时闻到的刺激性气味，思考这些生活现象的原因。

设计意图：以学生熟悉的生活知识和经验为载体，以图片和视频形式导入氯气用途，唤醒学生生活积累。氯气有毒，但少量氯气可消毒杀菌，学会辩证思考，学会运用化学知识为人类服务。

片段2：氯气漂白性实验探究——对比探究猜测验证，体会科学严谨求真

（学生实验1）学生观察实验现象，氯气能使湿润的色纸褪色，但干燥色纸无变化，思考并设计方案，动手实验探究"使色纸褪色的物质究竟是什么"。

设计意图：鼓励学生大胆质疑，剖析漂白现象背后的微观原理，并学会用实验验证自己的猜测，勇于实验，探究漂白物质的成分，体验科学探究的求真思想和乐趣。

片段3：氯气与氢氧化钠反应——自制家用消毒剂，体验化学改善生活

（情境3）展示84消毒液的说明书，引导学生阅读分析家用消毒剂的成分；（学生实验2）学生小组合作设计实验方案，利用电解饱和食盐水的装置，动手自制家用消毒剂。

设计意图：引导学生分析消毒液说明书，并从氯气与水反应的原理推导氯气与氢氧化钠溶液反应的原理，体会物质化学变化规律的迁移；然后动手自制家用消毒剂，体验化学改变生活的乐趣。

片段4：氯气与氢氧化钙反应——实验室到生产实践，宏微结合，学以致用

（学生体验）引导学生类比推导氯气与氢氧化钙反应的原理，并设计氯气与消石灰反应制取漂粉精的方案，对比实验室反应与工业制法的区别。

设计意图：当通过原理分析及工业生产设计，从实验室走向生产实践，感悟理论与实践的不同，体会化学与生产的联系。

片段5：氯气泄漏的消除影响——新闻事件回溯分析，实践应用，保护自我

（情境4）观看新闻直播间视频"2019年伊拉克氯气泄漏事件"，假如你正巧在那边旅游，你会采取什么措施保护自己？

设计意图：播放氯气泄漏的新闻，让学生利用所学知识学会保护自己，珍爱生命，学以致用。

片段6：氯气的性质及用途——分层作业自主学习，社会调查，多元评价

（学生作业）用思维导图小结氯气的主要性质及用途，除必做作业外，可选做课外作业自由组队去调查自来水厂消毒情况，激励学生继续自主研究、合作研究。

设计意图：分层布置作业满足不同层次学生的需求，引发学生思考和自主研究。学生自主组队、自主选题，去自来水厂参观调查、上网查阅自来水厂消毒情况。然后小组汇报调查成果，体验书本知识与生活实践的紧密结合。

4. 案例反思

"氯气"案例将学科德育融入生活、生产实践，寓教于乐，润物细无声。该案例注重生活情境创设，挖掘图片、视频、新闻等营造轻松愉快的德育氛围，寻找德育契机。精心设计多种学习方式，探究学习氯水漂白的成分、体验学习自制家用消毒液、小组学习设计漂粉精制造方案，细化德育历程。辩证思考氯气毒性与消毒利用，融合"性质决定用途"的学科思想，激发德育情怀。同时，还将学科德育课内外相结合，分层作业多元评价，鼓励学生课后调研，在自主、自觉、快乐学习中促进德育内化，有效落实德育目标。

第四章　化学任务驱动教学模式的构建

第一节　任务驱动教学模式的理论基础

一、任务驱动教学模式的界定

（一）关于"任务"

"任务"一词的英文为"tast"，翻译过来有"作业""工作"的意思。"任务"在中文字典的意思是"指定担负的工作或责任"。而任务驱动教学中的"任务"是指经过教师精心挑选和组织的、能在一定程度促进学生掌握课本知识的同时提高能力的一项作业，它贯穿于整个教学过程的始终，但不能等同于我们常说的练习。"任务"一般是在学生学完某个知识框架后被提出，一般与生产、生活实际相关联，设计的难易程度会依据学生的实际情况而定，以满足不同水平学生的要求。教师所提出的任务要能够激发学生的学习兴趣、启发学生的思维能力等。

（二）关于"驱动"

"驱动"这个词在计算机教学中应用比较多，是一种可以使用计算机进行通信的呈现，英文为"drive"，有"推动""驱赶"的意思。单从字面上看，它很容易被理解成通过任务来"迫使"学生学习，这种观点是片面的。任务驱动教学模式强调学生是学习的主体，所以学习的驱动力源于学习者本身。本书将"驱动"理解成学习者在执行任务过程中发生认知冲突，为获得认知平衡，学习者会通过自身的努力去解决这个矛盾。而这种驱动力是可以培养的，如教师的鼓励能给学习者一定的成就感，这种驱动力会不断地增强。所以，教师在教学过程中要对学生进行适当的鼓励，以增强学生学习的动力。

（三）关于任务驱动教学模式

任务驱动教学模式的思想源远流长，可以追溯到我国古代的教育学家孔子所提出的"学以致用"。任务驱动教学模式的概念界定经历了一个漫长的发展过程，最早出现在德国，当时被称为"范例教学"，倡导者为德国教育家瓦根舍因（MartinWagenschein）和克拉夫基（Wolfgang Klafki）。克拉夫基认为：范例教学提倡学习者的独立性，让学习者能从选择出来的例子中获得知识和能力，这就需要选择典型而清楚的例子进行教学。任务驱动教学模式被定义为建立在建构主义理论基础上的、以任务为主线、教师为主导以及学生为主体的一种教学方法。随着任务驱动教学法的功能不断被发掘，任务驱动教学模式越来越被人们重视，主要在计算机教学和语言教学中得到广泛运用。但是不同的研究者对其含义有不同的理解。

教师将任务以导学案的形式布置给学生，促使学生主动预习，有目的地掌握新课的重难点，从而提高学习的效率。

二、任务驱动教学的理论基础

任何教学模式的建立都需要正确的理论来指导，只有在科学理论的指导下，新的教学模式才会更具生命活力。任务驱动教学模式是在建构主义理论、动机理论等有着坚实教育学和心理学基础的教学理论上构建的，充分吸收这些理论的精华，针对现行教育中存在的问题进行新的探索。

（一）建构主义理论

建构主义属于认知理论，由瑞士心理学家让·皮亚杰（Jean Piaget）于 1925 年首次提出。建构主义的教学思想归结起来主要包含了三个基本观点：第一，知识观。知识是动态的，它会随着人们的认知深度而不断发生改变，所以说知识不是准确无误的，我们要根据具体的情景进行具体分析，从而获得合理的知识。知识没有特定的形态，只能根据学习者的经验进行真正理解。第二，学习观。学习不是简单地获取知识的过程，也不是简单的知识储过程，而是学生在接触新知识的过程中出现经验冲突而引发认知结构的变化。这个过程是学生获得意义建构的过程，学生可以根据已有知识经验，选择性对接触的信息进行加工处理，从而完成对知识的建构。第三，教学观。教学过程在将以往传授现有知识的教学方式，转变为以学生原有知识为出发点，促进学生知识经验的生长。为了激发学生的思维活动，教师要为学生精心设计学习情境，促进学生对知识的意义建构。

建构主义学习理论给了我们以下启示。

1. 注重以学生为中心

传统的教学强调"教"，教师是课堂的主角，而新课改要求以学生为主体，学生是学习的主观能动者，课堂上要充分发挥学生的主体作用，把课堂还给学生，让学生成为知识课堂的主人，如课堂上教师应给学生布置若干学习任务，促使学生的学习方式发生转变。

2. 注重"情境"的创设

教师应创设与生活相近的问题情境，制定相应的学习任务，利用生活经验激发学生的原有知识，促进学生对知识的意义建构。

3. 注重"协作"的影响

课堂上教师要多给学生动脑、动口的机会，多创设开放性问题，引导学生多方面、多角度对问题进行思考，让学生多与同伴进行交流学习，通过思想的碰撞不断提升自己的智慧，从而培养学生的独立思考能力和创新能力。

（二）动机理论

动机是维持活动的内在驱动力，受外部环境的刺激，能够指引学生进行学习。由于动机涉及多种现象，所以不同的心理学家对动机的解析各不相同，由此形成了具有相同核心价值的各种动机理论，其核心目标均是要激发学生的学习动力。以下阐述与本书课题相关的几种动机理论。

1. 行为主义动机理论

行为主义动机理论兴起于 20 世纪初，代表人物为桑代克（Thorndike）。他认为通过强化和惩罚能够加强或削弱某种行为。强化包括正强化和负强化，正强化是指某种行为在获得奖励或鼓励等满意的刺激后能够增强该行为；负强化是指产生行为的后果不利时，该行为会减弱。行为主义强调正强化的重要作用，如通过奖励或者获得优秀的成绩来激发学生的学习动机。老师适当给予学生一些鼓励或者表扬，能够激发学生学习的动力。但是行为主义认为，外在动机对学习任务原本没有兴趣的学生更容易起到强化的作用，对学习任务本身具有较高兴趣的学生反而会起到削弱的作用。

所以，在实际教学当中我们要根据具体的情况进行强化。

2. 人本主义动机理论

人本主义的主要创始人为亚伯拉罕·马斯洛（Abraham Harold Maslow），马斯洛在解析动机时特别强调"需要"的重要作用，他认为人的行为来源于我们的需要。需要同时受多种因素的影响，所以不同的人处于同一种情境当中可能会产生不一样的行为。马斯洛的需要层次论将人的需要分为八个层次，分别是生理的需要、安全的需要、归属与爱的需要、受人尊重的需要、认知的需要、审美的需要、自我实现的需要、超越的需要。

这些需求按低级到高级排布，前三种为确实需要，又称基本需要。这几种需要非常重要，必须得到满足才能进一步产生动机。后五种属于生长需要，也可以理解为精神需要，能让我们更好地生活。只有当基本需要得到满足时，生长需要才会出现，即人只有解决了温饱问题后，才有心思考虑提升自我的能力。

在学校，若要学生有较高的动机去学习，则必须满足缺失需要，而尊重和关爱对学生而言是最重要的基本需要。大部分学生即使曾经有过较高的目标，为了不被伤自尊心，也会选择随大流。教师要关注学生，要让学生认识到老师是公平、公正的，爱护和尊重每一位学生，这样才能调动学生的积极性，激发学生的创造力。

（三）成就动机理论

成就动机理论出现于 20 世纪 60 年代，成就动机理论的核心理念是尽最大的努力去完成有难度的任务。20 世纪 60 年代阿特金森提出的成就动机理论影响较大，他认为人在追求成就时往往有两种倾向：一种是努力追求成功，另一种是努力避免失败。实践证明，试图追求成功的人更容易取得成功，因为追求成功的人成就动机更高，目标更明确，有着极强的斗志，当获得成功时会有自豪感，于是容易产生挑战下一个任务的倾向。而试图避免失败的人因为害怕自尊心受到伤害，所以选择的任务往往是比较容易的，当获得成功时存在侥幸的心理，如果失败了，学习者的成就动机会降得更低。在学习时，教师应关注学生的状态，当学生获得成功时给予适当的鼓励，让学生朝着我们所期望的方向发展。此外，还可以给成就动机高的学生提供学习难度稍高的任务，以激发他们的学习动机；对于成就动机较低的学生，可以给他们提供较容易的教学任务，教师给予适当的鼓励和帮助，以提高他们的学习动机。

动机理论给了我们许多启示：创设情境时分不同的层次进行设计，设置不同层次的学习任务，以满足不同层次学生学习的需要，激发学生的学习动机；在任务进行过程中尽量为学生提供更多展现自己的机会，从而提高学生的成就动机，激发学生的思维能力；当学生给出正确的答案时，我们应给予肯定或鼓励，以增强学生的学习动机。

第二节 任务驱动教学模式的构建路径

化学和我们的生活息息相关。作为一门自然学科，学生学习起来可能相对困难，因此，初中生对化学学习缺乏相应的热情，也使化学教师的教学变得困难。而通过任务驱动教学模式，可以极大地改善学生对化学学科不热爱、不感兴趣的问题。任务驱动教学模式根据实际教学内容制定教学目标，从而让学生更加自主自觉地投入学习中。

一、通过任务驱动提出课堂任务

在任务驱动教学模式中，教师要根据实际教学目标制定课堂任务，教学任务应和学生学习的化学知识相结合，从而更好地激发学生对学习化学知识的积极性与兴趣，充分调动学生的思维，使其更好地理解课堂任务，高效进行学习，有效提高学生的化学素养。

二、通过任务驱动解决教学问题

在化学学习中，学生是课堂的主体，教师只是一个引导传授者。让学生在学习知识中更加主动、更加自主尤为重要。教师应通过任务驱动解决教学过程中遇到的问题，并让学生自主探究遇到的学习问题，通过对学生的引导及鼓励，让学生自主学习，自主解决问题，从而提高学习效率，强化学生对化学知识的认知与记忆。

三、通过任务驱动完成小组合作教学

任务驱动教学模式的应用主要是对问题的发现和解决，小组合作的教学模式可以使学生及时发现问题、解决问题，因此，当学生对学习问题进行思考时，教师不直接给学生提供答案，而是让学生通过小组合作进行问题探究，深入思考及理解问题，从而解决问题。

四、积极开发和利用课程资源

任务驱动教学模式是在一定情景下，学生借助教师帮助和其他资源进行的一种有意义的探究活动，教师要为学生提供学习所需要的各种资源，如书籍、杂志和实验设备等，还可以是网络资源、人力资源等。根据这些资源的类型，我们可以将它们分为三种。

（一）本地资源

指教师在上课之前准备的化学实验药品和器材、收集整理的资料以及教科书上的相关章节的内容。教师整理的资料可以集中在学习任务的相关文件上，也可以发布到校园网上，供学生参考使用，如为学生学习提供必要的理论指导，为实验提供指导信息，并指明完成任务需要阅读的化学教科书的有关章节等。

（二）网络资源

将网络上的资源导入学生的学习过程中，可使学生获得更多的信息，拓宽学生的视野，使学生获取最前沿的知识成果，更深刻地理解课程内容，也能起到培养和提高学生获取信息、运用信息的能力。教师在设计任务文本时可将具体的网页罗列出来，如果任务文本已经做成了网页，也可以运用网页超链接的方式直接连接互联网上的相关网页，让学生通过超链接找到所需要的资源。

（三）泛资源

为了完成学习任务，学生可能还需要从其他方面获取信息和支持，如自己通过查询各种文件和书籍、浏览一些网页、走访专家和其他相关人员等来获取信息，这种不确定的信息来源称为泛资源。学生利用泛资源进行学习时，要目标明确，并做好计划，以免在一些不必要的环节上浪费时间。

这些课程资源的运用，对于学生学习能力、思维能力、创造能力、动手能力的提高是相当重要的。但是，不少位于经济欠发达地区的学校，仪器、药品严重不足，受现实条件限制，仅有的资源难以满足化学课程改革的要求。要解决这一难题，除当地教育主管部门应重视投入外，一线教师还应积极创造条件，可自制仪器和教具，组织学生参观访问工厂和科研单位，搜集有关实验的各种影视资料，为学生创造尽可能多的机会体验科学探究的乐趣。

五、熟悉教材内容，灵活组织教学

在实施"任务驱动"教学实践中，我们发现目前还没有符合教学实际的"任务驱动"型教材，虽然一些教材具有系统性好、逻辑性强的优点，但其组织结构并不适合"任务驱动"教学。这就要求在"任务驱动"教学中，教师要对教材内容进行全面深刻的了解，整体把握教材内容，明确教学大纲的具体要求，每个章节具体的教学目标、教学重点、难点，教学内容中所渗透的能力、情感培养点以及学生的具体特征，在此基础上根据任务需求对教材的编排结构进行调整，在设计任务时可以不局限于某一具体章节，"任务"中知识点可以是学习过的，也可以是未曾接触过的，但必须存在内在联系。

化学是一门最接近生活的学科，可以通过大量的实验进行学习，正因如此，才会导致有时学生的化学学习不是很连贯，从而失去对化学学习的兴趣。对此，教师在开展教学时，应鼓励学生积极思考，动手实践，高度结合理论与应用，利用任务驱动教学模式提高并强化学生的学习能力。

第五章
信息技术环境下高职化学探究式教学模式研究

一、概述

（一）传统的化学教学模式存在的问题

传统的化学教学模式是建立在以教师为中心的教学结构和班级授课制的教学组织形式的基础上。具体的模式是以固定教师、固定学生人数、固定地点的班为单位；以教师为中心；以统一编制的教科书为学习内容，统一学习进度、统一考试内容和标准为主的形式。传统的化学课程形式有知识讲授、学生实验课、习题课、测试课等。笔者从事近二十年的化学教学，从多年的教学经验和体会中发现传统的化学教学模式主要存在以下问题。

1. 学生的主体地位受到一定的限制

班级授课制是在一定范围内、一个相对集中的时间内、以一位教师为中心，以认知水平相当的学生群体为教育对象的教学组织方式。教师是学习过程的中心，学习的主要方式是老师讲、学生听，作为认知主体的学生在教学过程中无论从时间上还是空间上始终处于被动接受的地位。根据调查，目前高职教学在课堂上教师的讲授时间达到 80% ～ 90%。教师控制着学习的内容、学习的进程和学习的方式，学习的结果是教师在学习开始之前就预先设定好的，学生的学习主要是接受教师传授的知识和技能。注重讲授、注重对结果的记忆，而忽视了意义的真正获得，标准答案扼杀了学生的创新思维和求异品质。

2. 忽视学生的个性差异

班级授课制的目标在于提升群体学生的知识技能、素质和学习潜力，但难以照顾到每个学生个体的发展需求。面对众多学生，教师需传授一致的学习内容，然而学生之间存在差异，因此教学策略常针对中等水平的学生展开。这导致了两极分化学生的发展受限。班级授课制忽略了学生的选择权，他们无法决定学习时间、内容、方式和知识的顺序，甚至无权决定考试的时间和次数。学生处于被动接受的地位，缺乏自主选择和运用知识的机会，从而限制了他们的能力发展。

3. 不利于学生创造性、求异思维的发展

班级授课制的教学目标在于向大多数学生传授未掌握的知识和技能，强调学生的同质

性发展。然而，由于时间、进度和任务的限制，这种制度难以涉及过多的探索性问题。在教学过程中，当教师提出一个问题并得到一个答案后，出于时间压力，往往不鼓励探索其他答案，这可能抑制学生的创造能力。正如张建伟所指出的，过于强调课本知识的权威性和绝对性，以及教师的权威性，可能导致教学模式变得机械，学生被灌输一系列结论，而这些结论不受质疑。这样的教学方式会使学生独立思考的能力受到限制，他们可能更多地猜测教师所期望的答案，而非通过自主思考和分析问题。学生对观念的评判权被剥夺，令他们只能接受别人的观点，而不培养独立思考和批判精神。这种教学模式下培养出的学生可能知识丰富，但缺乏独立思想，缺乏分析和批判能力，缺少自主性和独立性。

4. 遏制学生自主性的发展

在班级授课制度中，随着对知识的掌握，学生往往也会在接受的过程中，因人类对事物求知求真的本性而在被动学习的同时，也产生主动探究的学习行为，只因课堂教学这一教学活动环境的限制，这种主动探究行为往往得不到自由发挥。所以传统的化学教学是一种以接受式学习方式为主体的教学活动。由于功利的目的，学习内容异化为考试内容，考试内容和形式的单一，更加遏制了学生学习自主性的发展。

5. 不利于学生合作意识的培养

学生虽然作为一个集体接受同一位教师的教学，但学生个体是以自己的方式理解相同的内容，彼此间难有机会合作。

综上所述，传统的化学教学是以教师为中心的班级授课制教学模式，无论从学习时间上，还是从学习过程的控制、学习内容的选择上，学生始终处于一个从属的、受支配的、被动接受的地位，很难保证学生在学习中的主体地位，加之对学习评价过于知识化、过于简单化，学生的自主性、主动性和创造性难以发挥。因此，新化学教学模式的建立必须改变以教师为中心的教学结构。

（二）高职教育教学改革的要求和特点

职业技术教育是现代教育体系的重要组成部分，在社会经济发展中发挥着关键作用。然而，尽管如此，相对于我国庞大的人口基数，职业教育仍未能充分满足社会需求。

要实现我国职业教育的发展目标，不仅需要推进教育体制和机制改革，还应加大教学方法和内容的改革力度，根据新形势下的职业教育培养目标和人才需求，开展创新教育。在当下，我国高等职业教育的培养目标是为社会培养劳动技能型人才，即专门为用人单位培养熟练操作技能、从事特定事务性或技术性工作的人才。高等职业教育人才规格应与培养目标相契合，主要培养技能型和智能技术领域的人才，要求学生既掌握理论知识，又具备实际操作和问题解决的能力。

因此，高职教育的教学改革应与新形势下的职业教育培养目标和人才需求相适应，以确保学生培养出适应社会需要的专业技能和综合素质，创造出适合身需要的教学模式，提高职学院的教学水平。高职教育教学的探究式模式有助于融合理论教学、技能训练和实际操作，实现师生合作完成教学目标。这种模式能够最大程度地利用课程资源，调整学习内容和教学方法，激发学生的潜能，开启自由思考和创新的空间。

传统高职教育可能存在教师偏重理论、轻视实践，强调智力而忽略品德培养等问题。

这可能导致部分学生在分数上表现出色，但缺乏实际操作能力和应对复杂情况的能力。在新形势下，高职教育需要紧密关注基层、生产、服务和管理第一线的需求，培养具备各种职业岗位所需的高级技能、应用能力和管理素养的人才。探究式教学模式适用于高职教育，它通过让学生在实际操作中探索、掌握规律，培养能力。在这种教学模式中，学生可以通过自主学习、质疑、观察比较、问题解决等方式来探索知识，同时也强调学生的协作意识和社会交往能力，培养综合分析、信息处理和创新运用能力。

总之，高职教育的探究式教学模式有助于培养学生的实践动手能力、解决实际问题的能力，同时促进学生的社会责任感和综合素质的发展。这种教学方式能够更好地满足职业教育的需求，培养出适应社会发展和就业市场的人才。

（三）探究式教学对高职教育教学的作用

探究式教学作为一种教学模式，融合了素质教育思想和探究学习理念，致力于培养学生的学习能力、创新能力和实践能力，以此塑造学生为全面发展、具有求知欲、实践能力和创新意识的应用型人才。这种教学方式在高职教育中得到了广泛应用，以适应经济和社会的不断发展。

高职教育需要紧密结合实际需求，注重培养学生的创新思维和问题解决能力，因此在高职化学教学中引入强调自主学习和主动探究的探究式教学模式是一种有益的尝试。在这种模式下，教师的角色是引导学生去思考、实践、发现问题并解决问题，激发学生的主动性。通过这样的过程，学生可以亲身体验知识的力量，培养思维的深度和创造的能力。这种方式不仅增强了学生对知识的兴趣，也提高了他们的自信心，使他们更积极地投入学习。探究式教学模式在高职教育中具有重要价值，它有助于培养学生的综合素质和实际能力，使他们更好地适应职业发展和社会需求的变化。通过这种方式，高职学生能够更加积极主动地参与学习，更具有创新意识和问题解决能力，为自身的成长和职业发展奠定坚实的基础。

在探究式教学中，学生扮演着主要的角色，而教师则充当学生探究学习的引导者和支持者。所有的教学活动都以促进学生的主动探究为中心展开。首先，教师示范问题解决方法，引导学生逐步展开问题解决过程。教师通过提出问题，按照提出、分析、计划、运算、解决、评价的步骤，带领学生一步步解决问题。在这一过程中，教师扮演着问题解决的导航者角色，确保学生理解和掌握知识，同时强调知识的实际应用。其次，教师鼓励学生独立解决问题。在教师充分示范问题解决方法后，许多问题可以鼓励学生自行解决。在学生解决实际问题时，教师应指导解决问题的策略，鼓励学生从多个角度、途径思考和解决问题，引导学生自主探究，培养他们掌握解决问题的策略，提高学习能力。这种方式使得学生在问题解决的过程中获得满足感和成功体验，树立自信心。这进一步激发学生更积极主动地追求知识、探究问题、追求真理，实现了素质教育思想，促进了学生全面发展。

综上所述，探究式教学模式使得学生成为主动的学习者，教师则在其中扮演着引导和支持的角色，从而促进学生的深入思考、自主探究和综合能力的提升。这种教学方式有助于培养学生的创新能力、解决问题的能力，以及积极的学习态度，为他们未来的职业发展打下坚实的基础。

（四）在高职化学教学中引入探究式教学的必要性和可能性

1. 在高职化学教学中引入探究式教学的必要性

（1）社会发展的要求。

随着经济全球化和知识经济的兴起，社会对于创造性人才和富有创新精神的劳动者的需求变得前所未有地紧迫。在这样的背景下，探究式教学成为一个集中体现这一思路的教育方法。通过实施探究式教学，能够更好地培养学生的创造力和解决问题的能力，使他们能够适应不断变化的现实世界，并为未来的挑战做好准备。这种教学方法强调学生的自主性和参与度，通过让学生自己探索、发现和思考，从而激发他们的求知欲和创新意识。总之，探究式教学为培养适应未来社会需求的创新人才提供了有力的途径。

（2）新形势下高职化学教学改革的要求。

在新形势下，高职化学教学改革倡导一种全新的教学方式，即在教师的引导下，让学生通过自主、合作和探究的方式进行学习。这种教学方法旨在促进学生的全面发展，培养他们的自我意识和合作意识，同时提升学生的创新思维和问题解决能力。通过这种方式，学生不仅能够更好地掌握知识，还能够培养出更强的团队合作能力和自主学习能力。总之，新形势下的高职化学教学改革致力于为学生提供更富有活力和创新性的教育环境。

（3）当代变化了的教育对象的要求，也是学生可持续发展的要求。

当代青少年受到复杂社会环境影响，呈现出早熟的个性心理特点。他们自尊心强，充满自信和独立感，不轻易接受他人甚至是教师、父母的指导。他们思维独立，不愿呆板地接受固有观念，更愿意通过批判性思维自行判断。创造性成分在他们的思维中占比较大，遇到问题时追求独特的见解，不满足于墨守成规。面对这样的教育对象，传统教学方式无法满足他们的需求，若想培养创新思维和解决问题的能力，必须调整教学方法，以提升教学效果。

探究式教学方式适应了现代教学规律，鼓励积极和有意义的知识构建，尊重学生的主体意愿，强调个性化发展。教师在这种模式下退居幕后，将"舞台"交给学生，在引导中指导。这让学生更多地实现自身价值，提升了自主性和自觉性。这种方法不仅有助于改变传统化学课堂的枯燥形象，还能使学生在参与中建立认同感，将教师要求内化为自身追求，从而提高学生的自主和可持续发展能力。

2. 在高职化学教学中引入探究式教学的可能性

（1）从高职教育的教学内容和教学形式来看

高职教育从职业能力角度出发，根据各专业培养目标确定教学内容的深度、广度，突显职业性特征。基础理论教学以实际应用为导向，专业教学侧重实用和针对性。教学形式注重实践，实践教学与理论教学比例安排相当，确保学生获得充分具体的专业技能。探究式教学使学生亲身探索、获取知识，学会运用科学理论解决实际问题，与高职教育的要求相契合，对教学内容和方式提出了一致性要求。

（2）从高职化学课程改革来看

高职学院中的化学课程被视为重要的基础课或专业基础课。为了更好地符合高职教育培养目标，高职化学课程进行了一系列改革。这次改革重新调整了化学教学内容，理论部分的设置以满足"必需、够用"为原则，强调将化学知识应用于实际。此外，化学实验课的地位也得十分突出，通过将化学实验与理论分开设置课程，改变了过去偏向于理论、轻视实验的情况。高职化学课程改革的核心目标在于培养学生的实际技能，强化他们的能力培养。这意味着学生将更多地专注于实际操作和技能训练，以更好地适应未来工作的需要。这次改革注重将理论知识与实际应用相结合，使学生能够在实际工作中灵活运用所学的化学知识。而实施以科学探究为核心的化学教学就是将科学探究引入化学课堂，使学生在教师的引导下，通过亲身经历和体验进行科学探究活动，激发学生学习化学的兴趣，增进对化学的情感，理解化学的本质，培养和提高学生的实践动手能力和分析解决生产实际问题的能力。这与高职化学课程改革的特点是一致的。

（3）从高职院校的设备条件来看

一般来说，高职院校实验室门类齐全，装备较为先进，并拥有校内校外多种实训实习场所，为学生动手实做，培养技能提供了广阔的空间，为实施探究式教学提供了坚实的物质基础。例如，某学院是具有4000人容量的一所高职学院，教学设施齐全，拥有校园网、仿真系列设备、多媒体教室，以及设备完善的各类实验室35个和稳定的校外实训基地18个；建有80个站点的校园局域网；图书馆藏书（含光盘）18万册。这些教学方面的硬件设施为我院实施探究式教学模式提供了坚实的物质基础，从教学设施上保证了高职化学探究式教学模式的研究。

（4）从高职教育的师资条件来看

高职院校拥有一定比例的"双师型"教师，他们有较高的专业理论水平和较强的技术工作能力，持有相应的资格证书，对指导学生探究学习尤为有利。例如，我院现有专兼职教师280人，其中副高以上职称57人，中级职称（讲师、实验师、工程师等）159人；"双师"型教师92人，广大教师政治素质好，业务能力强，专业对口，教学经验丰富，并有在生产、科研单位或实验室工作多年的实际经验，能理论联系实际开展教学，为我院实施探究式教学模式提供了师资上的保障。

正是基于上述分析，笔者选择了"信息技术环境下高职化学探究式教学模式研究"作为硕士论文的题目，希望通过对这一课题的研究，促使自己更深入学习探究式教学的理论和方法，并提高自己信息技术与课程整合的实践能力，促进和带动我院教研工作的专业化发展。

（五）信息技术为探究式教学的顺利开展提供了有利条件

化学探究式教学实质上是一种基于资源的、问题解决的学习活动。以计算机为基础的信息技术为创建这种强调"情境创设""交流、协作""信息资源提供"的教学方式提供了最好的技术支持，为探究式教学的实施提供了重要的平台，这主要表现在以下几个方面。

（1）教育信息资源极大丰富，学生可以十分方便且相对独立地查询和获取知识。与传统的纸介质信息载体相比，电子媒介有着惊人的高密度，一部百科全书的内容完全可以装入一张光盘。因此在信息时代，每个家庭拥有一座小型图书馆已经不是神话。因特网更是知识的汪洋大海，在网上搜索、检索知识变得十分有效和容易，每个上网的学生都可以方便地进入这一超大型的图书馆，并获取各方面专家的指导和帮助，从而使全世界的教育资源为自己的学习服务。

（2）多媒体、交互式以及虚拟现实技术的信息表达方式，大大提高了探究式学习中学生学习的效率和趣味性。首先，多媒体技术的发展为计算机辅助教学增添了活力，因其文、图、声并茂且具有良好的交互性，使得各种教育信息的表达更加生动、直观和多样化。计算机领域里的虚拟现实技术正在快速发展，并开始在辅助教学中得到应用，它以电子信息装置取代原有的感知对象，具有其他方法难以代替的优势。例如，在高职化学教学中，涉及硫酸工业、硝酸工业、合成氨工业等化工生产内容时，化工生产的真实情景是相当复杂的，涉及温度、压力等相关操作条件对生产过程的影响，要想把这些化工生产过程的真实情景搬到课堂中来是行不通的，而要以化工生产过程的真实情景为课堂也会受到很多局限。我们可以利用化工仿真教学软件，把这些化工生产过程的真实现场带进课堂，让学生在模拟实际生产的情景中直接操作，这样，既增加了学生学习化学的兴趣，又让学生真正体会到学习化学的价值。其次，学生在信息技术营造的教育环境中学习，各个感官被充分调动起来，思维活跃，更能积极地参与到教学过程中，大大提高了学习的兴趣和效率。同时，计算机辅助教学有助于克服传统班级授课的"工业化"教学模式，为因材施教、实施教学个别化、突出学生的主体地位提供了较理想的技术手段。

（3）信息技术还为师生提供了交流与协作的平台。探究式教学的过程，正是一个人际沟通与合作的过程，为了完成探究任务，一般都离不开学生间的合作。教师也要及时了解学生进行化学探究时遇到的困难以及学生的需要，并注意观察每个学生的发展，给予适时的鼓励和指导，帮助学生建立自信并进一步提高学习的积极性。化学课也可以在计算机教室里进行，教师可以设计课件，通过网络把教学内容传递给每一个学生，再通过智能化的评估系统迅速了解学生的掌握情况；学生也可以根据自身需要，选择适合自身的内容，并把学习中遇到的问题，产生的感受及时反馈给教师，实现个性化教学。师生之间还可以通过"网上论坛"的形式展开讨论。

（4）借助信息技术，可以把整理资料工作做得既快捷又完整。可以在计算机上建立一个资料整理文件夹，将搜集到的文字、图片、声音以及文字资料都放入文件夹中，从书中搜集的图片、文字可以用扫描仪扫描转换成数字文件也放入文件夹。各种资料齐备后，制作一个资料整理表，将各种信息分类，然后将相关信息链接到表格的各项中，这样将信息做了很好的分类、整理，便于查找，也有利于日后用信息技术发布成果。

（5）利用信息技术进行数据处理。比如用数据处理软件有助于分析化学实验数据；使用 Word 或 WPS 可以完成文字处理，尤其是 WPS 中集成的化学用语工具，可以方便地书写化学方程式，绘制原子结构示意图等；用 Excel 对通过调查或实验获得的数据进行处理和分析，制作成各种图表来表示自己的分析结果。

（6）利用信息技术进行成果发布。学生在探究式活动中产生的新信息、新观点，也就是探究成果如何向他人展示。发布成果的方式是多种多样的，可以将研究成果用 PPT 制成多媒体演示文稿，结合演示文稿演讲。由于多媒体提供的刺激不是单一的，而且还能动手操作，这样可以达到文、图、声并茂的效果，有利于知识的获得和保持。另外，还可以让学生将探究成果用 Frongtpage 或 Dreamvear 制作成网页，建立自己的网站，上传至校园网甚至互联网上发布，与世界范围的人交流共享，在更大程度上满足学生的成就感。

总之，信息技术为探究式教学提供了技术支撑，为教师和学生提供了一个其他教育资源环境所无法提供的信息资源，尤其是计算机网络的优势，突破了时间和空间的限制，建立了方便、快捷的反馈机制。因此，以计算机为核心的信息技术，为探究式教学模式提了更易实现和操作的物质基础，使探究式教学模式的实施和发展成为可能。

二、相关研究现状

20世纪80年代以来，以探究学习为基础重构基础教育课程成为世界各国课程改革的突出特点。一个共同的做法是，不仅将探究作为一种学习方式，而且将探究作为一种教学方式，实施教学改革，通过探究式教学来培养学生科学探究的精神和解决问题的能力。在美国没有哪个观点像"探究"或"探究教学"那样受到科学教育界如此广泛的关注。自加涅于1963年首先在《科学教学研究杂志》发表有关探究教学的文章以后，40多年来有许多学者在这方面做了大量研究，其中的成果体现在美国《国家科学教育标准》和"2061计划"出版的《科学素养标准》中。美国探究教学研究的50多年中，对探究教学模式、探究教学与学生认知发展（包括学习成绩、批判思维和过程技能）的关系、探究教学对师生提出的要求等方面进行了深入的理论分析和实践探索。

我国新一轮国家课程改革的一个重要目标就是要倡导学生主动参与的探究式学习。在2001年3月正式出版的我国理科国家课程标准中，科学探究的意义以及如何通过国家标准促进探究式学习实施的问题得到了普遍的重视。与此同时，各校成立了"科学探究式教学的理论与实验研究"课题组，在借鉴美国探究式教学基本理念的基础上，结合我国课程改革的实际情况，提出了探究式教学的含义、特征及核心要素。在我国正式出版的《义务教育化学课程标准（2022年版）》中提出了"重视探究教学活动，发展学生的科学探究能力"，要求教师应充分调动学生主动参与探究学习的积极性，引导学生通过实验、观察、调查、资料搜集、阅读、讨论、辩论等方式，在提出问题、猜想与假设、制订计划、进行实验、收集证据、解释与结论、反思与评价、表达与交流等活动中，增进对科学探究的理解，发展科学探究能力。

（一）高职学院探究式教学研究现状

我国的高职教育历来重视学生职业能力、综合能力和基本素质的培养，教学重视基础知识、基本方法、基本能力的传授，重视教师的主导作用，忽视学生自主学习、主动探究与创造的能力和学生的个性发展。笔者做课题研究时，对某职业学院化工系的1000多名学生和46名教师进行了一次学习与教学情况调查，调查发现存在以下不足。

1. 从学生角度调查化学学习情况

（1）高职学生化学学习兴趣普遍缺乏。

（2）学生的主体地位未能充分显示，"教师中心"现象比较严重。

（3）学生学习化学的主动性不够。

（4）学生缺乏独立实验的能力。

2. 从教师角度调查化学教学情况

（1）教师很少利用信息技术组织学生查阅资料、集体讨论等自主性的学习活动。

（2）在化学教学中，采取的教学方式以讲授为主，给学生布置的作业多是书面习题与阅读教材，很少布置观察、制作、实验、社会调查等实践性作业（除实践教学环节外）。

（二）信息技术与化学教学整合研究现状

所谓信息技术与课程整合是指在课程教学过程中，把信息技术、信息资源、信息方法、人力资源和课程内容有机结合，共同完成课程教学任务的一种新型的教学方式。对于信息技术与课程整合这个主题，自1998年全国中小学计算机教育研究中心首次在国内推广"整合"的理念以来，关于"整合"的理论和实践的研究就越来越多，成为当今信息技术教育的热点问题。就信息技术与化学教学整合而言，在我国的化学教学中研究较多，化学教师运用信息技术辅助化学教学，把多媒体、网络融合于化学教学和实验课堂之中，给学生提供了一个十分理想的、让学生积极探索问题的"做化学"的环境，当面对问题时，学生可以提出假设和推理，然后进行验证，总结一些化学规律和化学现象。通过文献调研可知，目前信息技术与化学教学整合有三个层面，在理论层面，有信息技术与化学整合的具体原则；在资源层面，有整合过程中所需的开发软件、化学工具软件以及主流搜索软件；在化学学科应用层面，有手持技术与计算机技术的整合——掌上实验室。

其研究可见，计算机的作用主要充当教学内容展示的工具，如何充分发挥计算机辅助教学（CAD）的作用，如何呈现形象的、多媒体化的教学内容是教师们关注的重点。

近年来，学界和教育界对将计算机作为认知工具、资源工具和情感激励工具在教学中的应用日益重视。特别是随着教育信息化的迅速推广，校园网和互联网在各个学校得到广泛普及，许多实用的化学教学软件和工具被引入教学实践。在这种背景下，化学教学研究人员和教师积极探索信息技术与化学教学的深度融合，取得了一些成果。

然而，目前的计算机应用与化学教学研究主要停留在经验描述的层面，尚未进行深入的理论化、抽象化和模式化的总结。这导致了一些教师在实践中可能认为在课堂上使用多媒体计算机已经完成了整合，却可能忽视了学生在其中的主体作用以及科学探究能力的培养。

为了更好地促进教师间的经验分享和借鉴，有必要对这些经验进行更深入的研究与总结。这样的努力将有助于提升化学教学的质量，并更好地发挥信息技术在培养学生科学探究能力方面的潜力。

（三）相关研究小结

通过部分相关文献研究和现状调查分析可以清楚地看出，探究式教学模式以及信息技术与化学教学整合的研究和实践表现以下特点。

（1）探究式教学的实施主要有两种途径：一种途径是以研究性学习课程为基础，开展学生的探究学习；另一种途径是在学科教学中革新教学方法，不断促进学生的探究学习。目前，国内外已有的研究成果主要集中在前一种形式，即基于研究性学习课程的实施。然而，考虑到我国高职教育的课程设置特点，依然以班级和分科教学为主，更需要对后一种途径进行深入研究和实践，以确保将探究式教学理念真正融入素质教育中。这也正是本课题要解决的主要问题所在。

（2）目前的探究式教学模式研究更多地关注学科知识本身，但却在现代教育条件和理念下，忽视了如何运用先进的信息技术手段，以多方位、全方面的方式帮助学生实现自主探究式学习。

（3）目前，将信息技术与化学学科整合的研究还停留在过程性描述和经验性总结的阶段，尚未进行系统的研究，特别是在信息技术环境下自主探究式化学教学模式方面。尤其是如何在这种模式中有效地引导教师发挥主导作用，同时促进学生的主体发展，培养他们的信息素养、创新精神和问题解决能力，仍然缺乏深入研究。

（4）教师对信息技术在化学教学中的作用理解亟待加强，特别是在理解和运用信息技术作为认知工具、资源工具和情感激励工具方面。

（5）在运用信息技术进行化学教学整合的研究中，师生关系的根本性变化方面缺少深入的探讨。

因此，研究信息技术环境下高职化学探究式教学模式，具体针对不同类型的高职化学课型设计不同的探究式教学模式，充分发挥教师主导、学生主体的作用，体现现代化学教学改革的理念，对于实施高职化学课程改革，促进高职学生信息素养、创新精神和问题决能力的提高具有十分重要的理论意义和现实意义。

三、探究式教学的概述

（一）探究式教学的含义及特点

1. 探究式教学的含义

探究式教学起源于 20 世纪 50 年代，由美国芝加哥大学的施瓦布教授在"教育现代化运动"中提出。他认为学生学习的过程与科学家的研究过程在本质上相似。在化学课程中，探究式教学是指以教师的启发诱导为基础，鼓励学生独立自主学习和合作探讨。该教学方法以现行教材为基础，将学生周围的世界和生活实际作为参考，为学生提供自由表达、质疑、探究和讨论问题的机会。在探究式教学中，学生通过个人、小组、集体等形式的解难释疑尝试活动，学习化学概念和规律，从而研究和获取知识。这种教学形式强调将所学知识应用于实际问题，鼓励学生参与实际案例分析。总之，探究式教学为学生提供了更加互动和实践性的学习经验，使他们能够更深入地理解化学概念，并将其应用于实际情境。

2. 探究式教学的特点

探究式教学具备开放性、自主性、交互性和探究性等特点，它是教师与学生共同参与的学习过程，旨在共同探索新知识。这种教学方法促使师生共同合作，共同解决问题，完成研究内容，并在这个过程中进行相互合作与交流。

（1）开放性和自主性。

探究式教学强调学生通过观察、调查、制作、搜集资料等探究活动来亲自得出结论，从而参与并体验知识获取的过程。它创造了动态、开放、主动、多元的学习环境，赋予学习过程强烈的开放性。学生可以借助各种手段和资料来获得知识，这为他们的个性和特长提供了广泛的发展空间，促使学习过程更为开放。在探究式教学中，教师注重每个学生的个性发展，尊重他们的特殊需求，相信他们的创造潜力，鼓励他们发挥主体作用。尤其重要的是，教师要强调学生的自主性，鼓励他们独立思考、大胆探索，并积极提出新的观点、思路和方法。这种教学方式不仅培养了学生的自主学习能力，还促进了他们的创新思维和问题解决能力的发展。

（2）交互性和探究性。

在探究式教学中，讨论发挥着重要作用。这种教学模式充分体现了教师的指导作用与学生的主体地位。教师在引导学习的同时，也重视学生之间的合作与交流，以及师生之间的协商和对话。在教学过程中，交流和合作成为日常教学工作的常见元素。以高职化学为例，探究液化石油气燃烧产物是否为二氧化碳和水。师生之间、学生之间都需要持续的交流和探讨，甚至会展开激烈的讨论。这种交互性强调了学生与教师之间的互动。在这样的互动中，学生相互交流、论证各自的观点，敏锐地发现问题，并积极寻求解决方法。这样的讨论促使学生更加积极地思考和探索，创造出充满探究性的学习氛围。

（二）探究式教学与传统教学比较

当前，在特定的环境中展开的教学活动的组织结构有两种形式：以教师为中心和以学生为中心。

传统的以教师为中心的教学结构更多的是强调教师是主动的知识传递者，学生是被动的知识接受者。教学媒体主要用于辅助教师演示，教材是学生主要的知识来源。这种教学结构有利于加强教师的主导作用，便于教师组织和监控教学活动，能够促进师生情感交流，可以有效传授科学知识。然而，它的弊端在于过于强调教师在课堂中的主导地位，而忽视了学生的学习主体作用，不利于培养具有创新思维和新能力的创造型人才。与传统模式相反，以学生为中心的教学结构将学生置于更积极主动的学习地位。在这种结构下，教师充当引导者和协助者的角色，鼓励学生自主思考、合作学习以及问题解决。这有助于培养学生的创新、批判性思维和合作能力，使他们更好地适应现代社会的需求。

探究式教学是一种以学生为中心的教学结构，学生在探究式教学中成为信息加工的主体，积极构建知识的意义。教师则扮演课堂教学的组织者和指导者角色，协助学生构建意义，推动他们的学习过程。教学媒体被用作促进学生自主学习的认知工具，而教材并非唯一的学习来源，学生通过自主学习从图书馆、资料室、实验室、网络等途径获取丰富的知识。在探究式教学中，常常采用分组制定工作计划、合作实验、调查等方式，倡导讨论、争论和综合意见等合作学习形式。学生在探究活动中根据自身经验构建对客观事物的理解，由于个体的经验和知识背景不同，思考问题的方式也不同，因此对事物的理解各有差异。合作学习有助于扩展学生的视野，让他们从不同侧面看待问题，审视自己和他人观点，进而构建新的、更深入的理解。同时，合作学习也促进了团队合作精神和意识的培养。

（三）实施探究式教学的若干问题探讨

通过相关文献和调查两方面的研究发现：教师在实施探究式教学的过程中需要克服诸多困难和障碍，主要有五个方面的问题。

1. 要营造一个有利于探究式教学的环境

要成功实施探究式教学，必须创造有利于这种教学方法的环境，包括"硬"环境和"软"环境。"硬"环境指的是实施探究式教学所需的物质条件，如实验设备、教学工具、实践经验、计算机网络、以探究为导向的教材，以及适合进行探究活动的活动空间等。在探究式教学中，观察、测量、调查、实验等活动，以及交流、提出假设、建立模型等都需要使用特定的物质媒介。如果没有适当的物质条件支持，探究式教学就难以顺利展开。"软"环境则指学校管理层、家长和社会各界对探究式教学的支持。学校领导层的理解和支持是推动这种教学模式的关键，而家长的支持和参与也有助于学生在学校以外继续探究式学习。此外，社会各界对探究式教学的认可和投入，例如为教育提供资源、赞助实验设备等，都有助于创造更有利的环境。因此，为了使探究式教学成功，我们需要同时关注创造适宜的"硬"环境和"软"环境，以便支持学生在更积极、自主的学习氛围中进行探究式学习。

2. 教师要转变教学观念，全方位进行培养

为了成功实施探究式教学，教师需要进行角色转变，从知识传授者转变为学生学习的促进者。这要求教师具备更强的适应性和灵活性，以应对不同的教学情境。以下是教师在探究式教学中需要注意的几个方面。

（1）角色转变：教师需要将焦点从传授知识转移到激发学生的学习兴趣和自主探究。他们应该鼓励学生提出问题、探索解决方案，并在必要时提供指导和支持。

（2）理解本质：教师需要深入理解探究式教学的本质，明白学生在这种环境中如何学习、思考和构建知识。这有助于教师更好地引导学生，让他们从实际探究中获得知识和技能。

（3）策略和技巧：教师需要掌握一系列探究式教学的策略和技巧。这包括怎样提出引导性问题，如何创造问题情境，怎样帮助学生收集信息和解决问题等。这些技能能够增强学生的主动学习和探究能力。

总之，教师在探究式教学中需要逐步转变角色，将注意力集中在激发学生的学习动力和自主探究上。通过深入理解探究式教学的本质，并掌握相关的策略和技巧，教师可以更好地引导学生在学习中发挥主动性和创造性。

3. 正确处理探究式教学与其他教学手段的关系

在新形势下，高职教育鼓励创新教育，倡导多样化的教学方法。虽然探究式教学作为一种重要的教学方法具有独特的优点，但它并不能完全替代其他教学手段。其他教学方法在培养学生素质、提升学生能力和扩充学生知识方面同样具有重要作用。例如，安排一定量的课外作业有助于学生对所学知识进行深入巩固和实践，培养学生的自主学习和问题解决能力。这种形式可以让学生在课后积极思考、运用所学内容，从而提高学习效果；在教学中适当突出课程的重点和难点，进行系统讲解和演示，有助于学生理解和掌握关键知识。这有助于建立学生的学习基础，为他们更深入的探究提供有力支持；在教学结束安排考试考查，测评学生对理论和方法掌握程度；组织学生到企业、单位进行教学实习，以利于学生将理论与实践更好的结合等。只有将探究式教学与其它教学手段有机结合起来，才是一种最完善的教学方法。

4. 注意培养学生自主学习能力与合作意识

在探究式教学的初始阶段，学生可能因缺乏独立学习能力而遇到困难。一些学生可能不擅长主动搜索、阅读和处理信息。为此，需要着重培养学生的自主学习能力。一些方法

包括要求学生制定搜集和处理信息的提纲，标记出他们认为有价值的部分，同时识别出尚未理解的部分，以便进行交流和讨论。同时，探究式学习并不是孤立、自我封闭的学习方式。相反，它需要建立积极的交流和讨论氛围，以扩大学生的信息视野，提高他们的信息处理和批判思维能力。此外，一个良好的竞争环境也能激发学生的积极性和进取心，提高他们在探究式学习中的效率。因此，在推行探究式教学时，要注重培养学生的合作意识。通过培养自主学习、交流和合作的能力，学生能够更好地适应探究式学习的要求，提高他们的学习效果。

5. 把握好导学与探究的关系

我们强调学生在探究过程中自主求知，并不意味着否定教师的讲解。教师的讲解在这里是一种引导，不同于强制性、无目的的灌输。因此，正确把握讲解的时机和内容显得十分重要。首先，在问题提出后，教师应给学生充足的思考、探究和醒悟的时间，而不是匆忙地给出答案；其次，教师不应在学生尚未形成困惑时就急于进行讲解，因为这样难以达到思想上的共鸣；最后，及时了解学生在探究过程中的进展情况和问题，以便在合适的时机进行指导和点拨。对于大多数学生难以领悟的知识，不仅仅需要进行讲解，更要做到引人入胜，使学生在惊叹中感受到知识的魅力，从而进一步激发他们的思维。

第二节　信息技术环境下高职化学探究式教学模式的理论基础

一、主体性教育理论

主体性教育理论是近年来在我国兴起的教育学理论，起源于 20 世纪 90 年代。其核心研究者包括北京师范大学的裴娣娜教授以及上海师范大学的燕国材教授等。这一理论强调人的主体性，认为这是人的本质特征，融合了自然性和社会性，也是人作为"人"的关键前提。主体性包含三个重要方面，分别是本体主体性、价值主体性和实践主体性。主体性教育理论特别强调以下几个方面的教育理论：

（1）主体教育以人为核心，旨在完善和发展个体；

（2）个体的自由、自觉活动对其发展至关重要；

（3）主体教育的目标是通过培养学生的主体意识、主体能力和主体人格，在教育中提升他们的主动性，使其成为社会活动的主体，具备类主体性。

综上所述，主体性教育理论不仅强调个体的主体发展，还具体阐述了个体在发展中展现的自主性、能动性以及创造性。它科学地阐明了影响和促进主体性发展的因素和条件。在信息技术环境下，高职化学探究式教学将学生置于主导地位，所有教学活动都围绕着激发学生的主动探究展开。因此，主体性教育理论为研究和解决本课题的关键问题提供了坚实的理论支持。

二、建构主义理论

建构主义理论强调学生的中心地位，强调学习者的主动性，认为学习是学习者基于原有的知识经验生成意义、建构理解的过程，该理论要求学生从被动的知识接受者和灌输对象转变为主动的信息加工者和知识建构者；要求教师由知识的传授者和灌输者转变为学生主动意义建构的协助者和推动者。这种转变需要教师在教学过程中采用全新的教育思想、教学结构、教学方法和教学设计。

根据建构主义理论，学生的知识是在特定情境下通过与他人的合作、交流以及利用相关信息等途径，经过有意义的建构获得的。这一观点突显了合作和交流在知识建构中的重要性。理想的学习环境应当包括情境、协作、交流和意义建构四个部分。

1. 情境

学习环境的情境需要有助于学生对所学内容进行意义建构。在教学设计中，创造有利于学习意义建构的情境是至关重要的。

2. 协作

协作应贯穿整个学习过程。教师与学生之间，以及学生之间的协作，在学习资料搜集与分析、假设提出与验证、学习进程的自我反馈和学习结果的评价，以及最终意义的建构中，都具有重要作用。

3. 交流

交流是协作过程中最基本的方式。例如，在学习小组中，成员之间必须通过交流来商讨完成规定学习任务以实现意义建构的目标，以及如何更好地获得教师或他人的指导和帮助等。实际上，协作学习过程即交流过程，在这个过程中，每位学生的想法都为整个学习团体所分享。交流对于推进每个学生的学习进程至关重要。

4. 意义建构

意义建构是教学过程的最终目标，它涉及事物的性质、规律以及事物之间的内在联系。在学习过程中，帮助学生进行意义建构意味着引导他们深刻理解所学内容反映的事物性质、规律，以及不同事物之间的关联。

建构主义在20世纪90年代开始得到计算机网络的支持，使其成为信息技术支持下教学方式的核心理论之一，并在广大教师的教学实践中得到普遍应用。在信息技术环境下的高职化学探究式教学中，将学生置于学习过程的核心地位，使他们成为知识意义的积极建构者。这包括学生主动搜集、分析相关信息和资料，提出各种假设并进行验证。教师的角色则更多的是协助学生建构知识意义，发挥指导和支持的作用。因此，以建构主义理论为基础的本课题研究有助于培养学生的主体意识，提升他们的学习积极性，并促进创造性的培养。

三、"教师主导－学生主体"的教学结构理论

"教师主导－学生主体"教学结构是介于以教师为中心的教学结构和以学生为中心的教学结构之间，它既强调发挥教师的主导作用，又要充分体现学生的认知主体作用，强调教与学两方面的主动性、积极性。一方面，学生是教学过程中最重要的因素，在教学过程中，要充分尊重学生的学习主体地位，促进学习主体的有意义学习，通过同化或顺应等建构过程，将学习内容内化到学生的认知结构中。教学媒体和信息技术是为了促进学生认知

发生变化，使学生对教学内容进行自主学习、自主探索、自主思考。另一方面，教师在教学过程中起着关键性的决定作用，教师要帮助学生选择学习内容、创设学习情景、设计学习活动、组织学习过程等等，引导和促进学生学习的主动性、创造性。

在"教师主导－学生主体"的教学结构中，教师扮演主导角色，而学生则是学习的主体。这种教学结构将以教师为中心的传统教学模式和以学生为中心的教学模式的优点融合起来，教师在其中发挥指导作用，同时充分体现学生的学习主体地位。它不仅关注教师的教育职能，也强调学生的学习过程，以激发教师和学生双方的主动性和积极性。这一教学结构的终极目标是通过这种新的教学思维来优化学习过程和学习效果，以培养出具备高度创新能力的新型人才。

奥苏贝尔的"有意义接受学习"理论、动机理论和"先行组织者"教学策略代表了以教师为中心的教学结构，而建构主义的学习理论与教学理论则强调以学生为中心的教学结构。将这两种理论结合起来，可以达到优势互补，形成更完善的教学模式。因此，"教师主导－学生主体"的教学结构被提出，它的理论基础正是奥苏贝尔的教学理论与建构主义理论的融合。这种教学结构中，教师扮演着主导的角色，引导学生在有意义的情境中学习，同时注重激发学生的动机和兴趣。通过运用奥苏贝尔的动机理论，教师可以更好地控制和引导情感因素，促进学生积极参与学习。与此同时，建构主义的思想可以帮助学生积极参与知识的构建和创新思维的培养。

建构主义理论的发展有利于培养具有创新思维和创新能力的创造型人才。但容易忽视教师主导作用的发挥，不利于系统知识的传授，甚至可能使课堂偏离教学目标，忽视学生情感因素在学习过程中的作用。通过上述对奥苏贝尔理论介绍可以看到：它刚好与建构主义相反，其优点是有利于教师主导作用的发挥（"有意义接受学习"理论和"先行组织者"策略都是建立在充分发挥教师主导作用的基础上，否则无法实施），并重视情感因素在学习过程中的作用（运用奥苏贝尔的动机理论能较好地控制与引导情感因素，使之在学习过程中能发挥积极的促进作用）；其突出的缺点则强调"传递－接受"教学结构，否定"发现式"教学结构，在教学过程中把学生置于被动接受地位，学生的主动性、创造性难以发挥，因而不利于创新人才的成长。而"教师主导－学生主体"的教学结构二者正好优势互补，能兼取两大理论之所长并弃其所短。即"教师主导－学生主体"教学结构的特点如下。

（1）教师是学生学习环境中能动的学习资源，是学生完成知识的意义建构过程中必不可少的重要条件。但不是知识的讲解者，更不是灌输者，教师的作用是帮助学生与学习环境的作用、发生认知过程，是教学过程的组织者，学生建构意义的促进者，学生良好情操的培育者。

（2）学生是学习的主体，是信息加工与情感体验的主体，是知识意义的主动建构者。

（3）教学媒体在教学过程中没有先进与落后之分，只有合理和不合理的区别。教学媒体既是学生学习环境的一部分，又是促进学生自主学习的认知工具与情感激励工具。

（4）教材不是唯一的教学内容，通过教师指导、自主学习与协作交流，学生可以从作用的学习环境（教师、同学、实验、相关的图书资料及互联网等）中获取多方面的知识。

（5）检测是学习的一个重要阶段，做题不是主要的，甚至不是必需的检测模式，知识的运用（化学实验、社会实践）和创新才是最高检测模式。学习效果的检测不因为学习内容的结束而结束，学生有多次进行检测的机会。

因此，"教师主导－学生主体"的教学结构理论比较科学而全面，本课题研究以此为理论基础能够更好地结合当前学校教学情况，整合教师的经验优势、网络的信息优势和工具优势。

四、学习环境的构成与优化理论

学习过程是学生与学习环境的主动的、相互作用而发生的认知过程和实践，进而得到知识、能力和经验，而不是通过记忆、再现教师或教科书呈现的内容的过程。因此，学习环境的形成是保证学习效果的第一重要因素。

（一）学习环境的定义

（1）学习环境是相对于学习者存在的，没有学习者就谈学习环境是没有意义的。

（2）学习环境有物质环境，也有非物质的环境。

（3）学习环境能对学习活动产生影响。

笔者对学习环境的理解是：学习环境是相对于学生个体而言的外部体系，是维持学习过程中各种学习活动展开的物质条件和学习氛围。它不仅仅是学习活动发生的场景，也不仅仅是学习的必备的物质条件，更重要的是它是维持学习进程的氛围。

（二）学习环境的构成

不同的学习环境观念对学习环境的构成有不同的看法。笔者认为学习环境不仅仅是学校、班级、课堂，它应包括以下四个方面的内容。

1. 学习资源

对高职化学的各种学习资源具体是指：结构化的学习内容，如教材、教师准备的教案、局域网上的学习内容、教师推荐的书籍、相关的化学实验、相关的学习媒体材料（如教学短片），特别强调教师是学习环境中最重要的、能动的组成部分之一。

2. 学习伙伴

学习伙伴是学习进程中的伴侣，是学习者个体学习的支持者和激励者，甚至是竞争的对手之一。学习伙伴可以组成学习的小组，形成相互支持相互帮助的依存关系，也可以组成对立的双方，在学习上相互竞争、相互遏制，形成相互比拼，奋飞的学习态势。没有朋友的学习是孤独的，没有对手的学习是寂寞的。

3. 学习策略和学习动机的维持机制

教师根据已有的教学经验，在授课前准备好的、关于学生学习的建议，学习过程的指导，以及对学生的激励方法等。

4. 学习进程的氛围

学习进程的氛围是一定的学生群体之间、学生与教师之间形成的相互作用。它可能是昂扬向上的学习氛围，或是针锋相对的学术观点的辩驳过程，也可能是毫无生气的接受。学习进程的氛围包括教师的教学心态、学生与教师之间的情感与态度、学生对学习内容的理解背景、学生个体和学生群体的心向，甚至当时的学校和社会环境都对学习进程的氛围有着直接的影响。学习进程的氛围是一个动态的概念，即使是同样的教学内容、同样的学生，每一次教学活动过程所形成的氛围是不相同的，学习进程的氛围对学生学习所产生的影响、起到的作用有时可能是决定性的，它能促进（或抑制）学习过程的深入，加深（或削弱）学生对学习内容的理解，甚至激荡产生新的知识、新的观点。

（三）学习环境的优化

学生与学习环境发生作用是学习的开始。认识、体验、能力尤其是实践能力是学生通过与学习环境作用的结果，而不是记忆的产物。学生充分利用学习环境，从不同的角度与学习环境发生作用。通过学生的自主学习而获取知识，通过学生的实践活动获取能力，通过交流与协作而获取经验，进而完成了对知识的探索和理解。通过与学习环境的作用，完成迁移和能力的形成。

优化的学习环境能够引发、维持、促进学生与学习环境发生作用。这种优化的学习环境的特征如下。

（1）允许灵活的学习，满足学生学习进程和个体发展的需要。

（2）支持教师的教学任务的完成，教师有权利依据课程目标修改教学内容和评价指标。

（3）支持异步学习，允许学生在不同的时间和地点进行学习。

（4）学习策略的指导及时和个性化，每一个学生在学习过程中，都能得到教师有针对性的学习建议和指导。

（5）评价方式的多样化，不同的学习内容有不同的评价方式，甚至有多次的评价。

（6）能记录每一个学生的学习进程，建立学习档案。

（7）提供丰富的、可用的学习资源和信息，主要是经过教师整理的结构化的学习资源，如教师已经查阅过的推荐的互联网上的指定性学习资源，还有教师有指导意见但没有查阅过的意向性学习资源，并要保证学生能够迅捷地得到这些资源，且在整个学习过程中这样的学习信息没有衰减。

（8）可靠的、普遍应用的技术保证，在该学习系统中技术、操作等不能成为影响学习结构的因素。

由于这种优化的学习环境能支持实现情境创设、启发思考、信息获取、资源共享、多重交互、自主探究、协作学习等多方面要求的教学方式与学习方式——也就是实现一种以"自主、探究、合作"为特征的探究式教学方式，这样就可以发挥教师的教学经验优势和促进学生的主动性、积极性、创造性的充分发挥，使传统的化学教学的课堂教学结构发生根本性变革（教学结构变革的主要标志是师生关系与师生地位作用的改变），从而使学生的创新精神与实践能力的培养真正落到实处。所以学习环境的构成与优化理论成为本课题研究的主要理论基础。

通过以上论述确立了信息技术环境下高职化学探究式教学模式的主要理论基础是主体性教育理论、建构主义理论、"教师主导－学生主体"的教学结构理论以及学习环境的构成与优化理论。

第三节　信息技术环境下高职化学探究式教学模式的设计

一、教学设计的原则

在信息技术环境下，高职化学探究式教学注重学生对化学知识的自主建构过程，科学探究与知识的建构是在同一过程中发生的。探究式教学的主要目的是使学生在一个完整、真实的问题情境中，产生学习的需要，并通过学习合作成员之间的互动、交流、协作，凭借学生主动探索、亲身体验，完成对知识意义的建构过程。在信息技术环境下，高职化学探究式教学设计中选择了以下五个教学原则。

（一）探索性原则

探究式教学在化学领域中涉及的化学规律通常深藏在深层次中，需要学生自行挖掘和感悟。解决问题的方法和途径往往并不明确，这促使学生进行尝试、提出假设并验证假设。问题的不确定性激发了学生的好奇心，激发了他们追求新奇和创新的欲望，培养了严谨务实的科学态度和科学精神，同时增强了学生思维的灵活性和变通性。通过面对不确定性和复杂性的情境，学生不仅能够积极地寻求解决方案，还能够发展适应新情境的能力。这种学习方式不仅关注了知识本身，还注重了学生在现实问题中的应用，培养了他们的创新能力和适应能力。

（二）过程性原则

探究式教学设计强调过程性原则，全面引导学生参与学习。从问题引出、假设提出、证据收集、分析处理，到评价交流，学生在这一完整过程中不断锻炼推理、思维和实验能力。

（三）问题性原则

探究式教学模式的核心在于巧妙设计"问题环境"。问题环境的构建涵盖了问题设计、引入方式、利用方式、预计解决方式，甚至能够引发连锁式的新问题。这种设计能够引导学生深入参与，拓展思维，培养解决问题的能力。

（四）民主性原则

创造支持探究式教学的环境是至关重要的，这种环境应当以和谐、愉快、勤奋、民主为特点，能够唤起学生的求知欲。在探究教学中，教师需尊重学生的意见、情感和选择，鼓励学生提问、质疑和探索，以塑造民主平等的教学氛围。这样的环境促使学生更积极参与，激发其自主学习的动力。

（五）发展性原则

探究教学旨在培养学生的智力与非智力素质，着眼于激发问题探索的热情。它赋予学生充裕的时间和空间，继续思考和深入探索已解决的问题，从而创造出充满无限意义的教学心境，让学习成为一个持续发展的过程。

二、教学模式建构前的准备工作

（一）教学过程的变量分析

从宏观上，教学过程是一个系统过程，该系统包括教学内容、学生特点、教师特点和教学环境四个主要变量。下面就从这四个方面对信息技术环境下高职化学探究式教学模式设计的变量进行分析。

1. 教学内容分析

一方面，将高职无机化学现行教材进行分析比较，发现高职一年级无机化学教材内容可分为三大部分：基本概念和基本理论、元素及其化合物的性质、随堂实验和实训环节；另一方面，将教学内容从课程类型角度分为理论课、物质课和活动课三种类型。其中，基本概念和基本理论属于理论课类型，元素及其化合物的性质属于物质课类型，教材中涉及的随堂实验和实训环节属于活动课类型，具体内容及分类详见表 5-1 所列。

表 5-1　高职无机化学课程教材内容

课程类型	内容分类	教材内容
理论课	基本概念和基本理论	第一章：物质结构
		第二章：元素周期律和周期表
		第三章：化学基本概念、化学反应方程式及计算
		第四章：化学反应速率和化学平衡
		第五章：电解质溶液
物质课	元素及其化合物的性质	第六章：ⅠA 和ⅡA 族元素——典型的金属
		第七章：卤族元素——典型的非金属
		第八章：其他常见的非金属元素
		第九章：其他常见的金属
		第十章：配合物简介
活动课	随堂实验和实训环节	第一章至第十章

2. 学生特点分析

为了了解目前高职学生化学学习状况和信息技术的掌握情况，以便在高职化学教学中实施探究式教学模式，2020 年 9 月笔者组织进行了武汉职业技术学院化工系的 1000 多名学生的学习情况的调查、高职一年级新生化工 2 班和化工 3 班的化学学习情况和信息技术应用能力现状的问卷调查（见附录 1-2）。调查结果如下。

（1）学生主动探究意识不强，学习自主性偏低。对于学习目标，40% 的学生选择由教师制定，还有 29% 的学生基本没有考虑过自己的学习目标；对于不是太难的知识内容，51% 的学生仍选择由教师讲解，多数学生看书学习浮于表面。

（2）学生学习的动机缺乏，没有认真钻研教材的习惯，依赖于课本、教师。高职学院在校学生 67% 对自己的前途信心不足，21% 的学生对自己的前途没有信心，说明学生的学习在动机上缺乏内在推动力。尽管如此，仍有 77% 的学生选择学习是为了掌握一技之长，这是支持高职学院学生学习动机的重要支柱。但是远大人生目标的缺乏、知识价值观的错位和学生知识基础的薄弱，直接限制了学习动机的延展。高职学院学生已有知识基础的参差不齐、知识结构的残缺妨碍了知识的建构，因此，"一刀切""齐步走"的课堂有许多学生"听不懂、学不会"，长此以往，这部分学生失去了学习的兴趣和信心。

（3）学生质疑和创新能力差，理论联系实际能力差。调查发现，只有 5% 的学生能够主动提出问题，在化学学习中，有 30% 的学生几乎没有提过问：61% 的学生偶尔有提问的愿望；学生很少根据自己的理解发表看法与意见，60% 的学生担心答错，"根本不想回答"的学生人数随年级升高而增长。

（4）很多学生不会利用图书馆和网络获取更多信息，利用信息的技能和方法欠缺，学生的信息素养较差。59% 的学生不会很好地利用信息技术获取和收集信息，20% 的学生不会使用计算机。

（5）学生的学习自我监控能力较低。只有 32% 的学生能够自己制订学习计划，24% 学生基本不制订学习计划；对自己的学习经常自我反思、自我评价的学生仅占 21%。调查表明，高职学生在学习中的自我监控能力较低，教学中有意识提高高职学生元认知水平已迫在眉睫。

3. 教师特点分析

为了了解目前高职化学老师的教学情况和信息技术的掌握情况，以便在高职化学教学中实施探究式教学模式，本人做课题研究时，对我院化工系 46 名教师进行了教学情况调查（见附录 3）发现高职学院教师的主要特点如下。

（1）教师的观念。教师对探究式教学重视不够，部分教师只在理论上做过一些探讨。在调查过程中发现，有 70% 教师认为探究式教学对高职学生来说过于高深，实施起来非常费时；有 5% 的老师根本不知道探究式教学。

（2）教师的知识储备。实施探究式教学，教师必须对学科内容、信息技术的运用能力和从事探究式教学的策略等有丰富而深入的理解，能够自如地实施探究式教学。而我院的调查情况是：教师很少利用信息技术组织学生查阅资料、集体讨论等自主性的学习活动只有 10% 的教师认为这些方法有道理，而且愿意这样做，60% 的教师认为虽然有道理，但教学大纲、教材、考试制度等不具备这种条件；25% 的教师认为自己没有能力实施探究式教学，不会这样做；5% 的教师没有给出答案。

（3）教师的教学效能感。这里分析的教师的教学效能感，是通过教师对自己实施探究式教学能力的自信度和对学生是否具备探究学习能力的观念来体现。笔者认为探究教学对高职化学教学是重要的，而且是可能的，也相信学生具备探究学习的能力。因此，即使在探究教学中遇到困难时，也不会怀疑和退缩。

（4）教师的科学研究经验。有研究表明，教师的科学研究经验与他（她）的探究教学是相互影响的。调查发现，目前大多数高职学院的教师没有科学研究的经验，很多老师在形成可研究的问题时有困难，有些老师不能控制变量，也不会搜集数据和分析结果。由此看来，在高职学院实施探究教学，教师具有一定的科学研究经验是非常必要的。

4. 教学环境分析

在信息技术环境下高职化学探究式教学模式中，教学环境是十分重要的，它不同于普通的教室环境，也不是实验室环境，更不仅仅是网络环境。基于信息技术环境下高职化学探究式教学模式对教学环境要求是集中体现学习是学生与特定的学习资源相互作用的结果，这些学习资源是教师根据即将参与学习的学生的认知水平和既往教学的成功经验精心设计的。因此基于信息技术环境下高职化学探究式教学模式对教学环境的要求有别于传统教学模式对教学环境的要求，需要整合教室、化学实验室、讨论室、图书资料室和局域网及互联网的优势。该教学环境应该满足以下功能。

（1）集中各种学习资源，形成有利于高职化学知识学习的环境。

（2）各个区域既不相互干扰，又能迅捷地到达，有利于学生使用不同的学习资源，也有利于教师组织不同的教学活动，同时能为不同小组的学习、讨论提供合适的场所。

（3）不同小组的学习成果能迅速成为其他小组学习的材料和资源。

（二）教学模式的要素分析

信息技术环境下高职化学探究式教学模式设计应重点抓住六个要素。

1. 问题

问题是化学思维的基本反映，化学学习过程实质是化学问题解决的认知过程。只有反映真实情景的问题才更能引发学生的高级思维，从而有助于学生对知识的意义建构。

2. 自主

高职教学改革要求突出课堂教学中学生的主体性地位，改变传统的师生信息传递的不对称地位。在高职化学教学过程中，学生建构知识的过程主要是通过自主学习实现的。

3. 协作

协作作为建构主义的四大要素之一，对于学生的学习具有非常重要的作用。通过协作，学生在交流、讨论甚至争论中，深化对学习主题的理解，不仅解决了问题，而且培养了与人合作的意识和能力。

4. 探究

探究是学生主动认识未知事物的过程。一方面，学生在进行探究时，往往具有不可知性，因此引导学生正确认识探究对象，可减少学生认知的弯路；另一方面，学生的探究过程对他们来说是极其宝贵的实践活动，教师要减少包办代替。

5. 交流

交流活动包括小组中成员与成员之间的交流、小组与小组之间的交流、小组与全体师生之间的交流以及教师与学生之间的交流。通过交流活动，培养学生语言表达能力、倾听别人意见的能力，以及快速反应能力。

6. 评价

教学效果评价有助于对学生学习情况的及时反馈，保持学生学习的热情，也有助于教师及时调节教学进程，可以快速了解学生对知识的掌握和理解情况。

三、信息技术环境下高职化学探究式教学模式的建构

（一）模式的总体构思

对于"信息技术环境下高职化学探究式教学模式"，一方面，需要体现教师对学生的学习起主导作用、学生是学习的主体，学习是在特定的环境中学生与学习环境相互作用产生的，教师是促进这种相互作用完成的引导因素和促进因素；另一个方面，教师是学习活动的导演，而整个学习活动的主演则是学生。因此，本人对信息技术环境下高职化学探究式教学模式的总体构思如下：

（1）在教学过程中首先建构一个通用的探究式一般模式（总流程），其次从一般模式中建构出具体的三种探究式教学模式，即归纳探究式、发现探究式和问题探究式。

（2）以"课"为单位，从教师方面来看，教学要全面考虑各种课型的知识内容和能力培养的关系，将高职无机化学内容分为三种课程类型，即理论课、物质课和活动课。并在三种"课"中分别实施三种探究式教学模式。

（3）在教学组织形式上对班级授课制进行"扬弃"式继承，既有集体讲授，又有小组学习和个人自主学习。

（二）探究式教学的一般模式

1.一般模式的总流程及概述

信息技术环境下高职化学探究式教学，是以培养高职学生的化学创新意识、创新精神、创新能力和解决实际问题的能力为宗旨，以学生为主体、教师为主导、学生自主探究为主。

"信息技术环境下高职化学探究式一般教学模式"总流程设计如下。

（1）创设情境：良好的问题情境能够引发学生的求知欲望，有效地激发他们潜藏的知识和经验，为知识的学习和掌握创造了最佳的认知和学习环境。教师通过口述或多媒体计算机的运用，构建特定的教学情境，以激发学生的联想思维，点燃对化学的兴趣与好奇，引导学生运用已有的认知结构，将新知识融入其中，建立新旧知识的联系并赋予其意义。情境的构建需具备以下要素：首先，情境应呈现全新且未知的知识；其次，情境必须满足学生的认知需求，引发他们认识到自身"未知"的局限，激发追求新知识的欲望；最后，情境要符合学生认知的可能性，难度应适宜，处于学生的"最近发展区"，要求学生借助已有知识和技能解决问题，同时仍需超越现有水平以解决难题。此外，情境的真实性也至关重要，能让学生感受到化学学习的实际价值。

（2）提出问题：创造情境的目标是引发问题。学生经过仔细观察和理解情境后，教师的任务是引导他们独立思考，基于自己的理解进行提炼和概括，积极提出情境中所隐含的基本问题。同时，教师还应引导学生从多个层面和角度思考同一问题，为培养学生的创造性思维提供丰富的知识和信息背景。教师通常可以借助课题质疑法、因果质疑法、联想质疑法、方法质疑法、比较质疑法、批判质疑法等方法，通过学生自我提问、学生间互相提问、师生之间互相提问等方式，引导学生提出问题，从而将他们从被动接受转变为积极探索。

（3）引导探究：教师应采取类比、实验、对比、观察、联想、归纳、化归等方法，深

化学生对所设问题的思考，培养其创新思维。也可以将问题细分为更小、更具体、更熟悉、更可操作的子问题，引导学生独立探索。在探索过程中，教师需要恰当时机地提供提示，协助学生逐步攀升于概念框架，始终保持主动探索、主动思考、主动构建意义的认知角色。然而，这一过程离不开教师的精心教学设计和在协作学习中的关键引导，以实现教师引导与学生主体相结合的理念。

（4）协作交流：教师引导学生在个人自主探索的基础上展开小组协商、交流和讨论，即协作学习，以进一步丰富和深化主题的意义构建。在个体探索阶段之后，学生因其个人经验和见解而有所不同。只有通过信息交流，将各自观点传达给他人，才能达成共识。这种合作与对话可以让学生从不同的角度和解决途径中看待问题，从而增加对知识的理解。通过不同观点的交流碰撞，学生可以修正、补充和深化彼此对问题的理解。在这过程中，教师充当参与者和评判者的角色，积极融入学生的讨论，促进和调整他们的认识。在学生经过探索、尝试、总结和交流后，教师应针对学生表述中不完整或不准确的地方，提供补充和完善。同时，教师要创造平等民主的氛围，确保每位学生感受到自己在活动中的重要性。对学生的发言，教师应及时展示支持和赞赏，确保每个学生都感受到成就，并享受成功的乐趣。

（5）总结反思：学生在小组内达成共识后，要向全班同学汇报他们的成果和选择方案的理由。其他小组成员和教师可以提供适当的建议和反馈。在学生汇报的过程中，教师应引导他们养成倾听和理解其他小组汇报的习惯。同时，可以组织学生一起制定方案的评价标准，进行小组间互相评价。这种汇报和交流过程可以提升学生的语言能力、逻辑思维以及合作能力。对于复杂的方案，教师可以利用多媒体工具演示解决问题的过程。最后，教师要求学生对他们的探究过程进行总结和反思，思考他们学到了哪些新的知识，是如何解决问题的，以及他们在小组中的贡献。这有助于提高学生的自我认知能力。

（6）迁移应用：学生需要将他们所学的定义、原理和规律应用于解决实际问题。这可以通过练习和化学实验来实现。例如，在理解了原子核外电子排布规律后，可以通过练习题来巩固这一知识；或者在学习了卤素及其化合物性质的递变规律后，可以通过实验来解决关于自来水消毒杀菌的实际问题。为了培养学生的化学语言表达能力和思维能力，教师可以引导学生模仿教材中的情景，或者提供一些情景，让学生自己编写应用问题。这些问题可以在黑板上进行分享，每个学生可以自由选择其他同学编写的问题，并运用新学的化学知识来解决。

2.一般模式的条件和特点（附师生活动情况表）

一般模式是在信息技术环境和化学实验条件下，引导学生进行自主探究学习，采用协作交流的学习方式，必然能够充分发挥学生进行自主探究性学习的优势，使学生在实践中开阔思路、勇于创新，同时通过协作交流学习，使得学生不仅学到科学知识，更重要的是学会信赖他人等重要的社交技能。因此，一般模式的特点有：

（1）突出"双主"教学结构的特点，学生是教学活动的主体，教师是教学活动的指导者、学生探究资源的设计提供者以及教学过程的组织者。

（2）突出对学生进行自主探究和协作交流活动的指导，使学生明确自己的职责，协同工作，共同使小组成果达到最大化。

（3）重视信息技术和实验在化学教学中的作用，促进技术力量高效率发挥。

在一般模式中，信息技术和化学实验作用以及课堂教学中师生活动情况见表5-2所列。

表5-2 信息技术环境下高职化学探究式教学一般模式师生活动情况

模式程序	信息技术或实验的作用	教师活动	学生活动
创设情景	利用多媒体课件、网上教学资源或实验创设情景	创设问题情景	通过问题情景，激发兴趣。
提出问题	进一步表征问题	搭支架，逐步引出一般问题和主要问题	表述问题
引导探究	提供实验环境、网络资源	引导、启发	探究、提出假设
协作交流	交流讨论，表达意见	监控、帮助、引导	讨论，充分表达意见
总结反思	利用文字处理工具、电子文稿编辑工具和网页制作工具进行归纳、总结和反思	引导、总结	反思、交流，知识内化
迁移运用	展示方案，交流讨论	追问、引导、提出迁移任务	解决新问题

（三）探究式教学的具体模式

目前关于探究式教学模式主要存在多种观点。笔者在研究和借鉴了一些专家和同行的成果之上，以本章设计的一般模式为基础，根据高职化学教材的特点及高职学生特点，对不同类型的课设计了不同的探究式教学模式并进行了大胆的尝试。如"归纳探究式""发现探究式""问题探究式"等。下面就从理论和实践上对这三种探究模式的设计进行详尽的阐述。

1. 理论课——归纳探究式教学模式（以溶解度的教学为例）

（1）创设问题情境

①常温下 10 mL 水中放入 0.1 g 熟石灰溶解不完，同样的 10 mL 水中放入 2 g 氯化钠完全溶解后仍未饱和，说明了什么？

②常温下 10 mL 水中放入 2 g 氯化钠会很快溶解，但 10 mL 汽油中放入 2 g 氯化钠却很难溶解，说明了什么？

③物质的溶解性会受到哪些条件的影响？

④溶液饱和与否会受到哪些条件的影响和限制？

⑤在通常状况下，同属易溶物质的食盐和硝酸钾，如何比较谁更易溶解于水？

⑥能否采用一种科学的方法，较精确地表示出某溶剂中物质的溶解程度呢？

（2）提出问题

教师与学生共同提出所要研究的问题——溶解度。

（3）搜集事实和资料

指导学生搜集有关固体溶解度的事实和资料。

①搜集事实：根据高职学生的特点、实验操作水平和思维水平，在具体的教学过程中，教师要尽可能指导学生主动地获取直接事实，使他们在获取直接事实的过程中，自觉地学会

使用观察、实验、记录和条件控制等科学方法。针对本课题，就学生需要搜集哪方面的事实，首先组织学生分组讨论：哪些因素可能影响物质的溶解程度？在学生充分讨论的基础上，各组推出一个代表陈述讨论结果，并由教师引导学生对讨论的结果进行概括总结（有时需要补充）。得出影响物质溶解程度的因素包括温度、压强、溶剂的种类、溶剂量。然后指导学生获取化学事实（直接事实或间接事实）。用事实说明这些因素如何影响物质的溶解性。

②搜集资料：根据上面对事实的搜集和分析，学生会很自然地得出学习本课题需要搜集的资料通常应包括以下几个方面：物质的溶解性、饱和溶液、表示物质多少的物理量及其单位。

（4）化学事实和资料的处理

化学事实和资料的处理是把化学事实和资料简明化和系统化的过程，这样便于我们从中找出规律。经常使用的方法有化学用语化、表格化和线图化。这是一种科学方法，也是化学教学中的一个环节。以上的化学事实和化学资料可用表格化进行处理，见表5-3、表5-7所列。

表5-3　化学事实

影响固体溶解性的因素	影响情况
温度	其他条件一定时，温度的变化会影响物质溶解的多少
压强	其他条件一定时，压强对固体物质的溶解量的多少影响不大
溶剂种类	其他条件一定时，不同溶剂对同一物质的溶解量的多少不同
溶剂的量	其他条件一定时，溶剂量越多能溶解的物质的量越多

表5-4　化学资料

化学资料名称	详细说明
溶解性	一种物质溶解到另一种物质中的能力
饱和溶液	在一定温度下一定量的溶剂里不能再溶解某种溶质的溶液
表示物质多少的物理量	质量单位克、千克等，体积单位毫升、升等

经过处理的事实和资料变得系统化和简明化，使学生更容易从中找出规律或形成结论。

（5）得出结论

将以上的结论形成模型化的科技语言就是溶解度的概念，即：在一定温度下，某固物质在100 g溶剂里达到饱和状态时所溶解的质量，叫作这种物质在这种溶剂里的溶解度。

（6）应用与交流

如：①学生讨论溶解度概念的内涵；②通过实验测定KNO_3在20℃时的溶解度；③做粗盐提纯实验时，在溶解时怎样做就可减少最后一步的误差等。

2. 活动课——问题探究式教学模式（以研究铁生锈原因的教学为例）

（1）选取问题

铁为什么会生锈？

（2）提出假说

组织学生自主讨论后提出假说：铁在空气中会生锈一定是和空气中的一种或几种气体发生了反应。

①可能是与空气中的氧气发生了反应。

②可能是与空气中的二氧化碳发生了反应。

③可能是与空气中的水蒸气发生了反应。

④可能是与空气中的氧气和水蒸气共同发生了反应。

⑤可能是与空气中的二氧化碳和水蒸气共同发生了反应。

⑥可能是与空气中的氧气、二氧化碳和水蒸气共同发生了反应。

（3）设计实验验证假说

①将一颗新铁钉放入装有干燥的空气的试管中密封观察。

②将一颗新铁钉放入装有潮湿的空气的试管中密封观察。

③将一颗新铁钉放入装有干燥的氧气的试管中密封观察。

④将一颗新铁钉放入装有干燥的二氧化碳的试管中密封观察。

⑤将一颗新铁钉放入装满经加热煮沸的蒸馏水的试管中密封观察。

⑥将一颗新铁钉放入装有氧气和水蒸气混合物的试管中密封观察。

⑦将一颗新铁钉放入装有二氧化碳和水蒸气的试管中密封观察。

⑧将一颗新铁钉放入装有氧气、二氧化碳和水蒸气的试管中密封观察。

实验后连续几天观察发现②⑥⑦⑧几个试管中的铁钉表面发生了变化。其中②⑥⑧三个试管中的铁钉表面出现了红色铁锈，且⑧中生锈最快，⑥中生锈最慢，⑦中的铁钉表也有变化，但颜色较②⑥⑧中铁锈略有区别。一个月后再进行观察时发现②中生锈最少⑥中生锈最多。

（4）推理判断、获得结论

针对以上实验现象学生自主讨论、教师指导，对假说进行如下推理和判断。

①由实验①③④⑤可知铁锈的形成较复杂不是单一物质作用的结果。

②由实验②⑥⑧可知铁锈的形成主要是空气中氧气和水蒸气共同作用的结果。

③由实验②⑥⑧可知空气中二氧化碳的存在加速了铁锈的生成。

（5）交流、解释和应用

根据铁生锈的原因，学生讨论防锈原理，提出防止铁生锈的一些措施。

第四节 信息技术环境下高职化学探究式教学模式的实施

一、课题研究的计划

（一）准备阶段

笔者首先对信息技术环境下高职化学探究式教学模式的理论和方法进行研究，使自己达到熟悉掌握该教学模式的实施过程和实施策略。同时，组织与我配合的实验教师一起学习课题研究方案，对研究的动因、目标、对象和周期、方法、内容、措施、步骤，有了比较深刻的理解。在此基础上，共同学习了"自主探究的教学策略""合作学习的教学策略""探究式课堂教学质量评估的标准""化学教学最优化研究""化学教育展望"等内容，对高职学生的自主性和探究性，自主探究的目标、意识与行为表现，高职化学课程探究的基本形式和过程，学生有效参与的基本条件和策略等理论知识，都有了比较明确的认识。（本阶段实施时间：2020年7月—2020年8月，持续近两个月）

（二）入学教育阶段

开学伊始，结合学生刚从初中毕业升入高职的情况，他们对新的学习和教学环境不适应，而且课程的增多，教法的改变，常使他们无所适从，有的甚至产生一种心理上的失重。因而我们根据高职新生的心理特点，试着从教法与学法的沟通入手，引导他们如何尽快适应高职的教学方法，增强自学与自制能力，努力削缓初中与高职两学段之间的"陡坡"，引发并激励学生的学习兴趣。（本阶段实施时间：2020年9月，持续一个月）

（三）中期持续阶段

笔者在对高职无机化学实施探究式教学模式时，首先分析比较高职无机化学现行教材，发现高职一年级无机化学教材内容可分为三大部分：基本概念和基本理论、元素及化合物的性质、随堂实验和实训环节。基本概念和基本理论知识部分属于理论课，涉及计算内容较多，偏重学生运算能力（化学反应方程式及计算、化学反应速率和化学平衡）和化学思想（如物质结构思想、元素周期律思想等）的培养，于是我们通过采用化学专题、单元（章节）教学研讨等方式，分别针对不同化学教学内容实施归纳探究式教学模式。元素及其化合物的性质知识部分属于物质课，对于这部分内容在物质性质特征、逻辑判断、逻辑推理等方面借助信息技术实施发现探究式教学模式，引导学生进行自主学习和发现。同时充分利用化学实验的检测和验证功能，及时反馈课堂教学信息，以便教师把握和调节教学进度。在教材中涉及的随堂实验和实训环节属于活动课类型，对于这部分内容，首先是学生亲身经历、情景体现，借助信息技术、图书资料和化学实验实施问题探究式教学模式；其次，针对不同的课程类型组织开展主题活动，具体实施见表5-6和表5-7所列。

表5-6　针对高职无机化学课程教材内容开展探究式教学的实施情况

内容分类	教材内容	探究模式	主要活动方式	主要环境支持
基本概念和基本理论	第一章：物质结构 第二章：元素周期律和周期表 第三章：化学基本概念、化学反应方程式及计算 第四章：化学反应速率和化学平衡 第五章：电解质溶液	归纳探究式	化学专题、教学研讨	投影幻灯、电视录像、化学仿真

续表

内容分类	教材内容		探究模式	主要活动方式	主要环境支持
元素及其化合物的性质	第六章：ⅠA和ⅡA族元素——典型的金属		发现探究式	自主学习	网络、多媒体、化学仿真、化学实验
	第七章：族元素——典型的非金属				
	第八章：其他常见的非金属元素				
	第九章：其他常见的金属				
	第十章：配合物简介				
随堂实验和实训环节	第一章至第十章		问题探究式	讨论，汇报	网络、化学实验、图书资料

表5-7　针对课程类型开展探究式教学的实施情况

课程类型	活动主题	探究模式	活动组织形式	主要环境支持
理论课	物质的溶解度	归纳探究式	集体	投影幻灯、电视录像、多媒体
物质课	盐与金属的反应	发现探究式	个人	网络、多媒体、化学仿真、化学实验
活动课	铁生锈的原因	问题探究式	小组	网络、化学实验、图书资料

同时，在每一个教学单元实施教学前，笔者都与化学教研室主任、化学实验教师共同交流研讨，使每一个设想都处于开放的动态系统中，都是可修改的。实施教学过程中注重及时诊断教学中的问题。

我们还在不同教学阶段分别通过听课交流、课堂观察、测验或考试等方式搜集信息，反馈教学中的现象，并进行分析、推断，为下一阶段的深入研究做准备。

（本阶段实施时间是：2020年10月—2021年7月，持续两个学期）

（四）评价总结阶段

在本研究中，我们采用观察法、访谈法、问卷法搜集数据信息，并将数据进行统计分析，对学生和教师在教学中的表现进行动态全程的评价。在方案实施结束时，对研究结果进行分析，形成研究论文。（本阶段实施时间：2021年8月—2021年9月，持续两个月）

二、实施过程

（一）实施步骤

1.明确实施方向和目标

根据制订的课题方案，明确实施方向和目标，与无机化学实验教师和信息中心教师讨论、交流，全面提高自己的化学实验指导能力、多媒体操作能力、化学课件制作能力，为实施高职化学探究式教学服务。

2.按照研究计划，分阶段有步骤地实施

（1）将自主探究式教学模式放在高职无机化学课中进行尝试，把多媒体教学手段引入

课堂，根据教学内容选择具体教学媒体。自己认真备好每一节课，与同伴共同探讨教法具体细节，引导学生进行探究活动，实现探究性学习与无机化学课程的整合。

（2）安排化学实验课程，训练高职学生的自主、交往探究能力。化学实验课程是以合作学习为基础，以激励学生个人自主学习，调整学生群体交往行为，培养学生自主参与、合作交往的学习能力。本学年的化学实验根据课程目标分为三个层次。

①必做的实验：原则上包括教师的演示实验、学生实验以及少量教师设计的实验。这部分实验主要是结合主干知识提供感性材料，易于学生完成知识的建构。它主要以教材中的实验为根据，指出目的（答案）不止一个，启发学生去发现问题。

②选做实验：对已知结论自行设计验证性实验，使学生在只有明确的目的但没有开根据的情况下，发挥想象力，找到解决矛盾的关键所在。通过实验发现现行方法的不足，提出改进意见。目标是突出对化学基本实验问题的思考，尽管实验的原理相同但是由于仪器装置的不同，实验效果差别比较大，通过仪器的改进，培养学生的创新能力，体验科学实践需要的素养。

③开放性实验研讨：一类为自己确立目的、寻找根据而进行一些探究性实验，让学生在学习过程处处留心，发现问题，设计方案，以实验来论证；另一类为自由实验，即不限定开始的根据和最终的答案，让学生随时想起问题随时实验，为创新学习提供一个自由的空间，自己学习，自己提问，自己解决，自己评价，让学生的思维在化学天地中自由翱翔。同时强调学生的使命感与责任感，增强学习的成就感。

（3）利用多媒体电脑平台、将局域网、互联网的相关知识及化学课件等全面投放到课堂教学和实验教学中，实现学生集体、小组和个人三种探究方式，充分利用先进的教学设备提高教学效果，推进素质教育，把高职化学探究式教学与现代教育技术有机结合，探索出信息技术环境下高职化学探究式教学模式是课题研究的深化阶段。

（二）具体做法

1. 在课堂教学中使用投影幻灯和电视录像

投影技术在教学中具备真实、直观和高效的特点，其合理运用能够优化教学过程。电视录像技术在教学中也有着诸多有益特性，其中最显著的是其直观性、可控性和重复性。在高职无机化学课程中，根据不同的课型和学生认知过程，巧妙地结合这两种教学手段，有助于推进探究式教学。

在理论课教学中，投影技术可以帮助学生比较、理解、掌握和应用概念，从而节省黑板板书时间，留出更多时间供学生进行探讨和思考。例如，通过使用投影仪展示同位素与元素的关系、溶解度、质量分数与摩尔浓度之间的联系、原电池和电解池的原理、取代反应与置换反应的比较，可以引导学生进行分析和比较，取得出色的教学效果。

在高职无机化学教材中，物质课在教学中具有重要地位。通常的讲授方法是从物质的性质和存在入手，然后探讨制法、用途以及环境保护等内容。通过使用录像播放物质的具体制法和用途，可以摆脱以往的单一讲述模式，提升学生的兴趣。在这个领域，有许多与教材内容紧密结合、丰富且生动的电视录像资料可供选择。这些资料涵盖了各种物质，例如水、石灰岩洞、半导体材料、橡胶、石油等。此外，还涉及化工生产领域，如氯碱工业、石油化工、炼钢炼铁、合成氨工业等。以酸雨对环境的影响为例，可以选择中央电视台曾在新闻联播中播放的"泰姬陵在哭泣"资料片。该片描绘了印度古陵泰姬陵，一个世界七大奇迹之一，长时间以来被白色大理石所保护，但现在正受到酸雨侵蚀。视频展示了在雨中和雨后，泰姬陵表面不断冒气泡的画面，深刻地传达了环境保护的紧迫性。这种具有强烈说服力的视频能够深刻印象学生，提高学习的积极性。

2. 在实验课中使用投影幻灯和电视录像

化学实验在教学中起到重要作用，能够引导学生动脑、动手、独立操作，从而巩固知识、培养观察能力、思维能力、科学实验技能和科学探究精神。然而，在实验教学中常常会遇到各种问题，如操作复杂、反应过程长、现象瞬息即逝、存在危险性等情况。这些问题可能会在课堂演示或实验室操作中产生困难。幸运的是，通过投影幻灯和录像教学，可以有效地解决这些问题。将实验内容以投影或录像的方式呈现给学生，有助于更好地展示实验步骤、现象和过程。这种方法能够有效地解决实验中的复杂性、短暂性或危险性问题，同时为学生提供更清晰的视觉信息。

在实验课中应用投影幻灯技术，可以有效辅助化学实验。在某些化学课堂演示实验中，由于学生众多，可能影响到他们观察实验现象，此时使用投影仪能够确保实验的真实性，同时通过放大空间，提升可见度，使微小变化更清楚地展示给学生。以钠与水的反应实验为例，通过使用投影仪，学生可以观察到实验中的四种现象。

（1）钠比水轻，可以浮在水面上。

（2）钠与水发生反应释放出热，使钠熔化成光亮的小球。

（3）两者反应产生气体，使小球迅速游动，直至完全消失。

（4）滴有酚酞试液的水溶液变为了红色。

通过在投影仪上放置培养皿盛水，再进行实验操作，所有这些现象都可以被投影到屏幕上，图像得以放大，呈现更真实且易于观察的状态。

实验课中的录像教学有助于突出实验操作的规范性和可控性，能够更好地引导学生进行观察和探究。以"中和滴定"实验为例，这个实验的步骤涉及洗涤、查漏、润洗、注液、除气泡、调零、滴定、读数、计算九个环节，其中一些步骤需要清晰地展示相关操作方法，并合理解释操作相关原理，但在课堂上此类教学可能存在一定的难度。现拍摄了 14 分钟的"中和滴定"视频，运用定格、放大等特写技术，把实验过程表现得清清楚楚，使学生一目了然，实际效果高于教师的现场演示。又例如：观察试管中稀 HNO_3 与 Cu 的反应，生成无色气体。虽然 NO 很容易被空气中的 O_2 氧化成棕红色的 NO_2，但生成 NO 是主要现象，通常情况下学生对此现象观察不到。改用录像教学，在稀 HNO_3 与 C 反应生成 NO 的瞬间定格、放大使学生捕捉到这个主要现象。

3. 在个人自主探究和小组交往探究学习中使用计算机多媒体系统和网络

计算机多媒体系统和网络是当今最先进的教育技术，在未来信息社会中将在人的终身教育中发挥重要作用。这种技术能够通过计算机的视觉、听觉和语言交流等双向互动，为教学提供逼真的表现效果。它使学生能够通过多种灵活便捷的交互界面（如文字、图形、影像、动画、声音等）来操控学习过程，提高教学效果。

举例来说，在"离子反应方程式"和"配平氧化－还原方程式"的教学中，利用计算机展开人机对话式教学，可以让学生快速掌握知识，同时培养他们的能力。在这两个课程的教学开始时，教师可以通过主机将教学内容投影到大屏幕上，通过举例说明，学生随后可以根据自身特点在各自的计算机上练习。学生可以根据自己的进度选择不同的内容进行学习，最终使每个学生都能在原有水平的基础上有所提高，实现个性化教学。

此外，我们还将微电脑应用到化学实验教学中。针对高职无机化学实验的需求，综合实验通常要求小组合作完成。小组成员可以运用计算机处理实验数据，辅助设计实验方案，并从中筛选出最佳方案，然后动手实验。这不仅节省了时间和药品，还提高了学生的科学探究能力。

三、评价总结

在信息技术环境下，高职化学教育越来越强调探究式教学模式，这种模式既注重学生在探究中的成果，也关注他们的探究过程。为了准确反映高职学生在探究过程中的发展和成就，评价必须包含对结果和过程的综合考量。探究式教学过程的评价应当聚焦于学生在真实探究中的思维和能力的发展。这意味着评价应该关注学生在探究中展现的思维过程和解决问题的能力，以及他们如何运用探究技能来探索新知识和解决复杂问题。而对于探究式教学的结果评价，则需要从知识与技能、过程与方法、情感态度与价值观三个方面的发展进行评价。

基于信息技术环境下高职化学探究式教学模式的评价以纸笔测验或考试、活动表现评价为主，以学习档案评价、课堂观察、课后访谈、问卷调查为辅。

1. 纸笔测验或考试

纸笔测验或考试是一种重要而有效的评价方式。纸笔测验或考试，重点应放在考查学生对化学基本概念、基本原理以及化学技术与社会的相互关系的认识和理解上，而不宜放在对知识的记忆和重现上；应重视考查学生综合运用所学知识、技能和方法分析和解决问题的能力，而不单是强化解答习题的技能；应注意选择具有真实情景的综合性、开放性的问题，而不宜孤立地对基础知识和基本技能进行测试。

纸笔测验或考试贯穿于整个研究之中，每月进行一次测验，其目的是阶段性检查教学效果，以便对教学中的现象进行分析，并做出推断，为下一阶段的深入研究做准备；学期期末进行考试，并将考试的成绩进行统计分析，为最终的总结性评价和本课题形成研究结论提供依据。

2. 活动表现评价

活动表现评价是一种值得倡导的评价方式。这种评价是在学生完成一系列任务（如实验、辩论、调查、设计等）的过程中进行的。它通过观察、记录和分析学生在各项学习活动中的表现，对学生的参与意识、合作精神、实验操作技能、探究能力、分析问题的思路、知识的理解和应用水平以及表达交流技能等进行评价。活动表现评价的对象可以是个人或小组，评价的内容既包括学生的活动过程又包括学生的活动结果。活动表现评价要有明确的评价目标，应体现综合性、实践性和开放性，力求在真实的活动情景和过程中对学生在知识与技能、过程与方法、情感态度与价值观等方面的进步与发展进行全面评价。

在每一探究活动后，笔者都采用学生探究活动表现评价表（见表5-8）对活动进行评价，旨在学生对自己的活动过程进行不断的反思，在同学交流，教师指导的情况下不断提高探究能力。

表5-8　学生探究实验活动表现评价表

项目	A	B	C	自评	组评	师评
探究活动态度	积极	较积极	意识不强			
探究方案设计	合理、有特色	一般	无			
实验操作技能	规范	较规范	不规范			
观察记录现象	全面准确	较好	不好			
发言和提问	积极有观点	较好	无			
发现问题能力	善于发现	能够发现	不能发现			
分析问题思路	清晰、有条理	较好	有待提高			
表达交流技能	流畅、准确	较好	有待提高			
合作精神	很好	好	有待加强			
反思与小结						
教师寄语						

3. 学习档案评价

学习档案评价是促进学生发展的一种有效评价方式。应培养学生自主选择和收集学习档案的习惯，给他们表现自己学习进步的机会。学生在学习档案中可收集并记录自己参加学习活动的重要资料，如实验设计方案、探究活动的过程记录、单元知识总结、疑难问题及解答、有关的学习信息和资料、学习方法和策略的总结、自我评价和他人评价的结果等。教师鼓励学生根据学习档案进行反省和自我评价，将学习档案评价与教学活动整合起来。

4. 课堂观察、课后访谈、问卷调查

在本研究中，我们还在不同教学阶段分别通过对教师行为和学生表现的课堂观察（观察记录表见附录4）收集信息，反馈教学中的现象，及时诊断教学中的问题。此外，对该模式的实施情况、意见和建议分别采用对教师和学生进行课后访谈（访谈记录表见附录5）、面向全体学生进行问卷调查（问卷调查表见附录6）搜集信息，这样可以保证评价的覆盖面，避免主观臆断，能够得到更加生动翔实的信息。

第五节　教学实践——基于职教云平台"仪器分析"课程线上线下混合式教学模式的实践

为促进高等职业教育信息化的发展，国家颁布的《教育信息化十年发展规划（2011—2020）》强调：教师要提高信息技术水平，推动信息技术与教学融合，以培养学生信息化

环境下的学习能力，支撑高素质技能型人才培养。目前，线上线下混合式教学是高职课程信息化教学应用的主要趋势。

具体而言，线上线下混合式教学是指教师利用互联网、移动终端等现代信息化技术构建线上网络教学平台，学生可利用线上网络平台上的视频、动画、微课等课程资源完成自主学习和参与讨论，而在线下课堂，教师根据学生的线上学习与讨论情况，有针对性地详细讲解，帮助学生更好地掌握教学难点和重点，完成相应的教学目标。线上线下混合式教学将传统课堂教学与网络在线教学进行深度融合，优势互补，发挥教师在教学过程中引导、启发和监控的主导作用，同时激发学生的主动性、积极性与创造性

一、"仪器分析"课程实施线上线下混合式教学模式的必要性

（一）"仪器分析"课程教学存在的问题

1. 课程分析

"仪器分析"课程是生物、药品、食品等相关专业的一门必修的专业技能课。其课程内容庞杂，涵盖的分析检测方法较多，且理论知识抽象、晦涩难懂，仪器原理复杂、操作烦琐，导致学生在有限的学习时间内，学习效果不佳，与企业分析检测人才要求有一定的差距。

2. 学生分析

受我校招生生源多元化的影响，学生的基础水平参差不齐，个体学习差异性大。且"00 后"的学生也具有把玩手机的习惯。目前课堂普遍存在的现象是"上课不开口，手机不离手"，传统课堂学生教学活动参与度不高。

3. 教学分析

传统"仪器分析"课堂教学以教为中心，忽视了学生的差异性和个性化需求，限制了学生的主体性和能动性，且课后师生缺乏辅导和交流，不能及时解决学生学习碰到的问题，容易使学生失去学习兴趣。

（二）职教云平台特点

职教云平台作为一种基于"大数据"的在线课程平台，将传统的课堂教学延伸到课前、课中、课后，通过搭建"线上＋线下"教学模式，支持混合式学习，帮助教师实现翻转课堂等教学实践，满足了教学过程从一维向多维转化。平台的主要优势在于：兼有手机 APP（名为"云课堂"），打破学生时间空间学习界限，满足学生随时随地学习需求；体现了"先学后教、以学定教、以教导学"的教学特征，发挥了教师的引导作用和学生的主观能动性；实现了个性化教学。通过学生自学自测，帮助学生找到知识盲区，便于教师有的放矢地调整课堂教学重难点，同时增加互动交流板块，师生交流互动增强；教学反馈更加精准化。平台大数据统计能够提供学生学习评价依据，如学习习惯、学习态度、学习速度和学习成果等。

针对"仪器分析"课程教学存在的问题，本文采用线上、线下混合式教学模式，以职教云为技术平台，对该课程的教学改革进行探索与实践，教学模式如图 5-1 所示，以期达到发挥学生学习积极性、主动性和创造性，从而提高学生的学习效果和教学质量的目的。

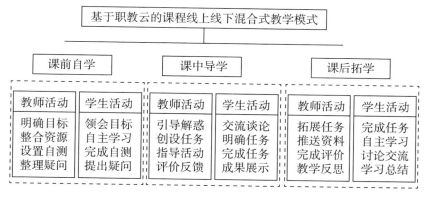

图 5-1　基于职教云线上、线下混合式教学模式

二、线上、线下混合式教学模式的实践

（一）建立线上资源，做好课程实施前准备

1. 重构教学内容

通过校企合作，对照分析岗位职业标准，本着理论知识"实用够用"为原则，将"仪器分析"课程内容重新解构。同时以企业以真实的分析检测工作任务和国/省赛分析检测项目为任务载体，以基本技能、专业技能、综合技能、岗位技能四层递进为训练方式，让学生在感性地体验任务的同时，在学中做，在做中学，提高学生的职业技能水平。课程内容结构见表5-9所列。

表 5-9　"仪器分析"课程内容解构

五个模块	学习情境	任务来源
紫外可见分光光度法	红桃K生血片中铁的测定	企业工作任务
原子吸收分光光度法	茶叶中重金属的测定	国家职业技能大赛项目
电位分析法	青霉素注射液酸度的测定	企业工作任务
气相色谱法	无极膏中主要成分的测定	企业工作任务
液相色谱法	甲硝唑片甲硝唑含量的测定	行指委药品检测技术大赛项目

2. 制作教学资源库

根据"仪器分析"课程知识技能点开发建设颗粒化资源（包括微视频，模拟仿真、交互动画、音频、图像、课件、文本、习题），形成了以模块化实践任务为骨架的结构化课程资源库，课程内容融实践性、职业性和竞技性于一体，为"仪器分析"课程进行线上、线下混合式教学提供教学资源保障。

3. 精心设计线上讨论主题

结合教学内容，选择贴近日常生活、工作实际的讨论主题，让学生在讨论区进行沟通与交流，如在学完了物质对光的吸收原理后，在线上平台"互动讨论区"中提出"如何利用物质对光的吸收原理知识，解释生活中的花为什么会呈现出不同的颜色"这一讨论主题，让学生展开热烈的讨论交流，既达到了学以致用、巩固知识的目的，同时也加强了师生的交流与互动，提高了教学效果。

（二）课程实施过程

1. 课前自学

课前，教师根据课程内容和教学对象，整合教学资源，通过职教云将学习任务清单和学习资源（课件、微课、视频、动画等）推送给学生，并发布相应的学习任务和学生自测，创建讨论活动。学生利用平时时间自主学习，完成课前自测，并将学习过程中遇到的困惑提交到讨论区，教师通过平台对学生的学习情况进行反馈，从而调整教学重难点，进行第二次备课。

2. 课中导学

课中，教师对学生自学存在的难点问题，采用集中讲授、启发式、研讨式等教学方法进行重点讲解，并对教学内容进行归纳总结，帮助学生掌握课程的重难点，并形成完整的知识体系。同时明确任务，引导学生小组讨论协作制订方案，进行实验操作，教师对学生进行过程指导。完成的任务报告上传至讨论区，进行成果展示，小组互评。

3. 课后拓学

课后，教师在线布置课外作业，巩固所学内容，进一步拓展学生思维和综合解决问题的能力。同时教师也可推送一些社会热点问题、生活实践、历史故事、岗位要求等材料来拓展课堂知识，拓宽学生的知识深度和广度，培养学生的职业素养，学生可以完成布置作业，同时也可以在讨论区进行交流讨论。教师根据学生学习过程中的大数据进行过程评价和结果评价，完成教学反思活动。

下面以"仪器分析"课程中"原子吸收分光光度法测定茶叶中重金属的含量"为例进行教学方案设计，见表 5-10 所列。

表 5-10　教学设计方案

教学对象 授课方法	药品 17301 线上线下混合 式教学	教师 授课内容	赵艳霞 原子吸收分光光度法测定茶 叶中重金属含量
一、教学内容分析			
在上一个模块"紫外可见分光光度法测定红桃 K 生血片中铁的测定"学习中，掌握了物质对光的吸收本质，以及电子跃迁的原理。本章是在前面知识的基础上知识的进一步提升，学习待测元素的基态原子蒸汽对其特征谱线的吸收等相关知识			
二、教学对象分析			
学生具有一定的探究能力，且有喜欢把玩手机的学习习惯。同时"仪器分析"属于理论抽象重在操作的课程，课堂学习学生会枯燥与乏味，课堂注意力难以长时间高度集中，并且操作过程中也缺乏规范的职业素养			

教学对象 授课方法	药品 17301 线上线下混合 式教学	教师 授课内容	赵艳霞 原子吸收分光光度法测定茶 叶中重金属含量
三、教学目标			
知识目标	知道原子吸收分光光度法的原理		
	掌握原子吸收分光光度计的基本构造		
技能目标	能规范操作 TAS -900 原子吸收分光光度计		
	能对仪器进行日常维护和常规故障排除		
	能对测定数据进行处理分析		
情感目标	养成科学规范操作仪器的职业素养		
	培养学生严谨的工作作风和安全意识		
	培养学生精益求精的学习态度		
四、教学过程设计			
教学安排	学习安排	学生活动	教师活动
课前环节	自主学习	学习网络教学平台教师上传的原子吸收分光光度法的自主学习材料，并按导学案陈述要求，观看微视频和教学 PPT，完成任务自测题	设计制作学生自主学习资源包。包括导学案、微视频、自测题、PPT，并通过网络平台发送给学生
	提出疑问	在网络平台上对学习过程中遇到的疑问或错误的题目进行反馈	记录反馈问题，并对问题进行分析，完成二次备课
课前环节	任务提出	明确目标，对课前自主学习阶段的知识点进行梳理与内化	选择贴近生活与职业岗位的工作任务，并观察学生的学习情况
课中环节	交流讨论	对教师列举的问题进行分组讨论	列举课前自主学习阶段的共性问题，并对学生交流讨论进行指导
	任务完成	完成茶叶中重金属含量测定的任务实操练习，对课前自主学习阶段的知识点进行深层次的应用	设置知识点深层次的实训任务，对学生实操练习过程中的问题进行指导
	成果展示	展示并汇报检测任务成果	对实操成果进行小组互评反馈评价
课中环节	交流讨论	对教师列举的问题进行分组讨论	列举课前自主学习阶段的共性问题，并对学生交流讨论进行指导
	任务完成	完成茶叶中重金属含量测定的任务实操练习，对课前自主学习阶段的知识点进行深层次的应用	设置知识点深层次的实训任务，对学生实操练习过程中的问题进行指导
	成果展示	展示并汇报检测任务成果	对实操成果进行小组互评反馈评价

教学对象 授课方法	药品 17301 线上线下混合 式教学	教师 授课内容	赵艳霞 原子吸收分光光度法测定茶 叶中重金属含量
课后环节	拓展任务	查找中国药典，找到采用原子吸收分光光度法测定含量的 3 种药品或生活应用案例	布置拓展任务，查找中国药典或生活案例相关的原子吸收分光光度法应用
	完成评价	在讨论区进行学习心得交流和学习总结，完成个人自评	教师根据学生的自主学习、课堂学习、课后学习进行教学评价
五、教学评价			
教师点评（40%）(包括课前线上自学评价 50%，课堂评价 30%，课后评价 20%) 小组互评（40%） 学生自评（20%）			

三、实施反思

以职教云为平台开展"仪器分析"课程线上、线下混合式教学，弥补了传统课堂教学的不足，同时也满足了学生学习心理习惯。课前学生自主学习，提高了学生的自学能力；教学资源的整合，将抽象的仪器分析理论知识形象化、立体化，技能知识科学化、规范化；课前、中、后的讨论交流，加强了师生互动；课后的拓展知识推送，开拓了学生的知识面，提高了职业素养。通过混合式教学模式的实施，极大地提升了教学效果和教学质量。当然，在实施的过程中，也不可避免地存在一些亟待解决的问题，主要表现在以下几个方面。

（一）教师教学观念和综合能力需要加强

线上、线下混合式教学能否被高效地应用到教学中，教师起决定作用。在实施过程中，教师首先要打破原有的教学观念，由教师为主转变为以学生为主，将课堂交给学生；如何设计符合学生学习特点的自学素材资源包，对教师具有很大的挑战。如制作的微视频长短、内容取材、画面的质量等很可能在一定程度上对线上、线下混合式教学模式的实施效果产生一定的影响。最后，教师还要具有一定的信息技术操作能力，保障线上线下教学的有效实施。

（二）教师时间投入成本更大

线上学习虽然打破了学习的时间和空间的局限性，存在一定的自由性，但也给学生的学习带来了一定的松散性，教学过程中会出现少数学生"替课"和"挂课"现象，容易造成教师无法真实客观地了解每一位学生整个的学习过程，这就要求教师要利用更多的业余时间，投入更多的精力，在课堂内外与教学建立亲密的师生关系，及时掌握学生的学习动态，促进学生自主学习。

（三）教学实施的可持续性有待思考

在实施的初期，学生对线上、线下混合式教学模式比较感兴趣，也愿意配合，学生学习积极性很高。但随着课程的不断推进，学生在学习的过程中难免会出现懈怠情绪，如何提高学生的学习积极性，将考核评价指标更加合理化等也是需要解决的问题。

总之，教育信息化的大潮已经席卷而来，高职院校课程教学改革创新已刻不容缓，整合传统教学手段与信息技术辅助的教学，实施线上、线下混合式教学模式既是改革的趋势，也是时代的需要。

附　　录

附录1　高职学生的化学学习情况调查表

同学们：大家好

为了了解同学们学习化学的基本情况，改进教学方法，提高教学和学习效果，以便有效地帮助大家进行化学探究式学习，特做此调查。请如实填写，不记名，不影响成绩。衷心感谢你的支持！

一、选择题

1. 你对现在学的化学课

A. 很感兴趣　　　B. 感兴趣　　　C. 无所谓　　　D. 不很有兴趣

E. 一点兴趣都没有

2. 上化学课前你的预习情况

A. 经常预习　　　B. 有时预习　　C. 偶尔预习　　D. 很少预习　　E. 从不预习

3. 上化学课时您会积极思考老师提出的问题

A. 很符合　　　　B. 符合　　　　C. 无所谓　　　D. 不符合

4. 如果课前知道化学课不上了，你会感到高兴

A. 很符合　　　　B. 符合　　　　C. 无所谓　　　D. 不符合

5. 你觉得每周开设的化学课太少，心里盼着上化学课

A. 很符合　　　　B. 符合　　　　C. 无所谓　　　D. 不符合

6. 你喜欢老师把某些化学知识加宽加深

A. 很符合　　　　B. 符合　　　　C. 无所谓　　　D. 不符合

7. 当学了一个新的化学规律时，你很想亲自动手做实验验证

A. 很符合　　　　B. 符合　　　　C. 无所谓　　　D. 不符合

8. 化学课上，你的思维特别活跃，注意力格外集中

A. 很符合　　　　B. 符合　　　　C. 无所谓　　　D. 不符合

9. 老师进行分组讨论、辩论时，你

A. 积极参与　　　B. 参与　　　　C. 无所谓　　　D. 很少参与　　E. 从来不参与

10. 你会觉得化学课的时间比其他课短

A. 很符合　　　　B. 符合　　　　C. 无所谓　　　D. 不符合　　　E. 很不符合

11. 化学课上你会走神或打瞌睡

A. 很符合　　　　B. 符合　　　　C. 无所谓　　　　D. 不符合　　　　E. 很不符合

12. 当你实验中的实验现象与教师讲的不同时，你会重复做实验，并分析其中原因

A. 很符合　　　　B. 符合　　　　C. 无所谓　　　　D. 不符合　　　　E. 很不符合

13. 做化学实验时，你多数情况下是当"助手"或"观众"

A. 很不符合　　　B. 不符合　　　　C. 无所谓　　　　D. 符合　　　　E. 很符合

14. 你课后作业完成情况

A. 超额完成　　　　B. 按时按量完成　　　　C. 尽量完成

D. 没全部完成　　　E. 不想做作业

15. 你会就化学问题请教老师或与同学讨论

A. 很符合　　　　B. 符合　　　　C. 无所谓　　　　D. 不符合　　　　E. 很不符合

16. 课下你会主动复习学过的化学知识

A. 很符合　　　　B. 符合　　　　C. 无所谓　　　　D. 不符合　　　　E. 很不符合

17. 课后你会主动找一些化学题做

A. 很符合　　　　B. 符合　　　　C. 无所谓　　　　D. 不符合　　　　E. 很不符合

18. 你会对化学学习产生畏难情绪

A. 很不符合　　　B. 不符合　　　　C. 无所谓　　　　D. 符合　　　　E. 很符合

19. 你经常读化学课外书籍

A. 很符合　　　　B. 符合　　　　C. 无所谓　　　　D. 不符合　　　　E. 很不符合

20. 你会用学到的化学知识解释生活中的一些现象

A. 很符合　　　　B. 符合　　　　C. 无所谓　　　　D. 不符合　　　　E. 很不符合

21. 课本上老师不讲的内容或选学内容，你常自己去阅读

A. 很符合　　　　B. 符合　　　　C. 无所谓　　　　D. 不符合　　　　E. 很不符合

22. 课下你喜欢翻阅老师尚未讲到的内容

A. 很符合　　　　B. 符合　　　　C. 无所谓　　　　D. 不符合　　　　E. 很不符合

23. 你很乐意攻克较难的化学问题

A. 很符合　　　　B. 符合　　　　C. 无所谓　　　　D. 不符合　　　　E. 很不符合

二、简答题（访谈题）

1. 下面列举了学习化学的不同学习方式，请选择你喜欢的学习方式，并说明理由

A. 听老师讲解

B. 阅读教科书自学

C. 在小组里合作学习

D. 参加教师指导下的讨论

E. 自己做实验，尝试得结论

F. 先提出问题，然后就此问题进行自主探究

2.怎样改革化学课堂教学，才能让你喜欢化学，并提高你解决问题的能力？

你已协助我们完成了本次问卷调查，我们为耽误了你的私人时间表示抱歉。非常感谢你的参与与合作。

谢谢！祝学业有成！

2020 年 9 月 10 日

附录 2　高职学生的信息技术应用能力现状调查表

亲爱的同学，为了了解同学们信息技术应用能力的情况，有效地帮助大家进行化学探究式学习，我们特别设计此问卷，请同学们认真如实填写。你的选择无正确与错误之只要你的选择反映你的真实想法，也不用留下你的姓名。谢谢你的合作！

以下各题请在你同意的选项处打上"√"标记。

1. 目前，你的家里是否配备了计算机？

A. 是，我在家里有自己专用的计算机

B. 是，我在家里和家人合用一台计算机

C. 否，我的家里未配置计算机

2. 你在学校使用计算机情况？

A. 我经常在学校机房使用计算机来学习

B. 我经常在校外网吧使用计算机来娱乐或聊天

C. 我很少使用计算机来学习、娱乐和聊天

D. 我从不使用计算机

3. 你平均每周使用计算机的时间大约是

A. 经常用　　　　　B. 很少用　　　　　C. 没用过

4. 你用计算机学习时，是否使用过学习资源库？

A. 是　　　　　B. 否

5. 学校是否经常组织学生参加信息技术技能的学习？

A. 经常组织　　　　　B. 很少组织　　　　　C. 从不组织

6. 你是否参加过信息技术技能培训的学习？

A. 是　　　　　B. 否

7. 当你在使用计算机或其它信息技术设备时，你的感觉是

A. 使用非常熟练，而且有信心

B. 一般使用可以，但有时需要请教他人

C. 使用时很不熟练，经常出问题，因此不太愿意使

D. 很少使用，因为对使用缺乏信心

E. 根本不用

8. 在你的日常学习和娱乐中，下列信息技术工具的实际使用情况如何？

（1）学习时使用计算机演示文档（如 PowerPoint 等）

A．经常使用　　　B．偶尔使用　　　　C．从不使用　　D．不好说

（2）使用各种教材附带光盘（CD/VCD/DVD）材料

A．经常使用　　　B．偶尔使用　　　　C．从不使用　　D．不好说

（3）在互联网上检索各种电子教学资源（如图片、文字资料和课件等）

A．经常使用　　　B．偶尔使用　　　　C．从不使用　　D．不好说

（4）使用学校或老师所提供的教学资源库来学习

A．经常使用　　　B．偶尔使用　　　　C．从不使用　　D．不好说

（5）利用 E-mail、微信和 QQ 与同学或老师进行交流

A．经常使用　　　B．偶尔使用　　　　C．从不使用　　D．不好说

（6）喜欢利用计算机和网络进行探究性学习

A．经常使用　　　B．偶尔使用　　　　C．从不使用　　D．不好说

（7）利用学校的网络教学系统进行学习

A．经常使用　　　B．偶尔使用　　　　C．从不使用　　D．不好说

9. 你认为，目前学生在学校使用信息技术来学习的主要障碍是什么？

（1）缺乏足够的信息技术教学设备

A．非常同意　　　B．同意　　　　　　C．不同意　　　D．说不清楚

（2）信息技术设备的使用和维护成本太高

A．非常同意　　　B．同意　　　　　　C．不同意　　　D．说不清楚

（3）学校的网络速度太慢

A．非常同意　　　B．同意　　　　　　C．不同意　　　D．说不清楚

（3）教师上课使用信息技术设备的积极性不高

A．非常同意　　　B．同意　　　　　　C．不同意　　　D．说不清楚

（4）缺乏足够的教学资源

A．非常同意　　　B．同意　　　　　　C．不同意　　　D．说不清楚

以下两题请在空白处填写。

10. 按照你的学习情况，你认为目前高职学生最需要的信息技术培训内容包括哪些？

_____

_____

11. 你认为，学院目前教育信息化存在的主要问题有哪些？

_____

_____

_____

2020 年 9 月 14 日

附录3　高职化学教师问卷调查表

尊敬的老师：

您好！

为了提高高职学生解决问题的能力、培养他们的科学探究精神，我院对高职化学课程进行教学改革，实施探究式教学模式。现需了解高职化学教师的化学教学能力以及信息术的应用能力，为实施信息技术环境下高职化学探究式教学模式研究课题提供宝贵的材料，请您认真阅读每道题，并填上您的真实感受和想法。答案没有正确与错误之分，您的选择就是我们所希望得到的。

这是一份不记名的调查问卷，请不要存在顾虑。真诚感谢您的合作！

以下各题请在您同意的选项处打上"√"标记。

一、您的学生对化学感兴趣吗？

1. 比较感兴趣　　　　　　　2. 一般　　　　　　3. 不感兴趣

二、您认为学生学习化学欠主动，厌学的原因是什么？

1. 学生基础程度

2. 学科特点，如知识分散、零碎，系统性不强

3. 教材内容脱离生活、社会或联系不紧密

4. 老师的授课方式

5. 其他

三、您在讲课时，在教学内容方面是怎样安排的？

1. 以书本（课程）为中心，书上讲什么（或考什么）就教什么

2. 是以课程为中心，很少联系生活实际、社会热点

3. 尽量围绕课程内容，联系生活实际、社会热点

4. 常常联系与化学有关的生活实际、社会热点

5. 其他

四、您在教学中，采用的教学方式有

1. 整个堂课以老师的讲授为主（复习旧课、导入新课、讲授、总结、布置作业）

2. 有时特意让学生就某一问题争论、辩论

3. 有些内容让学生自己看书、讨论，然后总结

4. 让学生多提出问题，然后就某一问题让学生自行探究

5. 对某一问题让学生采取小组合作的方式予以解决

6. 其他

五、您了解探究式教学吗？

1. 非常了解　　　　　　2. 了解一点　　　　　　3. 没听说过

六、您在高职化学教学中应用探究式教学吗？

1. 经常使用　　　　　　2. 有时使用　　　　　　3. 即使使用也是无意识的

4. 从未使用过

七、您了解信息技术吗？

1. 非常了解　　　　　　2. 了解一点　　　　　　3. 没听说过

八、您是否使用计算机来备课？

1. 我一直使用计算机来备课

2. 我经常使用计算机来备课

3. 我很少使用计算机来备课

4. 我从不使用计算机来备课

九、在您的日常教学中，下列信息技术工具的实际使用情况如何？

1. 教学时使用计算机演示文档（如 PowerPoint 等）

A．每天使用　　　　B．经常使用　　C 不好说　　　　D．偶尔使用　　E．从不使用

2. 使用各种光盘（CD/VCD/DVD）教学材料

A．每天使用　　　　　　　B．经常使用　　　　　　C．不好说

D．偶尔使用　　　　　　　E．从不使用

3. 在互联网上检索各种电子教学资源（如图片、文字资料和课件等）

A．每天使用　　　　　　　B．经常使用　　　　　　C．不好说

D．偶尔使用　　　　　　　E．从不使用

4. 使用学校所提供的教学资源库来备课

A．每天使用　　　　　　　B．经常使用　　　　　　C．不好说

D．偶尔使用　　　　　　　E．从不使用

5. 利用 E-mail 和 QQ 与同事或学生进行交流

A．每天使用　　　　　　　B．经常使用　　　　　　C．好说

D．偶尔使用　　　　　　　E．从不使用

6. 组织学生利用计算机和网络进行探究性学习

A．每天使用　　　　　　　B．经常使用　　　　　　C．不好说

D．偶尔使用　　　　　　　E．从不使用

7. 自己使用各种用于教学的课件

A．每天使用　　　　　　　B．经常使用　　　　　　C．不好说

D．偶尔使用　　　　　　　E．从不使用

8. 利用学校的网络教学系统进行教学

A．每天使用　　　　　　　B．经常使用　　　　　　C．不好说

D．偶尔使用　　　　　　　E．从不使用

十、当谈到"信息技术与课程整合"时，您感到：

1. 我认为，我在教学中已经基本实现"信息技术与课程整合"

2. 我对"信息技术与课程整合"的理论很清楚，但在教学中实践不多

3. 我对"信息技术与课程整合"的理论有所了解，但不知道如何在教学中实施

4. 我搞不清楚"信息技术与课程整合"究竟是指什么

5. 我没听说过"信息技术与课程整合"

十一、您是否经常利用信息技术工具进行教学、科研活动？

1. 是　　　　　　　　2. 否

十二、您认为，学院目前在教学中使用信息技术的主要障碍是什么？

1. 缺乏足够的信息技术教学设备

A．非常同意　　　　B．同意　　　　　　C．说不清楚　　　　D．不同意

2. 教学设备的使用和维护成本太高

A．非常同意　　　　B．同意　　　　　　C．说不清楚　　　　D．不同意

3. 网络速度太慢

A．非常同意　　　　B．同意　　　　　　C．说不清楚　　　　D．不同意

4. 使用时准备时间太长，增加了教师的备课负担

A．非常同意　　　　B．同意　　　　　　C．说不清楚　　　　D．不同意

5. 教师缺乏足够的信息技术技能培训

A．非常同意　　　　B．同意　　　　　　C．说不清楚　　　　D．不同意

6. 教师使用的积极性不高

A．非常同意　　　　B．同意　　　　　　C．说不清楚　　　　D．不同意

7. 缺乏足够的教学资源

A．非常同意　　　　B．同意　　　　　　C．说不清楚　　　　D．不同意

8. 学校缺乏相应的推动和鼓励政策

A．非常同意　　　　B．同意　　　　　　C．说不清楚　　　　D．不同意

以下三题请在空白处填写。

十三、在高职化学教学中，您采取了哪些教学方法来提高高职学生解决问题的能力和培养他们的科学探究精神？

_____

_____

十四、按照您的教学实践情况，您认为，目前教师最需要的信息技术培训内容包括哪些？

_____

_____

十五、您认为，学院目前教学信息化存在的主要问题有哪些？

_____

_____

您已协助我们完成了本次问卷调查，我们为耽误了您的私人时间表示抱歉。非常感谢您的参与与合作。

谢谢！祝工作顺利！

2020 年 8 月 28 日

附录 4　课堂观察表

		A（很好）	B（好）	C（一般）	D（差）
教师活动	全面关注，注重发展				
	引导探索，发挥主体				
	创设情景，激发兴趣				
	运用媒体，促进认知				
学生活动	积极参与，发挥主体				
	协作交流，学会合作				
	运用技术，积极探索				
	主动思考，独立创新				

A—很好；B—好；C—一般；D—差

2020 年 12 月 15 日

附录 5　教师和学生的课后访谈记录

一、教师听课后的访谈记录

1. 听了今天的化学课，您认为学生达到了本课要求的教学目标吗？

2. 今天的化学课主要采用的是信息技术环境下的探究式教学模式，它与传统的化学教学相比，您觉得有什么优势和不足？您的最深感受是什么？

3. 您觉得学生在课堂上的表现如何？在教学中，您对学生的自主学习、自主探究、创新思维培养、协作交流以及问题解决能力方面进行了哪些训练？

4. 您对《信息技术环境下高职化学探究式教学模式》的实施有什么看法？有哪些改进建议？

二、学生访谈记录

1. 老师今天课堂上讲了些什么？

2. 在课堂上，你与你的同学一起讨论了吗？你的同学怎么说的？你是怎么说的？

3. 今天你学到的化学知识在生活中哪些地方能用到？你能举出实例说明是怎样用这些知识的？

4. 你觉得运用信息技术对你的学习有哪些帮助？你喜欢运用信息技术帮助你学习吗？

2006 年 4 月 15 日

附录6　对"信息技术环境下高职化学探究式教学模式"的问卷调查表

同学们：

你们好！

感谢你配合参与"信息技术环境下高职化学探究式教学模式研究"的教学活动，为了了解同学们对该教学模式的意见和建议，继续完善该教学模式，提高教学效果，请完成问卷调查。

本问卷调查不记名，不影响你的任何成绩。请如实填写，衷心感谢你的支持！

1.您对该教学模式是否喜欢

A．喜欢　　　　　　　　　　B．比较喜欢

C．比较不喜欢　　　　　　　D．不喜欢

（如果本题你选择的是 A 或 B 请做第 2 小题，如果你选择的是 C 或 D 请做第 3 小题）

2.你认为该教学模式最吸引你的是

A．能够提高自己解决问题的能力　　B．学习过程方法更加多样

C．教师讲解内容少了　　　　　　　D．能与自己的好朋友一起学习

E．能接触不同的教师和学生

F．其他（选择此项，请在下面的横线上用文字说明）

_____

_____

3.该教学模式对你最大的影响是

_____

_____

A．需要自己更加主动地学习　　　　B．学习比较自由

C．课后需要更多的时间投入学习化学　D．知识的学习没有以前系统了

E．其他（选择此项，请在下面的横线上用文字说明）

_____

_____

4.你对该教学模式中利用信息技术学习化学的感觉是

A．内容比较精炼　　　　　　　　　B．学习进度能够自己控制

C．解决了听讲与记笔记的矛盾　　　D．内容比较丰富

E．其他（选择此项，请在下面的横线上用文字说明）

_____

_____

5.你对该教学模式中实验的感觉是

A．能够看得到、更清楚

B．有更多的机会亲自动手进行实验

C．实验的目的性更强

D．实验操作不好，得不到书上描述的实验现象

E．其他（选择此项，请在下面的横线上用文字说明）

_____

_____

6．对该教学模式中讨论的感觉是

A．有更多的机会和时间与老师交流

B．需要更精心准备学习内容，否则很难加入讨论

C．能听到不同的观点

D．提问更加慎重，怕同学笑话

E．其他（选择此项，请在下面的横线上用文字说明）

_____

_____

7．对该教学模式中人际关系的评价是

A．能回避自己不喜欢的人

B．与同学的关系更加融洽了

C．与同学的关系更加疏远了

D．与老师交流机会更多了

E．其他（选择此项，请在下面的横线上用文字说明）

_____

_____

8．如果下学期还采取这种模式进行教学，你想希望老师改进的方面是

A．学习资源有更丰富的内容

B．化学实验的开放性更强

C．学习小组能自由组合

D．希望得到更多的老师指导

E．其他（选择此项，请在下面的横线上用文字说明）

_____

_____

9．请你用简洁简捷的话比较一下该教学模式和以往的化学教学的最大不同

你已协助我们完成了本问卷调查，非常感谢你的参与与合作！你的信息有助于对该教学模式的进一步完善。

谢谢！

2021 年 6 月 15 日

第六章 互惠式教学风格
在高职化学实验课程中的教学设计研究

高职实验课程作为学生职业能力养成的基础课程，由于教学方式单一、基础技能训练不规范、教师得不到学生在实际练习中的反馈等原因，使得当前高职院校的实验课程未能够取得良好的教学效果。因此，适用于高职实验课程的教学方式亟待探索。

互惠式教学风格在动作技能教学研究中得到广泛认可，在一定程度上能够提高学生社交能力，帮助学生技能习得。在新课程改革的背景下，要求教师转变教学观念，以学生为主体，做学生发展的引导者和促进者。因此，本研究聚焦于高职环境类专业基础化学实验课程。首先，通过对G高等职业学校的2019级学生以及任课教师进行调查和访谈，从学生层面和教师层面分析学生对化学实验课的基本态度、课程学习情况、教学方式和教学效果等方面。在全面了解高职学生的基础上探讨将互惠式教学风格引入高职化学实验课堂的必要性与可行性。其次，从课程准备、课程实施及课程结束三个部分来构建互惠式教学风格的化学实验课堂。最后，本研究思考了互惠式教学风格在化学实验课堂可能存在的局限性并提出建议：首先要因材施教，通过全方位了解关心学生从而有针对性地解决课堂中的问题；其次教师需要转变教学观念，专注于教学情境，研究学生、研究课堂，更新教学方法，做新型研究型教师；最后，灵活教学方式，合理分配教学资源与场地，灵活运用各种教学风格进行组合式教学，从而提高课堂教学效率。

本研究发现，互惠式教学风格能够丰富高职实验课堂的教学模式，规范学生技能实践的操作标准，为高职环境专业的实验课程教学提供参考，构建化学实验课程的互惠式教学风格框架，但是由于研究时间有限，未能在高职院校落实互惠式教学风格的实施，互惠式教学风格在高职课堂上教学效果还有待后续研究者进行检验，开拓多种教学风格进行教学。

第一节 引 言

互惠式教学风格是教育学家穆斯卡·莫斯顿提出的教学频谱理论中的第三式，通常被用在体育技能的教学中。互惠式教学风格旨在学生互动、互惠，根据教师提供的标准接收并提供即时的反馈（岳君，2000）。在互惠式教学风格中，教师提供教学内容和标准，学生两两搭档为练习者和观察者，观察者观察练习者并对照教师提供的标准进行即时反馈，练习者练习完后与观察者互换角色。在这个教学过程中，每个学生都能充当教师的角色对练习者提供反馈，体现学生在课堂上的主体地位；每个学生都能获得练习情况的反馈，提高练习的效率，扎实基础技能；学生之间交流沟通反馈，促进学生社会化。针对高职学生进行技能训练的过程中存在的问题，本研究选择在高职基础化学实验课堂运用教学风格频谱的第三式"互惠式教学风格"进行教学设计。

一、互惠式教学风格的定义

互惠式教学风格是教学风格频谱中的第三式，决策权从教师手中逐步转移到学生手中，属于再现集群。在互惠式教学风格中，学习者两两为伴，一个学习者（练习者）执行任务时，另一个学习者（观察者）根据教师提供的标准对照表，以标准表的要求给练习者具体的反馈。当学习者完成任务时，练习者和观察者角色互换。这样的教学模式能够在教学过程中展现出许多的优势。

首先，学生需要学会为同伴提供反馈。西登托普（Siedentop）（1976）认为，在教学过程中，学生接收到的反馈信息越多，这样会促使学生做出的正确反应更多；其次，学生在学习过程中为同伴提供并接受反馈可以扩大学生的社交能力；最后，学生更能够了解学习过程。通过观察练习者的技能表现，将其表现与标准表进行比较，一方面为练习者提供准确的反馈，另一方面观察者可以更好地理解学习任务的过程。

格尼（Gerney）（1980）运用莫斯顿 B、C、D 三种教学风格对五年级儿童曲棍球学习效果进行研究，发现这三种教学风格都能有效促进学生运动技能的形成，通过与同伴交流反馈，有助于培养学生人际交往能力。

戈德伯格（Goldberger）等（1982）研究了教学风格频谱的 B、C 和 E 三种训练方式对五年级儿童运动技能习得和社会技能发展的影响。研究发现，这三种风格都能够有效的帮助儿童习得特定的任务技能。但一种合适的教学风格的选择可能要考虑到任务目标、学习环境或学习者类型等因素的影响。例如，教学的主要目的是提供一个练习低水平的技能任务机会时，特别是在基本技能学习的后期阶段，风格 B 相较于其他风格是最合适的。而风格 C 为即时性的反馈提供了形成条件，因此，在技能习得的早期，或是在需要特别专注的复杂技能任务阶段，它可能更有价值。此外，风格 C 对社交技能的发展有着深远的影响。

多尔蒂（Dougherty）（1973）将 A、B、C 三种教学风格应用于体操教学中，研究发现，学生间提供反馈的类型和数量以及社会行为表现存在明显差异。C 教学风格与 A、B 两种教学风格相比，学生之间提供积极的反馈相对较多，且在 A、B 两种教学风格中，学生消极的反馈较多，而在 C 教学风格中几乎不会出现。

二、国内研究现状

在对互惠式教学风格的理论研究中，国内学者们都围绕着"决策权"和"互惠"两个重点。孔国强等（1996）指出互惠式教学风格的目的是学习者们依据老师所准备好的标准和一同伴做动作，并提供这位同伴反馈，其本质是回馈，依照老师设计的标准来表现，发展回馈与社会化技巧。

徐永珍（2017）调查了教学风格频谱引入我国之后 11 种教学风格的使用情况，发现互惠式教学风格的研究和运用相对于其他教学风格教多，主要是在体育教学领域。王琳等（2017）认为互惠式教学风格的本质特征是社会活动、互惠、接受并提供即时的反馈，适用于社交性强的项目，具有精确动作的项目。俞大伟（2016）对互惠式教学风格中教师的

"导学"角色进行了研究，将教师角色定位成"示导""巡导"和"辅导"，在课堂上应引导好教学兴趣、主导好教学节奏、指导好教学练习。韩立森等（2015）对教学风格频谱的教学形式进行剖析，指出任意的教学形式的教学时序都按照三层决策进行，即课前决策、课中决策和课后决策。并认为每一种教学风格都有其特别的教与学的行为与特定的形式目标，与传统教学中采用的布鲁姆的认知、情感与技能三大目标不同，教学风格频谱从认知、社会、情感、身体和道德五个发展维度影响学习者，且这五个发展维度可以单独呈现也可以合并出现在一个教学风格中。例如在互惠式教学风格中社会与情感的发展较高，但身体的发展功效较低。王栋（1999）认为在互惠式教学风格中的基本思想是互助互利，在技术的学习和练习中相互提供帮助，从而发展学生的技能、分析观察能力、社会交往能力等。

国内学者大多将在互惠式教学风格运用在体育教学中，通过对照教学实验，将互惠式风格与传统教学相比，普遍认为互惠式教学风格更能够激发学生的兴趣、规范学生的技能，更能够促进学生之间的交流。

陶文超（2019）在高职进行互惠式风格的运用研究，分析了互惠式教学风格对学生心理上的影响，发现在互惠式课堂能够缓解紧张的训练氛围，给学生积极的心理暗示，减少学生的焦虑情绪。

王德军等（2020）通过一系列的体育测试实验，分析数据得出互惠式教学课堂学生的技术习得和课程活跃度要优于传统教学法。认为互惠式教学风格对学生的技能影响是多方面的，一定程度上能够提升学生的自信心，对学生的全面发展以及综合素质的提高有着积极作用。

贾秀章（2019）通过对照实验教学，从排球垫球与传球技能、学生身体素质、学生对排球运动的兴趣、观察能力和人际交往五个方面对互惠式教学与传统教学进行比较分析。分析结果显示，互惠式教学风格更有利于学生掌握垫球与传球技能，提升学生对排球运动的兴趣，在互相反馈的阶段促进同伴之间的交流，提高个人观察能力以及人际交往能力等。但在使用互惠式风格教学时也应该注意与传统教学的有机结合，突显学生主体地位，并不代表给学生无限制自由。

余丽伟（2017）在《互惠式教学法在西安体育学院排球普修课应用的实验研究》中以运动系部分学生为实验对象进行了18周的教学实验，指出：互惠式教学风格对学生提高排球兴趣有积极影响，有利于排球技术水平的达标与规范，同时在运用互惠式风格课堂教学对教师的专业素养也提出了要求较高。

李迎春（2009）在2009年对互惠式教学风格进行了教学实验。他随机选取了十所高校共800名学生进行研究，对足球、篮球、排球、武术和田径五个项目进行互惠式风格教学。研究发现，实验班在课堂氛围、项目成绩与解决问题能力均优于对照班。

关于互惠式教学风格的研究中，主要分为两类：一是与传统教学模式相比较；二是与教学风格频谱中的其他教学风格相比较，且大部分都是应用在体育基础球类的教学中。在这些研究中均能发现，在体育基础球类的互惠式教学风格教学中，学生能够很好地习得任务技能，在一定程度上能够激发学生的学习兴趣，且在与教学风格频谱中的其他教学风格相比较，互惠式教学风格能够获得更多的积极的社会化反馈，能够更有效地促进学生的社会化发展。但是互惠式教学风格并不能够适用所有的课程，更不能取代传统的教学模式。

互惠式风格更适用于具有精准动作的教学任务，同时教师在使用互惠式教学风格时要注意如何弥补观察者因为观察所牺牲的练习时间，如何使学生在反馈的过程中更加高效等问题。本研究将对互惠式教学风格进行教学设计，将其应用于高等职业教学中，在发挥互惠式教学风格自身的优势时，尽量避免其不足。

三、研究目的与意义

（一）研究目的

为满足国家对环境治理人才的专业技能要求，本研究聚焦于高等职业教育化学基础实验课堂，扎实学生化学基础技能，保障后续环境职业能力的发展，以某高等职业学校为例，对该校化学实验课堂的教学现状进行分析，总结当前该高职化学实验课堂教学中存在的问题，分析引入互惠式教学风格的必要性，提出互惠式风格教学模式的构建策略以及设计实验课程的教学范例，以期能够夯实学生基础知识，提高学生操作技能，强化学生沟通和互动能力以增强彼此间的联系，培养学生的耐心以及在日后工作中的专注力。

（二）研究意义

（1）丰富高职教师实验课堂教学模式

传统的实验练习模式或为个人练习，或以小组进行练习，教师往往很难了解到学生真实的学习情况。互惠式教学风格提供一种新的练习模式，让学生之间相互反馈，发挥学生在课堂上的主体作用，同时促进学生之间的沟通与合作，为高职教师实验课堂教学模式提供选择。

（2）规范学生技能，提高教学效率

高职教育要求学生具有一定水平的职业技术能力，互惠式教学风格的一大特点是技能任务的标准化。练习者按照教师给出的标准进行练习，观察者根据教师给出的标准进行反馈，这一过程能够严格规范学生的操作，提高教学效率，培养符合要求的技能型人才。

（3）促进学生之间的成长与交流

互惠式教学风格的目标趋向于两个维度，一是同学之间的联系，二是即时的反馈。互惠式教学风格要求教师将部分决策权交给学生，让学生之间进行练习反馈，促进学生之间的交流与合作，帮助高职学生更好地适应社会。

第二节　互惠式教学风格相关概念与理论基础

一、教学风格频谱

教学风格频谱这一术语产生于 20 世纪 60 年代中期，是指一个特定的教学理论框架，这个框架包含了 11 中具有代表性的教学风格（风格 A 至风格 K）。教学风格频谱理论的构建基于"教学决策"，在每类型的教学风格中，教师与学生都有独特的决策结构（Metzler，2013）。第一种教学风格由教师做出有关教学活动的所有决策，学生按照提示执行这些决策。之后的每一种风格，具体的决策权都逐渐由教师转向学生，教学风格频谱的 11 种教学风格本质特征及结构见表 7-1 所列。

在教学风格频谱的理论中，将 11 种教学风格分为两个能够代表人类再现能力和发现能力的集群。集群 A–E（风格 A 至风格 E）主要是培养再现已有知识能力的教学风格，集群 F–K（风格 F 至风格 K）则主要是培养创造新知识能力的教学风格。

表 7-1　教学风格频谱的 11 种教学风格其本质特征与结构

教学风格	本质特征	师生结构
风格 A：命令式风格	重复预先告知的动作或练习带有提示的动作	教师做出所有决策；学生按照提示执行决策
风格 B：练习式风格	学生通过教师提供的单独反馈，练习记忆性和重复性的任务	教师做出教学内容和课堂组织的决策以及向学生提供单独的反馈；学生个人练习记忆性和复制性的任务
风格 C：互惠式风格	社会互动、互惠、接受和提供反馈	教师做出教学内容以及标准和课堂组织安排的决策；学生以搭档的方式进行练习并提供反馈
风格 D：自我检查式风格	学生进行任务练习并根据教师提供的标准进行自我评估	教师选定教学内容、制定动作标准和确定课堂组织安排；学生独立练习并自我评估
风格 E：包容式风格	不同水平的学生选择自己可以完成的难度水平参与到同一任务中	教师做出关于教学内容以及课堂组织安排的决定；学生了解任务中的难度水平后选择练习并对照标准检查自己的任务表现
风格 F：引导发现式风格	问题的逻辑和顺序的设计，引导学生发现预先确定的答案	教师决定教学内容，被发现的目标概念以及为学生准备问题的顺序设计；学生主要是发现问题的答案
风格 G：聚集发现式风格	运用聚集式思维过程发现正确的答案	教师设计要被发现的目标概念以及给学生设置难题；学生进行推理提问对有关内容和发现答案之间的关系做出逻辑顺序的链接
风格 H：发散发现式风格	在特定的认知活动中，针对某个单一的问题或情形找出不同的答案或解决方案	教师做出有关教学内容、具体问题和课堂组织措施的决定；学生针对一个具体问题找出多种设计方案或解决方案和做出应答
风格 I：学生自主设计式风格	每个学生独立地探究解决问题的方法与途径	教师为学生做出总体的教学内容组织安排的决策；学生做出如何探究总体教学内容目标的决策，包括确定学习的重点、解决的办法以及制定方案
风格 J：学生发起式风格	学生自发的设计教学活动并承担相应的责任	教师熟悉教学内容，认可学生在此学习活动中做出的最多决策，支持学生的决策；学生独立启动教学活动，并在课程上实施的准备阶段做出所有决策
风格 K：自我教学式风格	学生坚韧的性格品质以及对学习的渴望	个人充当教师和学生的双重角色，在课程的准备阶段、实施阶段、评价阶段做出所有决策

二、互惠式教学风格

（一）互惠式教学风格结构

互惠式教学风格是教学风格频谱中的第三式，属于反映人类再现能力的集群，其本质特征是社会互动、互惠、接受并提供即时的反馈。在互惠式风格结构中，教师做出关于教学内容、标准、和课堂组织安排的决策，并给观察者提供反馈意见。学生以两两搭档的关系进行合作。搭档的其中一位为练习者，进行任务练习，另一位是观察者，使用由教师设计的标准表，给搭档提供即时和持续的反馈。然后，练习者和观察者交换角色，进行反复。

（二）互惠式教学风格与传统教学模式的区别与联系

教师在教学过程中根据不同的教学内容以及学生群体之间的差异选择合适的教学方法以达到提高课堂效率的目的。相对于传统教学模式，互惠式风格更重视学生的主体地位，强调师生、生生之间的交流与互惠，教师和学生都能够获得即时的反馈（王雅萱，1997）。

（三）互惠式教学风格教学理论基础

1. 人本主义学习理论

人本主义学习理论是以人本主义心理学为基础产生的，人本主义心理学认为应该把人当作一个整体来研究，更加关注人的成长历程以及人性的发展（布勒，1990）。人本主义学习理论更加重视学习者的情感、态度和价值观，关心学习者的内心世界，注重启发学习者的经验和创造潜能，对学习者保持积极乐观的态度，认为教师应当充分地尊重、了解和理解学生，培养积极愉快、适应时代变化的身心健康的人（陈琦等，2020）。互惠式教学风格要求教师注重学生的心理成长，在学习知识的同时，发展学生的社会化。以学生的发展为本体，结合职业教育的特点来促进学生的成长。

2. 观察学习理论

观察学习是由美国心理学家班杜拉在20世纪60年代提出来的。在班杜拉看来，人具有通过语言和非语言形式获得信息以及自我调节的能力，使得个体通过观察他人（榜样）所表现的行为及其结果，不必事事经过亲身体验，就能学到复杂的行为反应（赵珍，2011）。在互惠式风格教学过程中，观察者通过观察练习者的学习活动，在自我的认知框架中也接收到部分学习任务，以便对学习任务有更好的理解。

3. 有意义接受学习理论

认知心理学家奥苏伯尔针对学生学习的特点提出了有意义接受学习理论。有意义的接受学习包括三个要点：第一，要求学生能够将学习后的知识进行归类和具体化；第二，学生对概念的掌握是个演绎的过程，强调教学中必须从一般性到特殊性的原则从而促进学生的理解和掌握；第三，强调在学习过程中的准备，奥苏伯尔认为学生的学习是有条件的，教师的作用就是帮助学生创造必要的学习条件，促进新知识与学生头脑中原有的认知结构发生联系，帮助学生进行有准备的学习（崔凤，2017）。互惠式教学风格强调教师的准备，对教学内容进行解剖分析，梳理知识技能点之间的逻辑关系，促进学生进行有意义的接受学习。

第二节　职业学校化学实验课程教学现状调查与问题分析

一、高等职业化学实验课程教学现状调查

基础化学实验能力是生物工程、化学工程技术人才所需要具备的基础能力。为了解该

高等职业学校化学实验课程的教学现状，本研究以 G 高等职业技术学校为例，对该校三个专业的 2019 级共 203 名学生进行了问卷调查，并对化学实验任课教师进行了访谈。

（一）调查问卷与访谈设计

1. 问卷设计

根据高职学生的实际情况编制、筛选、整合了 13 道题（附录 1），调查问卷内容涉及学生对化学实验课程的基本态度、学习情况、教学方式以及教学效果等方面。

2. 访谈设计

为了进一步了解高职学校学生的特点和教学现状，对化学实验的三位授课老师进行了访谈。访谈的主要内容围绕以下四个问题：高职学生特点、教学中的困境、课堂组织安排以及学生的练习方式（附录 2）。

（二）问卷调查结果分析

1. 学生对化学实验课程基本态度分析

学生对化学实验课程的态度调查中，有 67% 的学生表示喜欢化学实验课程，仅有 8% 的学生明确表示并不喜欢这门课，剩下 25% 的学生表示既不喜欢也不讨厌（图 7-1）。这表明多半学生是很愿意接受学习这门课程的，还有一部分的学生的学习兴趣有待激发。

调查学生对化学实验课程的认知理解，可以了解到 46% 的学生认为做化学实验能够提升自己的动手能力，39% 的学生认为进行化学实验能够加深对化学理论的理解，剩下的 15% 的学生仅是因为专业要求（图 7-2）。这说明，高职学生对于化学实验课的重要性有着比较明确的认知。

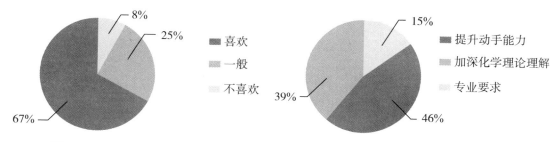

图 7-1 学生对实验课程的态度　　　　图 7-2 对化学实验课程的认知

从图 7-1 可知，大部分的学生是喜欢化学实验课程，只有少部分表示出明显的不喜欢。学生对于化学实验课的重要性认知很明确，绝大部分的同学能够意识到化学实验的学习能够提高动手能力以及加深对化学理论的理解。

2. 学生化学实验课学习情况分析

调查学生在化学实验课程前的预习情况根据图 7-3 可知，在 G 高职学校中只有 17% 的学生课前会预习，51% 的学生表示自己课前从不会预习，剩下 32% 的学生则是偶尔预习，这说明，高职学生大部分是没有课前预习的习惯。

学生在开始实验之前，对实验过程的具体操作标准的接受情况表示，在实验开始前，只有36%的学生能够接收到实验过程的具体标准，只了解部分实验标准的学生占到了59%，还有5%的同学是完全不能知道实验操作的具体步骤及标准（图7-4）。

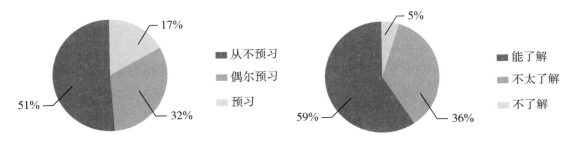

图7-3　上课预习情况　　　　　　　图7-4　学生了解实验操作标准的情况

实验课堂的主体是要求学生完成一定的实验任务，据图7-5所示，能够顺利完成教师课堂上所布置的实验任务的学生占32%，有59%的学生只能完成部分，剩下9%的学生不能完成。

对学生的心理成就进行调查，据图7-6所示，当学生能够顺利地完成了实验，67%的学生具有强烈的成就感，21%的学生认为仅仅是完成任务，12%的学生则感觉非常无聊。这说明多数学生对自己是有成功的期盼的。

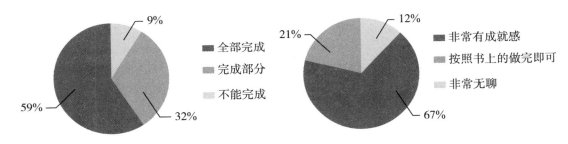

图7-5　课堂任务的完成程度　　　　　图7-6　顺利完成化学实验的感受

图7-7所示，能够经常在课堂之外找机会进行化学实验练习的学生非常少，只有8%，23%的学生偶尔进行练习，69%的学生在学习过后都不会再抽出时间来继续练习化学实验。

在进行化学实验的过程中，33%的学生能够做到观察现象并记录总结，有59%的学生仅仅只观看实验过程中的现象，还有8%的学生认为这个过程无关紧要，做其他活动（图7-8）。

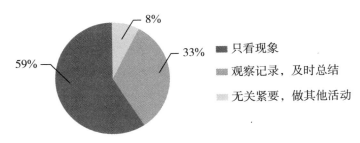

图7-8　化学实验过程中的做法

这些对于学生学习情况的调查表明，学生对化学实验课程的学习情况不容乐观。首先，学生的学习时间仅集中在课堂上，愿意在课前和课后进行实验学习的人很少；其次，学生对课堂的吸收率不高，大部分的学生只能部分完成教师在课堂上的任务要求；最后，只有大概三分之一的学生养成了及时记录现象并总结的良好习惯。

3. 化学实验课程教学方式分析

根据图 7-9 显示，当前的化学实验课程，教师的授课方式以讲解教材和播放视频或者模拟动画为主，分别占 48% 和 33%，教师进行实验演示的次数较少，只占 19%。

对于当前的授课方式的满意程度调查，62% 的学生表示出一般程度的满意，只有 11% 的同学表示很满意，有 27% 的同学表示完全的不满意（图 7-10）。

调查教师对学生进行实验的指导情况可知，只有 21% 的学生认为教师能够对自己的实验过程进行全程的指导，48% 的学生认为教师仅是偶尔指导自己的实验过程，还有 31% 的学生认为教师没能够对自己进行指导（图 7-11）。

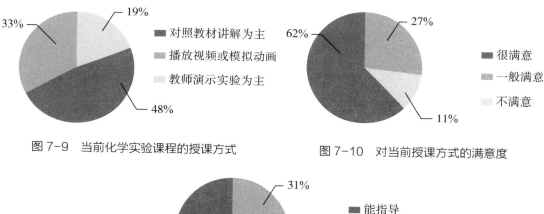

图 7-9　当前化学实验课程的授课方式　　　图 7-10　对当前授课方式的满意度

图 7-11　实验过程中教师的指导程度

对于教师教学方式的调查显示，当前高职化学实验课堂上常用的教学模式为教材讲解与播放视频，一半多的学生对此表示一般满意。另外，教师授完课后，对学生的实验过程只能进行偶尔的指导甚至没能进行指导。

4. 化学实验课程教学效果调查

图 7-12 显示，54% 的学生认为当前化学实验课堂的教学效果是一般的，只有 18% 的学生认为当前的化学实验课堂教学效果不错，有 28% 的学生则认为当前课堂教学效果并不好。在对当前化学实验课的教学建议中：13% 的学生认为可以增加实验课的课时以便进行更多的实验练习；39% 的学生希望教师能够演示出化学实验过程的具体细节；32% 的学生希望能够增加实验的趣味性；最后还有 16% 的学生选择了其他选项（图 7-13）。

直接调查学生对当前课堂教学效果的反映情况，一半多的学生认为当前的课堂效果是一般的，并且大部分学生选择建议化学实验课堂教师能进行具体的细节化演示并增加实验的趣味性。

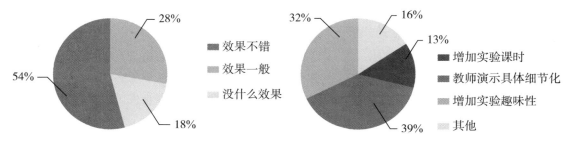

图 7-12　化学实验课堂的教学效果　　　　图 7-13　对化学实验课堂的建议

（三）访谈结果分析

1. 关于高职学生的个性特点

整合了三位教师的看法，将高职学生的特点归纳为以下三点。

（1）学生基础差。我国职业教育发展晚，在生源的竞争上与普高相比没有优势。高职学校招生规模不断扩大，但是不设置招生分数门槛，具有初中学历的应届往届生均可报读。这样导致就读于高职学校的学生往往知识基础薄弱，学习兴趣不高，学生动机不强甚至放弃学习。

（2）学生个性鲜明而活跃。高职学生的个性是非常鲜明的，学生与学生之间具有很大的差异性，且不少学生表现出明显的兴趣取向。有教师表示，有的学生能够对自己感兴趣的学科进行自学，甚至向教师请教高年级的学科知识。高职学生也相对活泼，对于没有经验的教师总会在课堂上花费较多的时间管理纪律。

（3）学生情绪敏感冲动。有教师表示，高职学生之间的争执较多，甚至偶尔会不受控制在课堂上爆发出来。由于高职学校接收的学生群体成绩较差，通常在学校中会被教师忽视，在家中缺少父母的关心，久而久之学生情绪会更敏感且自卑。

2. 教师在教学中遇到的问题及解决方式

三位教师表示，在化学实验课堂遇到的最大的问题就是对于实验操作的细节难以完整的传递给学生。学生在进行实验的过程经常会卡壳，教师没办法进行一一辅导，浪费学生的课堂时间，还有些学生趁此放弃操作实验。针对这个问题，一位教师表示尽量给学生进行详细的示范，利用网络搜集实验相关信息，将详细的操作步骤写在黑板上共学生参考；另外两名教师表示会搜集有关实验的视频影像资料，在自己为学生讲解完全后，再为学生播放视频加深印象，也让同学们相互帮助学习。但三名教师都表示尽管如此，最后的学习效果也不够好。

此外，化学实验课需要学生之间互相交流合作，大部分学生能够相处和谐，但也有产生冲突的情况。遇到这种情况，三名教师都表示在课堂上会安抚下来，一名教师表示在课后会向班主任反应，另外两名表示自己只是科任老师便不会管太多。

3.对于化学实验课程的理论教学与实践操作教学安排

当前的实验课程为两节45分钟的课程连排，教师们通常都是一节课讲授理论，第二节课进行实际操作。

4.在化学实验过程中，学生通常采用的练习方式

三名教师通常采用的都是分组练习，学生遇到问题既可以与同学讨论也可以派代表来询问老师。

二、当前化学实验课程存在的问题分析

（一）学生对化学实验有兴趣但缺乏主动性

高职学生虽然知识理论薄弱，但是他们动手能力强，对化学实验课程表示喜欢且大部分同学都能认识到化学实验课程的重要性，但是学生对于化学实验的学习缺乏主动性。首先，学生对化学实验的学习仅仅是在课堂上，在课前与课后很少能主动预习或者复习；其次，学生在进行化学实验的过程中遇到困难很轻易地就会放弃，不会主动探寻问题产生的原因。

（二）学生学习效果不佳

学生对于实验课程学习的效果主要体现在能否顺利完成课堂上的实验任务。但在调查中发现，只有大概三分之一的学生能够顺利完成教师在化学实验课堂上布置的任务，而在课后，学生大部分也都不会再进行实验的练习，化学实验的学习效果是不容乐观的。另外，实验的学习要求学生手脑并用，观察现象及时总结。在调查中发现三分之二的学生只观察实现的现象不进行思考或者做其他活动。这样的不良习惯直接影响到学生的学习效率。

（三）实验教学倾向于理论知识

化学实验课程是一门实践课程，它要求学生将理论与实践结合，掌握化学实验的基本知识和基本操作技能。但是在实际的教学过程中，教师更注重理论的教学。教师在面对化学实验课程的教学困境时，思考的是继续解读理论知识，没有考虑是否能够改进学生的实验练习方法。学生进行化学实验练习的方式单一，教师也不再关注学生在分组练习中的具体情况。

（四）教师忽视学生心理成长

化学实验课程一方面要求学生的技能提高，另一方面也要求提高学生沟通与合作能力。在实际的化学实验教学中，教师常常会忽视学生的社交能力的培养。教师发现学生在实验练习的过程中产生摩擦时，立即稳定课堂秩序，但在之后科任老师认为自己不是班主任，不需要深入关心学生。高职学生群体更需要教师的关心和引导，无论是科任老师还是班主任，都不能忽视学生的心理成长。

三、化学实验教学中的发散思维研究

传统的化学实验是以实验教学课本为纲，以锻炼学生的动手能力为主，对培养学生的独立分析思考能力以及发散性思维没有得到体现。本节通过以制备溴乙烷实验为例，探索

在有机化学实验教学中培养学生的发散性思维模式。

发散性思维，又称扩散性思维、辐射性思维、求异思维。它是一种从不同的方向、途径和角度去设想，探求多种答案，最终使问题获得圆满解决的思维方法。因此，发散思维是一种无规则、无限制、无定向的思维，具有灵活性、流畅性、新颖性和相对性等特点，主要体现在灵活性上。其外在表现于：（1）思维方向多样化，善于从不同角度和不同方向思考；（2）思维方式灵活化，从分析到综合，从综合到分析，全面灵活地进行综合分析；（3）迁移能力强，能举一反三，多解求异，进行发散思维。

传统的化学实验是以实验教学课本为纲，学生按照上述步骤完成即可，以锻炼学生的动手能力为主，对培养学生的独立分析思考能力以及发散性思维没有得到体现。下面我们以溴乙烷的制备为例，探索在有机化学实验教学中培养学生的发散性思维模式。

（一）从多角度寻求切入点，培养学生的发散性思维

在课前给出实验项目"溴乙烷的制备"，要求学生思考如何从多条路线去合成溴乙烷，并且这几条路线中筛选出适合实际操作的路线方案。传统教学模式，课前给出实验项目题目，要求学生看教材熟悉该操作步骤以便实操。从多角度寻求切入点的教学方式打破传统单箭头教学方式，更有利于培养学生的发散性思维。

（二）从细节入手，培养学生的发散性思维

在传统的教学模式下，课堂上由教师按照教材讲解溴乙烷的制备路线，学生按照该步骤进行实验，这样仅仅培养了学生的动手能力。教师应从实验细节入手，培养学生发散性思维。在课堂上，将学生们设计出的各方案和教科书上的合成方案一起列出，每个步骤——分析，每个细节都不要错过，找出比较优化的合成路线。

例如教科书步骤中浓硫酸是一次性全部加入，而在某学生方案中浓硫酸是以滴加的形式加入。经理论分析，以滴加的方式加入，大大降低反应中硫酸的浓度，减低副产物溴的生成概率，比教科书方案中的步骤优化。

（三）从实操中的培养学生的发散性思维

在课堂上，按照理论分析得到的较为优化的合成路线进行实验，教师应要求学生边做边观察边思考。理论上可行的方案在实际操作中，还会不会遇到问题，能否解决，如何改进？这样的教学方式能让学生在实操中，不仅培养的动手能力，还培养的发散性思维。

例如在"溴乙烷的制备"实验中，得到的产品量很少，原因是乙醇的挥发，浓度降低，平衡向反方向进行。为了解决这一问题，对反应器进行改良，增加了一根空气分馏柱，有效地阻止乙醇蒸汽的挥发，使平衡继续向正方向移动，提高产率。空气分馏柱更重要的作用在于阻止水蒸气与溴乙烷一起蒸馏出来形成乳白色的粗产品，改良后实验的馏分为无色、纯净的溴乙烷，免除了后处理工序，节约了时间、药品和能源。

（四）从结果讨论中进行分析，培养学生的发散性思维

传统实验教学在实验操作结束后，只要求简单的整理实验数据，得出一个结果，不利于发展学生的综合分析能力。在实验教学课堂尾声，教师应要求学生对实验过程进行总结；

对实验数据进行整合，与理论值对比，与其他平行组进行对比，分析差异原因，从而培养学生的发散性思维，从分析到综合，从综合到分析，全面灵活地进行综合分析。

例如溴乙烷的产率不高，主要原因为：（1）生成溴乙烷的反应为可逆反应，在一定时间内乙醇与氢溴酸反应不彻底；（2）反应产物溴乙烷的沸点低，易挥发；（3）反应温度难以控制，温度太低反应不易发生或过慢，温度太高则乙醇在浓硫酸的条件下易发生副反应，而且乙醇也会挥发，所以反应温度应控制在 $60 \sim 78℃$ ；（4）与乙醇反应的溴化氢为气体，挥发有毒，并且容易与硫酸作用氧化成溴等有毒气体，污染产品和环境。经实验改良后，对过程与数据进行讨论得出结论。本实验最大的突破点在于增添了分馏柱，这样受到冷空气冷凝，少量共沸的乙醇蒸气、水蒸气以及生产的溴乙烷蒸气在分馏柱内的进行一系列的热交换，最终蒸馏出来的是 $38℃$ 左右的馏分溴乙烷；乙醇蒸气经冷凝回到反应釜内，未有损耗，继续参与反应，使平衡仍向正方向移动，提高产率。收集的产品为纯净无色的溴乙烷，无须任何后续除水、蒸馏再处理，而且产率提高到 $65\% \sim 70\%$ 。

结语：有机化学实验教学宗旨是培养实验动手能力，同时加强学生发散性思维的训练，使其具有综合分析能力与创造性，适应当代社会复合型人才的需求。如何在有机实验教学中培养学生的创造力是人们长期关注的问题。实验教学的常规模式是通过模仿去领会并掌握前人总结的研究方法和知识技能，对学生动手能力的培养偏重于逻辑性和深刻性。但长此以往，将形成刻板僵化的思维模式，严重阻碍思维的开拓与扩展。要解决这个问题，必须开启学生的发散思维。培养学生的发散思维就是培养其探索问题的敏捷性、灵活性、创造性和批评性。从同一信息源，利用已储存的知识，以探索尽可能更多地解决问题的途径，避免学生被无意地纳入某种特定的思维模式，调整已储存的知识的系统性、深刻性，使知识自然增值，从而开发学生潜力和创造力。本研究尝试在新课改的基础上，改变传统模式，探索如何在开展探索性实验教学时，激发学生主动参与的情感，从而培养学生广阔、灵活、敏捷、求异、创新的发散思维。

四、互惠式教学风格引入化学实验课程的必要性分析

化学实验课作为掌握实验技能的入门课程，也是高等职业学校培养生物工程、化学工程类技术人才的基础课程。根据本研究在高职的问卷调查以及教师访谈分析中发现，大部分的学生喜欢化学实验程并能够清楚地认识到这门课对自己专业学习的作用，但是在当前的教学模式下，学生的学习效果并不太乐观，学生对于课堂的吸收率不高，教师在课堂上的知识点没办法完全消化并内化；实验的学习应当理论与技能并重，但教师更偏重于理论教学；高职学生仍处于青少年的心理发展状态，其心理状态是复杂易变的，但不是所有的教师都意识到需要更加关心高职学生的社会化发展。

互惠式教学风格致力于两点：一是技能的掌握，二是学生的社会化发展。互惠式教学风格制定学习任务的标准表，让学生在进行实验的同时，有详细的步骤以及视觉信息来进行对比，最大程度提高学生技能的准确率，学生学会标准表的使用后，能够在没有教师指导的情况下也能开展练习。互惠式教学风格要求学生之间进行相互的积极反馈，促进学生社交和互动技能的发展，培养学生个性化与社会化。互惠式风格要求学生之间的对于技能反馈信息是具体的，这样既能够为学习者提供有效的参考，也能够加深观察者对知识点的

印象，更为学生提供了一种独立自主的学习方式。互惠式教学风格将任务具体化，学生能够在每次的任务联系中体会到完成任务的成就感，有利于学生将内在的学习兴趣转化为实际的行动。高职教育需要多元化，根据学生的需求以及教学的任务选择适用于高职学生的教学模式，因此，将互惠式教学风格引入高职化学实验课堂，在培养学生技能训练的同时促进学生的社会化发展，是一次很有必要的尝试。

第三节　基于互惠式风格的化学实验课堂设计策略

一、课程准备阶段设计

（一）选择和设计教学内容

1.选择教学内容

互惠式教学风格最先运用在体育活动教学中，其本质特征是活动教育，更适用于技能型课堂。《化学实验与实践活动》是高职基础化学课程有机化学与其配套使用的化学实验课程教材，其内容主要包括了五个部分：第一部分主要是介绍实验室安全规则以及实验仪器，第二部分为基础实验操作和化学基本实验，第三部分旨在让学生体验科学探究的过程，第四部分设计了一些能够激起学生兴趣的生活趣味实验，第五部分包括综合实验和与人们生产活动产生紧密联系的实践活动。互惠式风格要求的教学内容是具体的详细的基础的技能学习内容，因此，在教学内容的选择上，互惠式教学风格更适用于教材第二部分的基础实验操作。

2.学情分析

教学需要根据学生的具体情况来进行设计，对学生的心理情况、知识水平、兴趣爱好等进行分析，对学生进行一个全面的了解，才能够进行有针对性的教学。对高职学生进行分析了解能够帮助教师更好的控制课堂。

高职学生正处于埃里克森的人格发展阶段理论的青年期，正在面对自我同一性和角色混乱的冲突。一方面青少年的本能个性正在高涨，另一方面青少年面对社会的制约。此时需要教师在教学过程中进行积极引导，充分考虑可以利用的教学因素，帮助学生进行角色的融合。

学生在开始化学实验课程之前，已经学习了一年的基础化学知识，尽管高职学生的已有的知识基础不牢固，但也具有了一定的化学素养，教师可将教学重点放在实验的操作上。教师还需要考虑班级上学生的差异性，考虑到学生可能会出现的问题。

3.教材分析

教材是教师进行教学的重要工具，教师对教材充分了解，设立合理的目标，才能在教学过程中发挥教师的主导作用。教材分析包括了教学内容分析、教学目标分析以及教学重难点分析。互惠式教学风格更适用于化学实验课程教材的第二部分，因此对教材的第二部分内容进行整体的解读（表7-2）。

表 7-2 《化学实验与实践活动》第二部分内容分析

《化学实验与实践活动》第二部分：化学基础实验			
位置	教材内容	课时安排	作用分析
化学基础实验属于教材的第二部分，学生通过第一部分的学习已经了解实验室基本规则，接下来就是进入实验室开始操作。本部分的内容循序渐进，从分散到整体	化学实验基本操作	2 课时	本部分通过学习片段化的实验操作到整体的实验流程。学生学会化学实验的基本操作，为接下来进行的探究实验扎实基础
	一定物质的量浓度溶液的配制技术	1 课时	
	溶液的稀释技术	1 课时	
	溶液 pH 的测定技术	1 课时	
	重要有机化合物的性质测定	3 课时	
	粗盐提纯技术	2 课时	
	酸碱滴定技术	2 课时	
	普通蒸馏技术	2 课时	

（二）为观察者设计标准表

标准表的设计是决定互惠式教学风格教学成败的一个因素。标准表可以为观察者提供的具体的行为参数，告知练习者关于技能练习的准确信息，同时也给教师提供一个与观察者互动的具体基础。一堂课的标准表内容不是一成不变的，教师需要根据每堂课的反馈情况来不断完善标准表。标准表包括以下四个部分：①任务的具体描述，包括将任务按照顺序分解成若干部分；②在任务中需要特别注意的地方，这些地方是教师从以往的经验中认识到的、潜在的、易出错的地方；③详细说明任务，可用例图；④观察者的标记。标准表示例见表 7-3 所列。

表 7-3 标准表示例

姓名： 班级： 日期： 玻璃仪器的洗涤			
实验目的：学会玻璃仪器的洗涤			
对练习者：洗净事先准备的玻璃试管			
对观察者：1. 观察练习者的洗涤操作并提出反馈；2. 在操作完成后互换角色			
注：观察者请在标准表中标示出练习者操作不正确的地方。			
实验描述	实验步骤	提示	常见错误
玻璃仪器的洗涤（以试管为例）	注水冲洗	1. 不可以只用水冲洗。 2.试管刷需要上下左右来回刷。 3. 管壁不挂水珠为洗净。 4. 洗完倒扣在试管架上	1. 试管刷只进行上下或左右来回刷 2. 不进行最后一步蒸馏水淋洗
	试管刷蘸洗衣粉来回冲洗		
	自来水冲洗		
	蒸馏水淋洗		

（三）课堂组织安排

互惠式教学风格在课堂中，互惠小组的组队方式相对灵活，可以是学生自行组队、按成绩组队或其他标准进行组队。学生通常喜欢与熟悉的伙伴一起学习，这样社交上的舒适感可以让学生把重点放在新的角色和要求上。然而，社会性发展是互惠式教学风格的目标。因此，学生需要尽快的开始与其他人（非朋友）一起合作。与不同的人互动，发展宽容、耐心、同情等品质。可以定期更换组队方式，使学生能够与所有学生进行互动，体验社会技能发展。

学生分组需要根据学生的实际情况来进行组队，可以通过变换组队方式实现不同的教育目的。互惠式教学风格首次在高职课堂上实施时，学生在这种新的模式下模式时可能产生兴奋、激动等情绪让教师难以控制课堂。因此，教师运用互惠式教学风格的初期，要控制好课堂上的秩序，让学生按照教学准备进行，尽快适应这种互惠模式。当学生熟悉这种互惠模式之后，可以根据不同的教学目的变换分组方式。高职学生个性活泼鲜明、知识水平差异大。在互惠式课堂初期，为了避免学生自行分组造成课堂秩序混乱，由教师进行分组安排，按照化学成绩顺序对学生进行分组。教师安排可以避免学生自行选择时犹豫不决而浪费的时间，另外按成绩顺序分组可以让教师有目的的掌握某部分学生的练习情况，在基础较弱的互惠小组身边停留的时间可以适当延长，做更多的指导。

二、课程实施阶段设计

在化学实验的课堂上首次实施互惠式教学风格时，教师首先要为学生的新角色和新关系设立教学情境。首先向学生介绍互惠关系的必要性，教师可以向学生解释："在之前的学习中，我不能到每一位学生的身边提供指导和反馈，在你们有问题的时候也不能够及时帮你们答疑，现在我们用一种新的练习方式，很大程度上能够解决这两个问题，从而提高你们的操作技能。"继续向学生阐述互惠式教学的基本过程："每一位学生都会有一位伙伴，我会给这位伙伴一份提前准备好的任务练习标准，当你在做练习时，你的伙伴会向你提供反馈信息。"当学生明确这种新型关系建立的原因以及在实验过程中获得部分决策权后，学生的参与性会更高。

（一）教学内容呈现

教师在讲台上示范并讲解本次课堂所需要掌握的内容，尽可能地将课程内容细化。为学生演示的过程中强调在实际的操作中易出错易混淆的知识点。此时，学生主要是观察教师的演示内容并做好相应的笔记。

（二）教学行为介绍

教师第一次在化学实验的课堂上使用互惠式教学风格时需向学生阐述使用该风格的理由和目标，互惠式教学风格的主要目标是使学生技能标准化和学生的社会化培养。

1. 介绍新型角色关系

向学生介绍清楚重组的社会关系的安排。解释"三人组合"的关系，学生将会进行组队，两人为一组，一名成员被指定为练习者，另一名成员被指定为观察者，当教师介入某对小组时，在这一段时间内就形成了"三人组合"。在观察者与练习者的组合中，一人完成任务之后两人身份互换，实验过程中每个学生都会做练习者和观察者。

2. 介绍角色任务

在互惠式教学风格中，练习者按照教师布置任务进行练习，如果在练习的过程中有疑问或者不懂，只与观察者沟通。观察者根据教师提供的标准表，得到任务的全部内容信息后，观察练习者的表现，将练习者的表现与标准表对比，为练习者的表现提供准确的反馈信息。反馈信息是具体的，例如滴管放置的位置是否正确，具体应该高一点还是低一点，试管倾斜的角度应该再下一点。当观察者不能解决练习者遇到的问题时，观察者应及时与教师沟通。

3. 介绍标准表的使用

每一位学生都有一份标准表，在标准表上写好自己的姓名，并在标准表的右上角标注，小组中第一个开始扮演练习者角色的学生标注为练习者1号，第二个开始练习的学生为练习者2号。观察者对照标准表对练习者进行观察，对于练习者做得不好的地方及时根据标准表上的信息为练习者提供反馈，并在练习者的标准表上做好记号。

（三）教学过程中的反馈

实验开始时，教师与学生进入各自的角色，练习者开始练习，观察者进行观察。整个过程中的反馈有两种：一种是观察者的反馈；二是教师观察小组活动，并为观察者提供反馈。

1. 教师反馈

学生展开练习之后，教师到每个小组身边停留观察，观察练习者的练习以及检验观察者为练习者提供的反馈是否准确，使用的语言是否符合要求。教师在观察小组任务进行的过程中要经常性地对小组成员进行鼓励。小组在练习的过程中如果有疑问，教师仅与观察者进行沟通。

2. 学生反馈

练习者进行任务练习，观察者为练习者提供即时的反馈。练习者在练习的过程中如果出现疑问，或者操作不当的地方，观察者需要对照标准表进行提示，纠正练习者的错误操作，如果观察者对照标准表也无法解决问题，则举手示意教师，请教师帮忙解决。

三、课程结束阶段设计

在课程的结束阶段，教师对全班同学的表现做出总结并提供反馈，强调观察者的作用。当学生全部都作为练习者练习后，教师收集标准表，根据标准表与自身的观察对课堂进行总结，强调学生易出错的地方，讲解学生还不完全理解的内容，并以此来完善下一堂课。另外，学生需要认识到观察者的角色重要性，一来能够监督同伴，为同伴提供即时的反馈信息；二来作为一名观察者能够加深自己对知识内容的理解。因此，教师需要对观察者作出正面性的评价，例如："当我循环走动时，我注意到观察员参考实验标准表给练习者提供的反馈是具体的细节反馈，做得很棒。"当学生能够独自给同伴提供反馈时，教学就达到了理想的效果。

四、基于互惠式教学风格的教学设计案例

以高职的必修教材张龙主编的《化学实验与实践活动》为例，考虑高职学生进入实验室通常较为活泼，涉及化学试剂的实验存在一定的安全隐患。因此选择教材第二部分化学基础实验中的实验一"化学实验基本操作"这一课程内容进行具体的互惠式风格教学设计（表7-4）以及标准表设计（表7-5）。

表7-4　实验一"化学基础实验"教学设计

一、课标解读
课标要求：了解熟悉化学实验室规则、化学实验规则；了解化学实验室常用仪器的名称及使用方法；学会玻璃仪器的洗涤与干燥；学会固体或液体试剂的取用方法

二、教材分析
本节选属于基础技能，主要是四个内容，为玻璃仪器的洗涤、玻璃仪器的干燥、固体试剂的取用与液体试剂的取用，知识难度系数不高，要求学生能够在后续的实验中随时从脑中抽取出来应用，例如学生掌握试管的清洗与干燥后能够类推倒其他的玻璃仪器的清洗与干燥中去

三、学情分析
本研究的调查对象为某高职环境监测与控制技术专业的二年级学生，他们在一年级时已经学习过了有机化学以及无机化学，有一定的化学理论基础，但是根据任课教师的访谈可以了解到学生的理论基础并不扎实。高职学生通常较为活泼，因此在实验室的学习要注意学生的管理，注意实验室安全

四、教学目标
知识目标：了解熟悉化学实验规则、认识常用的实验仪器以及存放标准。 能力目标：能够掌握玻璃仪器的洗涤与干燥方法、能够安全精准的取用固体药品或者液体药品情感目标：养成学生严谨科学的实验态度

五、教学重难点
1. 玻璃仪器的洗涤方法与洗净标准 2. 固体、液体试剂的取用方法

六、教学方法
互惠式教学风格

七、教学过程			
教学环节	教学内容	教师活动	学生活动
导入新课（3分钟）	1. 回顾上节课学习的实验室基本规则。 2. 思考如何做好实验前后准备工作	1. 教师带领学生回忆上节课学习的内容，提示学生牢记实验室规则。 2. 引导学生思考在实验前后应该进行哪些工作，引出今天的学习内容	1. 回顾上节课所学习的实验室规则。 2. 思考在实验前后所需要的准备工作和结尾工作
学习新课（15分钟）	1. 玻璃仪器的洗涤和干燥：洗涤步骤和干燥方法。 2. 固体或者液体试剂的取用方法	1. 教师讲解玻璃仪器的洗涤步骤并向学生演示，强调清洗过程中的易错步骤，声明玻璃仪器的洗净标准。随后向学生介绍玻璃仪器的干燥方法并演示。 2. 教师向学生演示固体试剂的取用以及液体试剂的取用	1. 学生观察教师的演示并记录教师强调的重点以及易错点。 2. 学生根据自身能力水平标记自己认为较难或者易出错的点，提醒自己在实验中注意

分组练习 （22分钟）	1. 向学生介绍今天的练习方式随后开始进行分组练习。 2. 教师与学生对照标准表进行及时反馈	1. 将学生进行分组。 2. 向学生介绍教学角色。 3. 发放标准表后开始练习。 4. 教师在课堂中巡视观察每一组的表现	1. 分好组后进入自己的角色，练习者开始练习，观察者开始对照标准表观察。 2. 观察者按照标准表的提示与要求为练习者提供反馈并记录
结束新课 （5分钟）	总结归纳	1. 通过这节课掌握了玻璃仪器的洗涤方法以及固体液体试剂的取用方法并带领学生口述步骤。 2. 强调学生在练习过程中易出错的知识点	1. 随着教师一起再次回顾课堂内容。 2. 自己进行反思总结，再次加深易练习过程中出错的地方

表7-5 "化学实验基本操作"标准表

姓名： 班级： 日期：		
化学实验基本操作		
对练习者： 进行四项基本实验的操作，接受你的观察者的反馈。		
对观察者： 1. 观察练习者的动作，根据以下标准分析他的动作表现，然后给练习者提供反馈。 2. 在完成任务后互换角色。		
注：观察者请在标准表中标示出练习者操作不正确的地方			

实验任务	实验步骤		注意事项	常见错误
任务一：玻璃仪器的洗涤（以试管为例）	洗涤	注水冲洗 试管刷蘸洗衣粉来回冲洗 自来水冲洗 蒸馏水淋洗	1. 不可以只用水冲洗。 2. 试管刷需要上下左右来回刷。 3. 管壁不挂水珠为洗净。 4. 洗完倒扣在试管架上。	1. 试管刷只进行上下或左右来回刷。 2. 不进行最后一步蒸馏水淋洗

任务二：玻璃仪器的干燥（以试管为例）	烘干法	把试管内的水倒净	1. 尽量将仪器中的存水倒净。 2. 烘箱底层放搪瓷盆是为了接收水珠。 3. 烘干后待放凉了再取出来，避免烫伤	仪器中存水放入烘箱
		将试管口朝下或者平放在烘箱中		
		烘箱最底层放置搪瓷盘		
		关门将烘箱温度控制在105℃，恒温30分钟。		
	烤干法	擦干试管外壁	1.试管外壁要擦净。 2. 烤干时试管口斜向下。 3. 置火焰上时要不断移动	1. 未擦干仪器外壁就进行火烤。 2. 火烤时试管口朝上方。 3. 火烤时静置于火焰上
		试管夹夹持试管，试管口斜向下		
		放置小火上烤并不时移动		
	吹干法	吹风机吹干试管	仅在实验中临时使用	
	晾干法	倒置或平放于搪瓷盆或仪器架自然晾干		随意放置在实验台进行自然晾干
任务三：固体试剂的取用方法	块状、颗粒状试剂	将试管倾斜	1. 试剂瓶盖取下后应倒放在实验台，避免玷污。 2. 试剂取完后要及时盖回瓶盖。 3. 取用固体试剂时少量多次避免洒落浪费。 4. 取多的固体试剂不得放回原试剂瓶中，应放指定容器内	1. 瓶盖正放置实验台污染试剂。 2 镊子或药匙未清洁使用
		用清洁干燥的镊子或药匙取出试剂		
		送入试管口，使其慢慢滑落		
	粉末试剂	将试管倾斜		未将药匙或纸带深入试管底部匙粉末试剂挂在试管壁上
		用药匙将粉末装试剂送入试管底部，也可用对折的纸带代替药匙		
任务四：液体试剂的取用方法	细口试剂瓶	手心对着标签纸拿取试剂瓶	1. 试剂瓶盖取下后应倒放在实验台，避免玷污。 2. 试剂取完后要及时盖回瓶盖。 3. 使用倾注法注入完成后，将试剂瓶口往容器上靠一下再逐件竖起试剂瓶，避免液滴流到瓶外。 4. 使用过的胶头滴管不能横放或倒置	手心没握在标签纸上
		试剂瓶口对着试管口倾注试剂		
	胶头滴管	胶头滴管吸取试剂		1. 胶头滴管离试管口过远或深入。 2. 胶头滴管未按要求放置，直接放置在实验台或者倒置
		将滴管放在试管口0.5cm处挤出试剂		
		取完后将滴管放置滴管瓶或事先准备好的烧杯		

第四节　互惠式教学风格在高职化学实验课程教学设计中的思考

一、互惠式教学风格的局限性

互惠式教学风格在众多教学研究中被证实能够有效提高教学效率、激发学生的学习兴趣，这并不代表互惠式教学风格是一个完美的教学模式，互惠式教学风格也存在一定的局限性。

（一）教学效果影响因素复杂

互惠式教学风格的教学效果受诸多因素影响。首先，学生在实际分组练习过程中，标准表作为教师和观察者提供反馈的重要媒介，在整个练习中起到至关重要的作用。因此，标准表的设计是否清晰明了，是否能让学生准确的理解都将影响教学效果。其次，在课堂教学中，考虑到高职学生的实际接受水平，教师传授的知识与技能要求能否为学生理解以及理解掌握的程度也是其中一个因素。最后，互惠式教学风格将部分决策权交到学生手中，学生能否在交流合作中共建一种和谐友爱、互帮互助的同伴关系是影响教学效果的关键。积极良性的同伴关系会促进成长，而紧张恶性的同伴关系会阻碍课堂教学效果。

（二）教师压力增加

互惠式教学风格对教师提出了更高的要求，因此，在一定程度上增加了教师的教学压力。新课程改革背景下，要求教师应从"以教育者为中心"向"以学习者为中心"转变，教学从"关注学科"向"关注人"转变。首先，互惠式风格在课堂应用中，学生是主体，教师起主导作用。这就要求教师在课堂上时刻保持警觉，教师由知识的传授者转变为学生的引导者和促进者，要引导学生之间进行及时有效的沟通，关注学生、发展学生的社交关系。其次，备课是教学的起点，备好课是提高课堂教学质量的关键。课堂教学能否达到预期的目标很大程度上取决于课前的准备工作是否充分。互惠式教学风格中的标准表要求教师对教学内容进行最细致的剖析，需要深入了解学生，充分考虑学生在练习过程中可能产生的错误，因此，教师备课的任务量增加，难度也相应加大。最后，互惠式教学风格是一种较为活泼的课堂组织形式，学生是活动的主体，而由于高职学生性格、学习方式及行为习惯等的特殊性，使得教师对课堂掌控的难度加大。

（三）资源场地受限制

互惠式教学风格在高职基础化学实验课堂上应用时，采取的是学生两两分组进行试验，而传统的分组实验一般是多人分组，因此这种风格的教学虽然保证了每位学生都有机会进行实验练习，锻炼了学生的观察与动手操作能力，但同时也在一定程度上扩大了对实验场地、资源、器材等的需求。环境教育在我国起步较晚，高职院校环境类专业开设时间更是不长，大部分高职学校各项设施、体系都尚未建立完善，因而无法支撑互惠式教学风格所需要的教学资源。

（四）课程内容受局限

互惠式教学风格最初运用在体育教学，常用于排球、足球、篮球等球类教学，是典型的技能类教学，也被称为"互惠式分组教学"，强调学生的练习。因此，互惠式教学风格更适用于技能性课程的教学，对于知识性课程不太受用。高职院校以培养学生实践动手能力为宗旨，培养技能型人才，而在实际的教学过程中，大多数教师更倾向于理论知识的传授而非实践能力的培养，从而导致互惠式教学风格在应用过程中受阻。教师需要开发更多的技能型课程并合理的选择教学内容，将互惠式教学风格与高职课堂更好地结合起来。

二、互惠式教学风格的实施建议

（一）关注学生

互惠式教学风格注重学生的社会化发展，社会性发展主要包括社会性认知发展和社会性交往发展两方面。学生社会性认知的发展集中体现在自我批评、自我体验和自我调控三个方面。学生社会性交往的发展主要包括学生与父母、老师及同伴的交往。作为教师，要多关心学生学习以外的方面，高职学生叛逆心理普遍存在，如果不及时进行教育引导，任其发展形成特殊性格和心理，不利于未来的发展。分析高职学生叛逆原因，通常可能是寻求关注，表现在各个方面的不配合。因此，教师要深入了解自己的学生，在教育的同时充分尊重学生，采用民主、平等方式与学生沟通，给予理解与帮助，在此基础上对学生进行有针对性的引导，提高学生对教师的配合程度，更好地将知识与技能传授给学生。

（二）教师转变教学观念

教师是教学活动的引导者，教师应当转变教学观念，关注学生的成长。教师应当是学生发展的引导者和促进者，在教学过程中要以督促为主，培养学生独立学习的能力；教师应当是教育教学的研究者，教师要专注于教学情境，研究学生、研究课堂，更新教学方法，分析教学过程中的问题并及时改进和提升；教师应当是课程的建设者和开发者，教师要参与到课程中去，对课程内容进行有针对性的教学；教师应当不断学习，开阔视野，不断提升自身专业能力。

（三）合理分组教学

互惠式教学风格中设置观察者和练习者，一定程度上能够激起学生的兴趣、活跃课堂的氛围，但是在高职学校要充分考虑到学生的特点，学生们容易太过活跃而导致课堂不受控制，所以在刚开始运用互惠式教学风格时，可以将班级划分成大组，分组次授课，这样既便于教师的管理，也能够让教师更加熟练互惠式教学风格的运用。其次本研究首先采用了以教师意愿为基础的固定小组，这样的方式没有考虑到学生的个人喜好，过于呆板，学生长期搭档一个伙伴也失去了互惠式教学风格促进学生社会化发展的初衷。因此，教师可以灵活组织学生分组，定期调整学生的搭档。

（四）设计组合式风格教学

互惠式教学风格更适用于技能性课堂，对于知识型课堂应用较少。知识和能力是一对互动共变的关系，积累知识为能力发展做准备，能力发展同时促进知识积累。知识的发展与技能的提升是相互交融、相辅相成的关系。因此，在实际的教学中，要以发展的眼光看待教学风格，教学风格的选择不是一成不变的，可以根据教学内容、教学目标等进行变化选择，教师在教学过程中要不断创新教学风格的运用方法，调整教学模式的适用性，设计其他教学风格与互惠式教学风格的组合模式，从而应用在知识与技能同时兼顾的教学中。

三、总结

本研究发现，互惠式教学风格能够运用于高职院校化学实验课程的教学中，它满足高等职业技术学校对学生技能习得的标准要求，能够帮助高职学生扎实自己的专业技能，培养符合标准的环境类技术人才，在一定程度上能够激发学生的学习兴趣，并且能够获得更多积极的社会化反馈，有效地促进学生社会发展。

但在高职院校实际的教学过程中，互惠式教学风格也存在着一定的局限性：互惠式教学风格对于教师要求更高；教学效果的影响因素复杂；对学校资源配置有一定的要求，以及自身对课程内容的局限性使得教师在初次运用时难以将互惠式教学风格的优势完全发挥出来。

对于这些问题，笔者建议：（1）重视学生主体，关注学生的学习与生活，了解学生对学生进行有针对性的引导减少学生叛逆心理，让学生快速适应互惠式分组模式；（2）教师转变教学观念，教师应当跟随新课改的步伐，改变传统的教学观念，同时树立终身学习的理念，在教学过程中，不断丰富自己，不断学习与反思，加强自身专业素养，在学生遇到疑难时及时帮助引导和沟通，做学生的引导者，课程的建设者以及教育教学的研究者；（3）合理分组，一是根据学校硬件设施分配一堂课的学生数量，二是根据课堂的实际状况及时调整学生搭档；（4）设计组合式教学，将教学过程划分成片段，选择适应课程内容的教学风格进行组合。只有通过不断的摸索、尝试，才能将互惠式教学风格的优势在技能训练的课程上充分发挥出来。

附　录

附录1　高等职业学校二年级化学实验课程教学现状调查问卷

同学您好！为了进一步了解高职"化学实验与实践活动"课程的教学现状，我借助此次实习的机会，特开展此次问卷调查。本次调查以不记名的方式进行，您的宝贵意见将有助于我们学习掌握和运用好这门课程，敬请畅所欲言。非常感谢您的大力支持！

1. 你对化学实验课程的态度怎么样？

A. 喜欢　　　　　　　B. 一般　　　　　　　C. 不喜欢

2. 你认为做化学实验是为了什么？

A. 提升动手能力　　　B. 加深化学理论的理解　　C. 专业要求

3. 上课之前你会预习课程么？

A. 会预习　　　　　　B. 偶尔预习　　　　　C. 从不预习

4．你能了解实验的标准要求么？

A．能了解　　　　B．不太能了解　　　　C．不能了解

5．你能够顺利完成教师在化学实验课堂上的要求么？

A．能全部完成　　B．能完成部分　　　　C．不能完成

6．顺利的完成一次化学实验时，你的想法是？

A．非常有成就感　B．按照书上的做完就行　　C．感觉非常无聊

7．课后你会找实践进行化学实验的练习么？

A．经常会　　　　B．偶尔会　　　　　　C．不会

8．进行化学实验时，你的做法是？

A．观察记录，及时总结

B．只看现象

C．无关紧要，做其他活动

9．当前化学实验课的授课方式为？

A．对照教材讲解为主

B．播放视频或模拟动画

C．教师演示实验为主

10．你对当前的授课方式满意吗？

A．很满意　　　　B．一般满意　　　　　C．不满意

11．教师能对你的实验过程进行全程指导么？

A．能指导　　　　B．偶尔指导　　　　　C．不能指导

12．你认为当前化学实验课堂的教学效果怎么样？

A．效果不错　　　B．效果一般　　　　　C．没什么效果

13．你对化学实验课程有哪些建议？

A．增加实验课时

B．教师演示具体细节化

C．增加实验趣味性

D．其他

附录 2　教师访谈提纲

1. 您认为高职学生具有什么样的特点？

2. 您在化学实验的教学中遇到过哪些问题？您怎么解决的？

3. 对于化学实验课程的理论教学与实践操作教学，您怎样安排的？

4. 在化学实验过程中，您通常让学生采用什么样的练习方式？

第七章　高职院校化学"双创"教育教学实践研究

第一节　高职院校双创教育与专业教育有效融合的路径研究

　　培育创新型、应用型、复合型人才是实现国家创新驱动发展战略的根本。2018年12月，教育部《关于做好2019届全国普通高等学校毕业生就业创业工作的通知》明确指出，进一步推进高校创新创业教育与专业教育等有机结合，引领新时代高等教育的改革创新。由此可见，双创教育与专业教育融合是高职教育服务国家创新发展的迫切需要和重要途径，是高职院校内涵发展的必然要求，是提高毕业生创业就业质量的重要保障。食药行业作为基础性、战略性新兴产业，在国民生活和经济发展方面起重要的支撑作用。作为面向食药企业培养技术技能型人才的高职院校，必须以经济转型升级对创新创业人才的需求为契机，探索基于双创教育与专业教育深度融合的人才培养模式，为创新型国家的构建提供人才保障。

一、创新创业教育与专业教育的内涵

　　2010年，我国颁布的《关于大力推进高等学校创新创业教育和大学生自主创业工作的意见》指出：创新创业教育（简称"双创教育"）就是培养具有创新思维、敢于冒险的精神以及独立工作的能力，同时掌握技术、社交和管理等技能的创新型人才。其内涵就是让学生自我创新、自我创业、自我奋斗，使学生自主学习研究相关专业技能，并培养其主动创造、主动学习、创新思维的能力，最终达到提高学生就业能力和社会竞争力、顺应社会发展、建设创新型国家的培养目标。

　　专业教育就是在大学期间培养各级各类专业人才的专门教育。其优点是能够精准对接学生就业问题，缺点是专业教育开展的是标准性、一致性教育，且过于强调学生掌握该专业的固定知识与技能，因此，在一定程度上抑制了学生的创造意愿以及个性化创新发展的需求，不能满足当前的社会需求。

　　在专业教育全过程中渗透双创教育，不仅能让学生掌握知识与技能，促进知识在实践运用中的创新，帮助学生形成开放思维，强化学生的进取能力、探索意识和坚持不懈的态度，还能提升专业教育水平，使专业知识在创新过程中得到表现与升级，不断完善专业教育知识体系。

二、当前高职院校专业教育与"双创"教育融合存在的问题

　　目前，高职院校已经把创新创业教育作为教学改革的重中之重，人才培养方案中虽然

增加了"创新创业基础"课程，但仍存在以下共性问题。

（一）专创教育融合度不高，人才培养目标定位不清

当前，高职院校开展的创新创业教育人才培养目标具有宏观性和统一性，未能针对专业所在行业对专创人才的需求提出明确的人才培养目标，同时创新创业能力素质培养缺乏系统规划，没有贯穿育人全过程。专业教育的培养目标仍以技术技能型人才的培养为主，缺少对创新能力、创业能力、工匠精神等要素的考量，因此，专创教育融合度不高，存在"两张皮"现象。

（二）专创课程体系设计孤岛化、碎片化

高职院校目前普遍的做法是在通识课、选修课中开设创新创业课程，讲授的内容以理论知识为主，同时结合零散的讲座、就业指导等形式辅助，未能与专业基础课、专业核心课、专业拓展课等深度融合，导致专创课程体系存在碎片化的现象，专创教育耦合度不高，学生无法学以致用。

（三）专创导师缺乏，双创能力相对不足

通过多方走访调研发现，目前，大多数高职院校的创新创业教学团队主要由辅导员和公共基础课程老师组成，理论讲解无法与专业相结合，而专业教师参与度比较低，同时很多专业教师都来自高校，缺乏创业经验，社会服务能力不足，无法给学生提供实战经验。企业专家和企业导师因工作繁忙，参与积极性不高，导致专创导师的整体双创能力相对不足，影响了人才培养的质量。

此外，在专创教育融合的过程中，还存在考核评价、管理机制有待健全和优化等问题，这些都严重制约了专创教育的有机融合。

三、专创教育有效融合的路径研究

食品和药品关乎人类的身体健康和生命安全，是关系国计民生的重要行业。近年来，我国食品安全事件频发，社会对专业人才的需求越来越迫切，而我国食品生产和监管的人才非常缺乏。随着社会经济的发展和地方产业的转变，对专业技术人才的培养提出了新的要求。不仅要求学生具备食品生产技术、分析检验、质量控制等多方面的知识和技能，还要求具有一定的创新创业意识、思维和能力。

（一）契合产业创新创业需求，确定人才培养目标

根据创新创业能力要求，食品生物技术专业将扎实的专业能力、灵活的创新思维和自主探究精神、良好的团队协作意识与协作能力、服务社会的人文情怀四个方面作为人才培养总目标。立足武汉，面向湖北，辐射全国，服务食品生产、检测、经营行业一条线，培养理想信念坚定，德智体美劳全面发展，具有良好人文素养、职业道德、创新意识和实践能力，掌握食品质量检测、安全控制与监督管理必备的基础理论知识和实践操作技能，具备食品检验检测能力、质量安全控制能力、食品生产与经营管理能力，能够从事食品生产环节分析与检验、流通环节质量控制、销售管理等岗位工作的复合型高素质技术技能人才。

1. 知识目标

要求具备食品化学、微生物基础、食品生产加工、食品分析检验、食品质量管理等知识和技能。作为一个创新创业人才，除本专业知识以外，还必须具备创新创业人才应具备的现代企业管理、市场营销、财务管理、法律法规等相关专业知识以及创业基础、创新思维等相关创新创业知识。

2. 能力目标

学生不仅要具备食品加工生产、食品分析检验等实验操作技能，还需具备食品设计与开发能力，如产品配方设计、工艺设计、包装设计等，能够设计出在营养、品质、样式、口感、风味等方面，既能吸引消费者，又能给消费者带来健康的新式食品，使产品在结构、性能、材质、配方、工艺及技术特征等方面具有新颖性和独创性，从而具备一定的科学研究、产品开发、技术管理、安全与品质控制等方面的能力。

3. 素质目标

一是创新素质，具备一定的创新意识、创新思维、创新精神、创新技能和创新品质；二是具备一定的团队组织能力、管理能力、领导能力、个体决策能力、指挥能力等管理素质。

（二）食品生物技术专业专创融合的人才培养模式构建

食品生物技术专业在多年专业实践的基础上，坚持工学结合、德技并修、育训结合、知行合一，以校企深度融合为切入点，以三个创新创业平台为依托，提出了"三元"创新创业人才培养模式。

第一个平台是创新创业课程平台，包括创新创业基础课程、创新创业专业课程和创新创业拓展课程三个层次。以培养学生创新创业意识和精神，使其掌握创新方法、创业能力、食品新产品开发、工艺设计为目标，在不同教学阶段呈递进式开设。

第二个平台是创新实践平台，以培养学生创新技能为目标，以英才计划、技能大赛、课程设计、毕业设计等为平台，根据学生的特点和兴趣志向，双向选择并实施。

第三个平台是创业实践平台。以食品创新创业实践基地"味觉工坊"为依托，教师指导，择优选拔，以学生自筹资金、自主经营、自负盈亏为运营模式开展创业实践活动。

（三）专创融合课程体系的建构

按照食品生物技术专业岗位及岗位群的要求，遵循学生职业生涯发展规律和学习认知规律，根据教育部对相关课程的要求，结合学校实际情况与专业特点，形成了专创融合的课程体系。课程体系由通用职业能力、专业核心能力、专业拓展能力、创新创业能力构成四位一体的育人载体，如图6-1所示。其中，创新创业体系分为创新创业启蒙、创新创业技能训练、创新创业实战孵化三阶段递进过程，贯穿整个育人过程。

创新创业启蒙课程主要包括"大学生创业基础""创新创意基础"等课程，用于让学生了解和掌握创新与创业的基本知识和技能。"大学生创业基础"的主要内容包括如何选择创业项目，如何制订初创企业的经营方案，如何制作创业计划书，如何筹集创业基金，如何规避投资风险，如何带好创业团队，如何做好创业初期的营销管理、财务管理、客户管理等；目的在于让学生了解和掌握创业的基础知识、基本理论以及相关法律法规和政策，熟悉创业的基本流程和基本方法，激发学生的创业意识、创新精神和创业能力。"创新创意基础"课程以创新能力的培养为主线，引导学生学会从新的角度思考问题、用创新的思维和方法解决问题，对学生树立创新意识，提高分析、解决问题的能力及利用创新技法实施发明创造具有指导性作用。

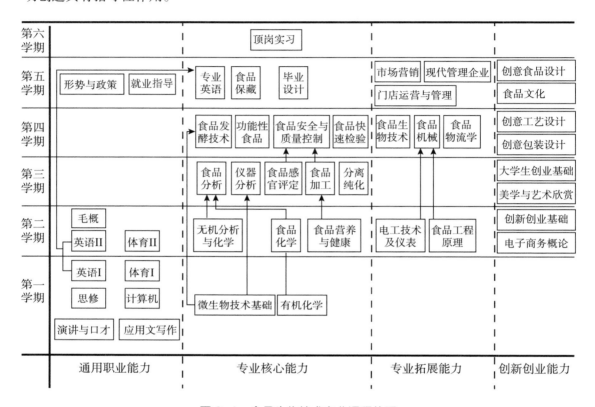

图 6-1　食品生物技术专业课程体系

创新创业技能训练是在双创基础课程以及"食品加工技术""食品分析""食品安全与质量控制"等专业课程的基础上开设的融专业教育与双创教育于一体的课程。其中，"创意食品设计"是一门融创新创意能力与食品专业技能于一体的"双创"专业课程。本课程的主要内容包括食品创新创意的主要形式、食品创新创意发展趋势、各类食品的创新创意设计、创新创意综合实践活动等。通过本课程的学习，学生应掌握食品配方、风味、工艺、产品组合以及包装等方面的创新创意形式和特点，具备一定的产品设计与开发能力、创新意识和创新思维能力、独立分析与解决问题的能力等，能够开发出在营养、品质、样式、口感、风味等方面具有新颖性和独创性的特色食品。

创新创业实战孵化以食品创新创业实践基地为依托，同时以"互联网＋"创新创业大赛或挑战杯创新创业创意大赛为项目依托，着力于孵化转化高新技术成果的企业、培育战略性新兴产业、促进师生创新创业，以成功企业的创业实践和典型示范作用，影响、带动更多大学生加入"大众创业、万众创新"行列，实现大学生、高校和企业三方共赢。

（四）建设"专创复合型"教师队伍

组织专业教师到食品类企业挂职锻炼，以企业的技术技能需要为立足点，开展产教学研合作，将创新创业思维融入专业课程中，将教师的科研项目、企业委托课题等转化为项目化课程，培养学生的创新能力和创业能力，鼓励学生积极参与技术研发、创新训练项目、技能大赛、专利、论文等活动。同时，聘请行业优秀技术人才和创新创业成功人士担任指导教师和任课教师，将行业中的新理念、新技术、新方法和新标准等融入教学中，形成一支"专创复合型"的教师队伍。

4 结语

在实施的过程中，如何将专业教育与"双创"教育有机融合，如何更有效地采用启发式、引导式、案例式等多种教学方式，选择与教学内容匹配的授课地点，培养学生的思考力，引导学生解决课堂以外的问题，强化学生的创新意识，提高学生的学习效率，实现教育目标，需要进一步研究与探讨。但高职院校创业教育与专业教育的融合仍被视为互补性合力使然的教育创新驱动。面对社会转型与教育形势的不断变化，唯有以更具实践性的理念引领教育创新，才能真正激发改革的动力，释放创新的活力因子，最终实现高职院校创新创业教育的可持续发展。

第二节　基于双创背景的"有机化学"实训教学改革探讨

高校创新创业教育已成为社会发展的必然趋势，结合专业课程教育是有效地提高大学生创新创业能力的主要途径，改革传统意义的人才培养模式势在必行。基于学者们的研究成果，结合武汉职业技术学院"有机化学"教学的现状，预构建与实施适合本校"双创"人才培养方案的新型"有机化学"实训教学模式。

国务院《关于大力推进大众创业万众创新若干政策措施的意见》（国发〔2015〕32号）指出，推进大众创业、万众创新，就是要通过加强全社会以创新为核心的创业教育，不断增强创业创新意识，使创业创新成为全社会共同的价值追求和行为习惯。

"有机化学"是武汉职业技术学院大一新生重要的专业基础课程。近几年来，武汉职业技术学院学生对学习该课程的积极性不高，授课教师们的学生测评也有所下降，以传授操作技能为主的传统教学已经不能满足当前学生的认知需求与新型人才培养方案的要求。"有机化学"是以实验为基础的学科，如何将深奥的物质结构、理化性质与错综复杂的合成反应机理转化为形象化、具体化的知识传授给学生，激发其创新能力，上好"有机化学"实训教学尤为关键。因此，结合当前"双创"人才培养的方向指标，构建基于创新创业能力素养的新型"有机化学"实训教学模式，具有重要意义。

一、重构课程体系框架

以"双创"为导向，以课程为载体，以创新创业实践项目为依托，在做与学的过程中，渗透创新创业意识、传播创新创业方法、培养创新创业能力，构建新型"有机化学"实训教学模式。

传统的"有机化学"课程过分强调知识的完整性、系统性、逻辑性。本课题打破原有的课程体系，在每个章节实训内容的选取上，从贴近生活的创业实践项目与开放式实训项目入手，延伸至专业领域，激发学生的学习兴趣，使学生了解物质的性能与用途，掌握专业实操技能，并且注重创新创业意识与能力的培养。"有机化学"实训项目列表见表6-1所列。

表6-1 "有机化学"实训项目

章节	项目	知识点	技能点
绪论	卸妆油的DIY制作	有机化合物的性质、结构特点等	实验仪器的熟识
烃	自制家居环保蜡烛	饱和烃、不饱和烃、芳香烃的结构、性质、化学反应及其应用	熔点仪的操作与实验仪器的创新改良
醇、酚、醚	简易酒精测试仪的制作	醇、酚、醚的结构、性质、化学反应及其应用	蒸馏操作
醛、酮	环保无醛油漆的研制	醛、酮的结构、性质、化学反应及其应用	折光仪与旋光仪的使用
羧酸及其衍生物	手工皂的制作	羧酸及其衍生物的结构、性质、化学反应及其应用	重结晶操作
杂环及糖类化合物	星巴克虹吸咖啡的制作	杂环、糖类的结构、性质、化学反应及其应用	萃取操作与升华操作

二、实训教学改革方案的实施

（一）加强实训技术信息化的应用

随着多媒体、移动互联网及智能终端的发展普及，充分考虑"00后"学生学习特点与习惯，利用本课题组成员近期出版的新形态一体化教材与在线开放课程平台将原本系统的知识与技能科普化、碎片化、颗粒化，使学者不受时间和空间的限制，更方便地学习，学生则更容易掌握知识技能，激发兴趣，培养创造性思维。

（二）优化实训教学方法

在日常教学中，多引入创新创业项目以及专利案例，有效调动学生的创新积极性，激发学生的创新灵感，促进学生的创新实践，提升学生的创新能力。以开放式的实训项目为依托，可以使学生由知识技能的被动接受者转变为知识的能动建造者，鼓励学生在实验方法的改良、仪器的改造等方面进行创新研究，闪现的新思路、新问题、新措施都能成为可申请专利的新方法、新工艺、新技术。

（三）加强实训教学的延展性

"有机化学"实训教学不局限于课堂内的学习，亦不局限于本专业的应用，还可以延伸到专业外的其他领域。学生通过"有机化学"实训项目列表掌握的知识与技能可以指导学生社团的实践活动，在原有的生物科技协会和DIY手工协会的基础上，注入课程元素，与专业结合，使所学知识技能得以巩固、升华与泛化，激发学生的创新能力，鼓励学生制作创新产品。

（四）改革考核方式

目前，本课程的考核方式是重期末、轻过程的传统评价模式，这不利于全面评价学生的知识能力水平，不利于"双创"人才的培养。应采取多元化、立体化的考核方式，如个人与小组考核相结合、理论与实践考核相结合、基础知识技能与创新能力考核相结合，将学生参加的创新实践、竞赛、专利以及撰写项目计划书、论文等纳入考核范围。

（五）提升课程教学团队的双创教学能力

通过派送调研、学习考察、进修培训等方式，不断提高课程教师的高职教育水平、专业水平、创新与创业能力。为落实"三教"改革新任务，坚持"以赛促教、以赛促学、以赛促改、以赛促建"，致力于提升教师的专业教学水平和实践创新教学能力，打造教学创新团队，全面提升学院教学质量

三、实施效果评估

通过学生评价、同行评价以及对改革前后教师和学生在思想观念、教学行为、学习行为、创新能力、创业素养等方面的内容进行深入细致的比较（表6-2），2018级学生的学习效果与各能力的发展明显优于前两届（图6-2），故判断新型"有机化学"实训教学改革方案具有可行性。

表6-2　考核方式

类型	内容	比重	评价主体	元素
过程性考核	1.课前课中课后系统全过程评价成绩； 2.软件系统成绩	60%	课中环节师生共同评价、课后教师评价，成果展示校企合作企业方评价	思想观念、教学行为、学习行为、创新能力、创业素养
终结性考核	1.线上知识考核（20%）； 2.线下社会再就业培训服务（10%）； 3.创新能力（10%）	40%	自评、互评、师评、企业代表、社区评价	

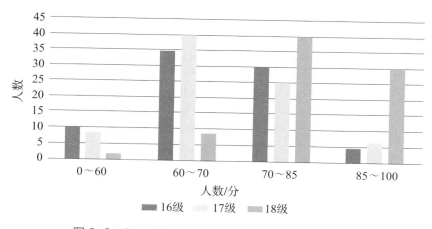

图6-2　2016级、2017级、2018级学生学习效果

4 结语

以"双创"为导向，以课程为载体，以创新创业实践项目为依托，在做与学的过程中，渗透创新创业意识、传播创新创业方法、培养创新创业能力，符合当前"双创"宏观政策及人才培养方案的要求。

每个章节的实训项目以贴近生活并结合市面上热门的创业项目为选题，以开放式实训的形式，激发学生的学习兴趣，培养学生创新与创业能力；将"有机化学"实训教学拓展到课堂与专业外的其他领域，学生通过指导相关学生社团的实践活动，使所学知识技能得以巩固、升华与泛化，培养学生的创新能力，鼓励学生制作创新产品。如在讲授羧酸及其衍生物教学过程中，以肥皂制作为任务载体，让学生通过查找文献，设计出不同的生产方案，进行开放性实验，并在实验室进行验证和探究。学生在动手做的过程中，不仅锻炼了化学的基本操作如重结晶、盐析等技能，同时也理解了皂化反应的化学反应实质，从而辐射出以酯为代表的一系列羧酸及其衍生物的化学知识，达到理论实践一体化。同时结合专业知识，进行双创教育，有助于培养学生的创新创业意识。通过几轮的教学实践表明，学生的学习积极性大大提升，学生的创新创业意识大大提高，学习效果也有所增强。

第三节 "双创"理念驱动"有机化学"课程改革研究

高校创新创业教育必须于专业相结合，本节从课程的现状与改革意义出发，对"有机化学"课程进行一系列的改革：重构课程体系、教学模式的变革、优化实训内容、增加实训室的功能性、增加课程的延续性、课程考核形式多样化、拓展课程的应用性，为塑造出当代社会所需要的双创新型人才不断地修正与完善。

高校创新创业教育已成为社会发展的必然趋势，结合专业课程教育是有效地提高大学生的创新创业能力的主要途径，改革传统意义的人才培养模式势在必行。因此，在专业课程教学中渗透创业教育的理念和内容，并践行创新创业教育，以促进大学生就业和学生的全面发展，对推动大学生高质量的就业创业具有重要的现实意义。

国务院《关于大力推进大众创业万众创新若干政策措施的意见》（国发〔2015〕32号）指出推进大众创业、万众创新，就是要通过加强全社会以创新为核心的创业教育，不断增强创业创新意识，使创业创新成为全社会共同的价值追求和行为习惯。国务院办公厅发布《关于深化高等学校创新创业教育改革的实施意见》（国办发〔2015〕36号）指出深化高等学校创新创业教育改革，是国家实施创新驱动发展战略、促进经济提质增效升级的迫切需要，是推进高等教育综合改革、促进高校毕业生更高质量创业就业的重要举措。

一、"有机化学"课程的现状与改革意义

在"互联网＋"与"双创"理念驱使下，应用型、复合型、创新性人才培养目标的确立，更加注重学生创新精神的树立和创业能力的培养，以传授知识技能为主的传统有机化学教学不足支撑"双创"宏观政策导向，不能满足新型人才培养的需要；

近几年来，我院学生对学习"有机化学"课程的积极性有所降低，该课程教师们的学生测评成绩也每况愈下，这某种程度上反映出传统有机化学教学已经不能满足当前学生的认知需求。

因此，无论是从"双创"理念对人才培养的需要，还是当前学生的认知需求，推进有机化学课程改革具有十分重要的意义。

二、"有机化学"课程的改革内容

如何重建课程更接近"双创"宏观政策需要，满足学生的认知需求是有机化学课程改革的宗旨。

（一）重构课程体系

传统的"有机化学"课程是过分强调知识的完整性、系统性，以传授知识与岗位技能为主要任务，学生学习比较乏味，久而久之便对该课程丧失学习动力。"有机化学"是以实验为基础的学科，如何将其中的深奥的物质结构、理化性质与错综复杂的合成反应机理转化为形象化、具体化的知识传授给学生，激发其创新能力，上好"有机化学"实训教学尤为关键。

我们打破原有的课程体系，每个章节以贴近生活中的"有机化学"知识入手，延伸至专业技能，激发学生的学习兴趣；以项目为依托，使学生了解本章节物质的性能与用途，并且让学生在学习知识与技能的基础上，更注重创新能力与创业意识的培养，有利于寻找创业方向。

例如"醇"这个章节的课程设计，一改传统教学，从醇的命名、性质出发讲授其知识技能。由生活中与"醇"相关知识入手，贴近社会热点，选择学生感兴趣的项目——酒精检测仪，这有利于学生掌握本章节物质的性能与用途。对植物组织中 VC 含量进行测定时，原来的实验材料仅提供辣椒，现在我们提供柑橘、西红柿、菠菜、白菜等不同实验材料，让学生对常见水果、蔬菜的 VC 含量进行比较。再如，食用油的质量鉴定实验，结合"地沟油"事件，购买调和油、菜籽油和外面餐馆炒菜用油，让学生选择不同的油进行碘值和酸价测定，从而了解各种油的品质。又如，蛋白含量的测定，结合"三聚氰胺"牛奶事件，在牛奶中加入尿素，测定牛奶中氮的含量，从而判定奶粉的质量。测定糖含量时，学生可以选择蒽酮比色法、二硝基水杨酸法，比较分析实验结果，加深对实验原理的理解。

将创新创业教学理念融入教学体系中，优化实验内容，可以让学生通过实验学习了解所学内容在产业中的应用，又能加强并巩固所学知识，体现学校产学研教学特色。

（二）教学模式的变革

1. 多媒体教学

随着多媒体、移动互联网及智能终端的发展普及，充分考虑"00后"学生学习特点及社会人员学习资源的匮乏，将原本系统的知识技能科普化、碎片化的上传到在线开放课程平台，并按物质的种类制作"秒懂有机"的科普微视频，让受学者更容易掌握知识技能，激发兴趣，产生创造性思维。

2. 互动式教学

互动性教学就是在教与学的双方之间构成行为反馈的过程，无论是以讲授为主的传统教学方式，还是项目式教学及"互联网＋"教学等，要实现教学互动，必须尊重学生的主体地位，激发学生的听课热情与学习积极性。

3. 自主式学习

研究表明，被动的学习效果远远不及主动的自发学习效果好。若以"双创"项目为导向，以互联网多媒体平台为媒介，结合实训教学，传授创新隐性知识，由传统的"单向输入"知识技能转化为由学生主动思考解决问题为主的"双向交流"，激发学生的求知欲和创造力。

4. 发散性思维学习

在传统的"有机化学"教学中，看重的是知识的系统性、操作技能的正确性以及结果的准确度，很少注重学生发散思维的培养，这种教学模式不适应现代教育的需求与发展。遵循以教师为主导、学生为主体的教育教学理念，充分发挥学生的发散性思维，有利于学生创新能力的培养。我们可以结合思维导图优势，探索与研究如何在"有机化学"实验中运用思维导图（图6-3），提高实训教学效果与创新性实训方案的研究。

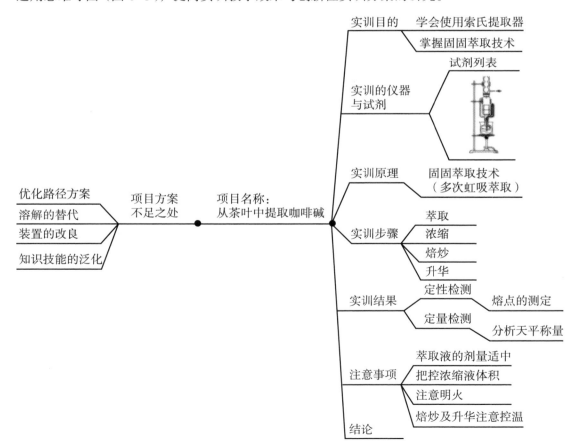

图 6-3　项目方案的思维导图举例

（三）优化实训内容，增加实训室的功能性

鼓励学生在完成计划内的实训项目外，利用实训室的空余时段，进行探究开放式实训活动，激发学生对课程的学习热诚，培养学生的双创意识与能力。

（四）增加课程的延续性

一门课程结束后，大部分的知识容易遗忘，而有机化学这类专业基础课程所涉及的知识与技能贯穿整个专业学习，不应该局限在短短的一个学期内的学习，打破一门课程只学一个学期的观念，破除时间的局限性，增强课程的延续性。

在原有机化学实训室的基础上，创建有机化学"双创"工作坊，鼓励学生在完成计划内的实训项目外，利用实训室的空余时段，进行探究开放式实训活动，激发学生对课程的学习热诚，巩固和升华学过的知识与技能，培养学生的"双创"意识与能力。为有创新想法的学生提供实训条件，鼓励学生发明创造，申请专利，寻求创业机会。

（五）课程考核形式多样化

目前，本课程的考核方式还是以传统单一的期末考试为主的评价模式，这种重期末，轻过程的考核方式不利于全面评价学生的学习质量和能力水平，更不利于双创人才的培养。我们要采取理论与应用考核相结合的方式：理论考试以期末考试的形式，考核基础知识、思维形式、方法应用等内容；应用考核应尽可能多样化，将学生参加的创新实践、竞赛、专利以及撰写项目计划书、论文等纳入考核范围。

（六）拓展课程的应用性

有机化学课程的应用不局限于本专业，还可以延伸到专业外的实践活动，在其他领域得到更广泛的应用。

例如，依托课程特色，学生通过有机化学学到的知识技能对指导某些学生社团的实践活动有重大意义。在原有的生物科技协会和DIY手工协会的基础上，注入课程元素，与专业结合，一方面使所学知识技能得以泛化与推广；另一方面则提升作品的科技含量与创新性，鼓励在校学生创业，服务校园，为今后社会服务的探索起到积极推动作用。

三、结论

综上所述，高校创新创业教育必须于专业相结合，将"双创"理念注入课程体系、课程模式、考核方式等方面才能增强学生的学习兴趣，开拓学生的视野，激发学生的创造性思维，培养学生的创业意识，同时也为其他相似课程的"双创"教育提供一些参考，为培养出当代社会所需要的新型人才不断地修正与完善。

第八章　微课在化学学科中的应用

第一节　微课设计理念与化学知识分布的契合

化学学科在高中阶段的教学地位比较尴尬，教学的重视度不如物理，课时较少、教学时间紧张；学生的得分率不如生物，学生积极性不高。化学学科知识点零、杂、碎、多，学生不易掌握且注意事项较多，教师如果不能对学科知识进行有效整合，实现有效教学，化学学科想要取得优异成绩相当困难。在化学学科高考考试说明中一共涉及 300 多个知识点。虽然化学学科知识点总量大，但是每一个知识点都比较简单，知识点之间又多有联系，这一点与微课的设计理念非常吻合，因此在微课教育的发展历程中，最先尝试微课教学的就是化学学科。

利用微课教学分散知识点、降低教学难度、进行针对性学习，可以使学生将所学的知识进一步巩固和深化，对已学过的内容进行综合、归类和转化，同时也可以帮助教师实现高效的化学教学。优秀的学生可以利用微课资源进行深度学习和超前学习，基础相对薄弱或者接受相对较慢的学生，可以利用微课资源将知识慢慢消化吸收。

1. 横向分解

横向分解就是将一节课的内容分解成若干个小知识点，分散学习的难度，便于学生分别学习。

例如，"钠"这节教学内容可以进行如下分解。

（1）"钠与水、硫酸铜溶液的反应"：根据初中化学的学习，让学生预测金属钠与硫酸铜溶液的反应现象，再演示金属钠与硫酸铜溶液反应的实验视频，实验现象与初中所学金属活泼性结论不符，引发学生的好奇。接着演示金属钠与水反应的实验视频，指明反应现象，归纳实验结论，帮助学生理解金属钠不能将铜元素从盐溶液中置换出来的原因。

（2）"钠与非金属单质的反应"：通过展示金属钠在常温和加热两种不同环境下的反应视频，对比不同现象，得出金属钠与氧气在不同温度下发生不同的反应，生成不同的产物，引发学生思考反应条件对化学反应的影响。

（3）"金属钠在空气中的变化"：利用微课视频快放的功能，展示金属钠暴露在空气中的系列变化，总结金属钠及其化合物的相关性质。

通过把"钠"这节教学内容分解为三节微课教学环节，将金属钠及其化合物的性质分别呈现出来，将较复杂的问题分解为若干较小的知识点，可以降低学生在学习时的难度，提高学生学习化学的兴趣。

2.纵向联系

同一知识点在不同时期以不同形式呈现，时间跨度大，学生遗忘率较高，可以利用微课的形式，帮助学生回顾、联系、梳理、对比相关知识点。

例如，"氧化还原反应"这一知识点贯穿整个高职阶段的化学教学，不同章节在涉及这一知识点时，虽然侧重点不同，但是知识点之间联系紧密，利用微课资源就可以帮助学生快速回顾这些知识的主干，梳理其中的规律。

在必修"氧化剂和还原剂"中，主要教学目标是理解、掌握氧化还原反应的概念、判断和实质，判断氧化还原反应中的氧化剂和还原剂，并掌握氧化剂和还原剂在反应过程中的反应实质，学会比较不同物质之间氧化性和还原性的强弱。

在必修"元素周期律"中，利用元素周期表让学生了解原子或离子的结构示意图，通过原子核内的质子数量、原子半径、最外层电子数目的关系，对比不同元素原子、离子的氧化性和还原性强弱、原因和规律。

在选修"原电池"和"电解池"中，教学内容为氧化还原反应的应用、如何利用氧化还原反应实现化学能与电能的相互转化，需要学生将氧化还原反应拆分为氧化反应部分和还原反应部分，使学生能够推断装置中电子、离子移动方向、电极反应类型，书写电极反应方程式和总反应方程式。

在选修五中，有机反应类型的氧化反应和还原反应又回归到初中所学得失氧原子的判断角度，同时也可以引导学生从化合价变化的角度分析。

而在选修中介绍的亲和能和电离能、共价键类型和极性、分子空间构型等内容，从原子核外电子排布规律中阐明了元素呈现不同化合价的规律以及不同原子或分子氧化性、还原性不同的本质。

微课教学方式的引入，改变了以往的教学方式，学生的学习方式和学习习惯也随之改变。微课把知识点"化整为零"的设计思想与化学学科知识零、杂、碎、多的特点恰好吻合；微课"短小精悍"的设计思路与学生可以支配的零碎时间非常契合；化学实验的重现更符合微课的使用特色；以微课的形式进行化学学科课后辅导，既承认和尊重了学生的差异性，又消除了学生的差异性带来的负面影响。作为信息时代的产物，微课的出现改变了以往我们对于教学形式的认知，微课这种新兴事物更容易被现在的学生接受和认可，以微课教学的形式在高职阶段进行化学学科教学辅导必然有更广阔的前景。

第二节　微课展示形式与化学实验设计的契合

化学是一门以实验为基础的自然学科。科学规律是通过对自然现象的发现、探究和反复实验验证形成的，所以掌握正确的实验方法及完成化学实验所必备的技能是学好化学知识的关键。

化学实验是化学学科的基础，也是化学课程及化学教学的重要组成部分。无论是教材必修内容还是选修部分，都将化学实验作为学生获取化学知识、培养学生思维能力、提升学生学科素养的重要途径。

在传统的课堂实验演示过程中会出现许多不确定的因素，比如出现异常实验现象或者实验现象不明显的情况，而且有些实验装置不便在课堂上搭建，有些化学物质对环境有污染、对人体有伤害，不利于环保，存在很大的安全隐患。同时，教师演示实验时都是在讲台上进行，这样坐在教室后排的学生就无法看清实验操作和实验现象，从而失去了对学习的兴趣，降低了学习效率。课堂教学也不会重复教授同一节课，学生也就只有一次观看演示实验的机会。

为了改善教学方式方法，有的教师通过使用 Flash 动画制作的实验视频或者是化学实验类 App 给学生展示化学实验，但是这些动画实验不仅会阻碍学生对科学的探索精神，也不利于提升学生的实验操作能力，甚至有些动画实验对实验现象表达不准确或者错误，这些都严重阻碍了学生化学学科素养的提升，导致学生在实验类题目中的作答似是而非，漏洞百出。

所以化学实验必须以真实的实验进行教学。教师可以将教材中的演示实验录制成视频，通过视频编辑软件对实验中的各处细节配以文字注释、语音讲解，这就形成了一节很好的微课视频。化学实验微课视频的内容需要包含：实验仪器的使用方法、仪器搭建、装置用途、实验目的、操作步骤、实验现象、结论分析、注意事项、归纳总结等。这些都需要规范的讲解和详细的注释，来帮助学生组织出严谨、准确、完整的化学语言。

在教学的过程中播放微课视频，可以减少课堂演示实验占用的时间，降低实验风险，杜绝课堂演示实验过程中的不确定因素，学生可以反复学习微课视频，强化对规范实验的操作以及实验现象的观察。教师也可以将教材中的探究实验以及部分趣味小实验录制成实验视频，用于提高学生的化学学习兴趣和实验操作水平。

将演示实验做成微课视频，通过网络发布给学生，学生就可以提前学习，反复学习，强化学生对化学实验的认识，利用视频的暂停和放大功能，帮助学生更加仔细地观察，教师也完全做到了"随时随地、一对一、无限重复"的教学辅导。学生通过几分钟的观看学习，很快就会对化学实验有了基本的了解和掌握。新媒体成为教师教学的得力助手，帮助教师更有效率地教学，促进学生更有兴趣地学习。

虽然化学教师都知道实验教学有不可替代的重要性，多数实验也进入了课堂，但是由于实验条件因素的限制，有些实验现象不明显或实验不安全，有些化学实验在课堂中无法很好地操作或实验操作不能达到预期的效果，现在教师就可以利用微课资源边播放边讲解，再现实验过程，简化课堂教学中的重难点。

案例一：利用微课资源预习"氨气的化学性质"

"红磷测定空气中氧气含量实验的误差分析"的教学，是一个教学难点，学生不仅要学会分析不规范的操作会给测定结果带来怎样影响，而且要学会将误差的分析迁移到其他的改进实验中，这对学生化学能力的要求是很高的。在新课教学中，这个内容的教授是没有时间展开的，只能放在习题课中讲解。而这样就造成学生对这个知识点总是掌握不透，以至于每次遇到这种类型的题目教师都要重复讲，导致教学效率大大降低。因此教师就可以将这个知识点制成微课，从原理、装置到操作步骤，逐一分析造成误差的可能性和原因，并增加其他测量氧气含量的改进装置及对改进装置的评价，附加几道典型例题，供学生反复学习，改善教学效果。

案例二：利用微课资源预习"乙醇的化学性质"

"氢氧化钠变质的探究"的教学，是人教版九年级化学下册课本中的一道练习题，在讲解的时候大多数学生是没有思路的，而这一知识点在中考实验探究题中占有举足轻重的地位，学生只有把这个问题分析透彻，才能在解题中做到举一反三。因此，教师可以将其制作成微课，内容是对氢氧化钠变质的结果提出的三种猜想：没有变质、部分变质和完全变质，设计实验方案，完成实验操作，记录实验现象，通过不同的实验现象验证实验猜想。录制实验操作的视频配以文字表述，得出实验结论，并列表总结归纳。学生在微课中更加直观地学习了确定物质成分的探究方法，而且可以反复学习，巩固学习效果。学生在视频中看到自己的老师做实验，很多情况下比看到教师在课堂上做演示实验更兴奋，学习更主动。

案例三：利用微课资源预习"分子原子"

"化学键－离子键"的教学，教材中以宏观"钠在氯气中燃烧生成氯化钠"实验为引入点。由于这个实验存在一定的危险性，为方便学生观察实验现象，教师在课堂上使用了自己制作的实验微课，适时抛出问题：微观世界里氯化钠又是如何形成的呢？钠原子和氯原子在反应中扮演了什么角色？钠原子和氯原子通过最外层电子的得失，达到稳定结构的钠离子和氯离子，在一定距离内氯离子和钠离子之间的引力和斥力达到平衡，就形成了稳定的静电作用力，使得钠离子和氯离子紧紧地结合在一起，生成稳定的化合物——氯化钠。通过微课视频实现宏观演示实验与微观模拟演示的结合，既可以让学生对抽象的理论知识具体化，又可以增加课堂的趣味性，有利于学生对知识的获取和整合。

案例四：微课资源在"金属的化学性质"中的应用

"金属的化学性质"的教学，其中金属钠与氧气在常温下反应得很快，银白色光泽的金属钠很快就与空气中的氧气反应生成白色的氧化钠，导致学生看不到金属钠的颜色，如果利用微课视频提前精准拍摄，就可以让学生准确地观察金属钠与氧气在常温的反应现象。金属钠与氧气在加热时的反应，教材上是在坩埚中进行的，金属钠先熔化成小球再开始燃烧，这样做能保证实验的安全，但是学生无法观看实验现象，部分教师改用在石棉网上加热金属钠，但是也只有前排的学生能较清楚地看到实验现象。如果从上向下地进行拍摄录制，并利用慢镜头播放，就可以让学生观察实验过程中的细节。通过录制微课视频优化教学过程，学生在观看微课视频时可以更清晰地看到正确的实验操作、完整的实验现象，方便学生规范操作。

第三节　微课教学应用于化学教学

一、微课的分类

根据课堂教学的需求，可以将微课大致分为课前预习类、课堂讲解类、课后复习类。

1. 课前预习类

主要是对整个章节进行知识梳理，对课程中用到的一些实验方法、理论知识进行讲解，或者帮助学生进行知识回顾。课前使用微课增强了学生的预习效果，引导了学生的学习方向，帮助学生发现自身理解的问题。

2. 课堂讲解类

主要是创设有效的教学情境，激发学生的学习热情，把章节知识进行分解，形成一个个有效的小知识点，突出重点，突破难点，加深学生对新知识的理解，减少"无意识错误"的产生，对每一个知识点采用多种教学方式的精讲精练，让学生能够在几分钟的时间内有效学习，获取知识。

3. 课后复习类

主要是知识的归纳总结、复习巩固和方法技巧的展示，用知识网络图把零散的知识联系起来，串成知识链，形成知识网，同时还包括习题的练习，选取典型例题讲解，让学生能够举一反三，为接受能力较差的学生提供二次学习的机会。

二、微课的内容

微课包括很多方面，如教学设计、自主学习任务单、教学方案、教学视频、配套练习等。

1. 制定自主学习任务单

教师在上新课之前都会布置预习新课的作业，学生主要是通过课本阅读的方式来完成预习任务。学生在预习时，如果只是漫无目的地阅读，是不会产生好的预习效果的。然而由于课本没有生动的画面或者新颖的导入，难以吸引学生的注意，导致学生实际的预习效果不够理想，学生完成预习的情况，也有很大的随机性和不确定性。

学生在用微课进行预习前，教师需要发布"自主学习任务单"，通过自主学习任务单让学生明确学习任务，让学生知道预习什么，哪些知识需要重点关注，使得学生不再盲目学习，而是有方向、有目标、自主地进行学习，而且也为学有余力的学生提供超前学习的平台。学生根据自主学习任务单来开展自主学习，促进自主学习的高效实施，提高了学生的学习广度、深度，达到学习目标。

要达到较好的预习效果，教师要保证自主学习任务单的设计质量，需要针对学生的实际情况进行制定。教师需要在深入研究教材内容和学生知识基础的情况下，精准分析教学内容与教学目标，精心设计一系列的问题，通过制作导学案或学习任务单，设定学生预习的任务与目标，引发学生自学时的思考。主要内容包括知识点的整理、知识体系的建构、学习目标的建立和重难点的点拨，并针对各层次学生精心挑选自学检测题，将预习任务作为驱动，引导学生有意识、有步骤、有重点地预习，通过细致的设计和编排最大限度地扫清盲区。学生通过自主观看视频，结合自主学习任务单对所学内容进行思考，通过微信、QQ 等通信平台与学生、教师互动交流，了解彼此的收获和疑问，完成互动解答。

学生以纸质版导学案配合教学视频的观看，在没有上课的情况下先进行自主学习。配合以导学案设置相应闯关问题，以奖励形式呈现，不但提高了学生观看视频的兴趣和动力，同时强化了学生对化学实验的认知与理解，还能够初步判断出每位学生的疑点、难点所在，极大地提高了课堂交流的针对性和有效性。与传统意义上的课前预习相比较，这种主动获取知识的方式效率更高、预习效果也更好，为后续的课堂教学做好铺垫。

自主学习任务单可以这样设计：

任务一：温故知新，知识回顾；

任务二：知识梳理，明确要求；

任务三：观看微课，学习新知；

任务四：基础检测，巩固新知；

任务五：拓展运用，发现问题。

教师从"幕前"退到了"幕后"，正是教师的这种"撤退"才实现了把"学权"还给学生的目标，让"以学为中心"的学习模式运转起来，使教师成为学生自主学习的指导者，从而营造和谐的学习氛围，让学生享受到学习的乐趣。

2. 课前预习的教学方案

在实施新课程改革以来，尤其是即将进行的新高考，学生获取知识的方式有了较大的改变，虽然前置学习越来越受到广大教育工作者的重视，但是即使教师安排了预习的任务，受到学生能力的限制，也只有极少的学生能够完成课前预习的要求，大多数学生因为学习紧张、懒惰地预习或找不到预习的重点，导致课前预习效果不理想。

因为绝大部分学生预习后只能留有初步印象，获取简单的表面知识，对知识的重点无从把握，且不能较深入地思考，也无法提出具有深度的问题，所以更谈不上对知识的理解。如何引导学生高效率地开展预习是开展教学的关键所在，针对此现状，可以用微课资源辅助课前预习，引导学生有效利用网络课程资源展开自主学习活动，为新课程的讲授做好准备。微课资源能结合学生的认识储备规律和知识形成发展思路，引导学生自主学习，有效激发学生的探索热情。

用微课资源辅助课前预习，主要是让学生观看视频，明确预习任务，完成自主学习任务单，这样学生才能清晰地知道所要学习的主要内容，了解即将学习的新知识的框架与重点。微课视频可以对知识点进行导入，对知识间的逻辑关系、学习的重点、例题讲解和小结归纳进行剖析讲解。同时为了保证良好的教学效果，就必须在微课视频中设置新颖别致的问题，增加师生间的互动，激发学生的探讨欲和主动性，利用问题引导学生思考的方向，提高学生预习活动的参与度。通过微课资源可以更好地引导学生在课前对知识进行有效的理解，教师再为学生准备配套练习，检测学生对知识的掌握情况。学生及时反馈知识体系中发现的问题，带着这些问题走进课堂，教师以这些问题引导课堂教学，学生也可以将自己发现的规律特点总结出来，在课堂上分享。学生在学习中成为主导，有利于教学时效性的提升，同时有利于自主学习能力的养成。

实践结果证明，学生更喜欢微课资源这种课前预习的方式，微课资源不但提高了课前预习效果，还提升了学生的思维品质。

案例一在引导学生预习"氨气的化学性质"这节内容时，可以通过插播氨气的喷泉实验视频的方式，引起学生的学习兴趣。学生通过微课视频明显地观察出导管中的液面很快上升，圆底烧瓶内出现喷泉，圆底烧瓶中的溶液由原来的无色变成了红色，从而引起学生的兴趣和质疑，激发学生进行积极探究，最后得出氨气的物理性质：在水中溶解度很大，且能快速溶解。滴加酚酞试液的水溶液变为红色，说明氨气的化学性质——氨气能与水反应生成可溶性碱性物质。这样既节省了演示实验所占用的时间，又可以达到演示实验的教学效果。

案例二在引导学生预习"乙醇的化学性质"这节内容时，关于乙醇与钠的反应，反应的实质是钠与乙醇分子中的羟基氢发生置换反应，生成氢气，在必修一中学生学习了水与钠反应，由此前后联系，通过观察水分子的结构，引导学生判断乙醇分子中的哪个氢原子参与了这个反应。为了让学生了解水和乙醇分别与钠反应的剧烈程度，将两者反应的实验视频通过视频软件整合在同一幅画面上同时展示，让学生对比实验现象，得出结论。然后，通过分析乙醇和水的结构式，对比羟基中的氢原子的活泼性，从而归纳总结出乙醇分子和水分子中羟基的性质。

案例三在引导学生预习"分子和原子"这节内容时，"探究分子运动"是教学的重点。微观分子不易观察，抽象难懂，若采用传统的教学方式，学生难以理解，可以借用微课资源学习这一知识。首先结合生活实例提出问题：为什么走到苗圃前能够闻到花的香味？蔗糖放入水中为什么"不见"了，而水却有了甜味？湿衣服为什么能被晾干？接着演示"探究分子运动现象"的实验，学生通过宏观的实验现象，难以理解实验的微观本质，此时再播放分子运动的微观动画，揭示这个过程的微观实质，宏微结合，化抽象为具体，使学生理解分子是时刻运动的。此时学生已经会解决之前提出的几个问题：闻见花香、蔗糖消失、湿衣服晾干都是分子运动的结果。

此时追问：湿衣服为什么在阳光下比阴凉处干得快呢？为什么是盛酚酞溶液的烧杯变红，而不是盛氨水的烧杯？分子运动速率受哪些因素的影响？学生体会到自主解决问题的喜悦，求知欲得到激发，这时给他们观看给水升温水分子运动速率加快的动画和酚酞分子、氨气分子运动的微观动画，总结得出分子运动的快慢客观上受温度的影响，温度越高分子运动速率越快，主观上受分子自身质量的影响，质量越小分子运动越快。问题的提出到最终的化解一气呵成，最后简单总结，加深学生印象。

案例四在引导学生预习"燃烧的条件"这节内容时，教师可把生活中的燃烧现象制作成微课视频，将其作为课堂导入，如"变色的纸花""烧不坏的手帕"等化学视频。教学视频可以是知识梳理类的，也可以是物质燃烧条件探究实验类的，对于实验的步骤，实验所需的用品、设备以及材料等要细致清晰，引导学生在预习的过程中找出实验中燃烧的条件以及温度的临界值，以此调动学生的学习兴趣，使其积极主动地参与到化学实验教学中。同时，教师还可以让学生将纸条、小木条、酒精等作为材料展开实验操作，引出燃烧相关的条件以及灭火原理等内容，使学生了解氧气与物体燃烧之间的关系。教师需要强调实验过程与反应现象，使学生可以更加清晰、直观、动态地感受实验的操作技巧，明确实验中需要准备的设备、材料以及注意事项，并根据实验过程总结实验原理，提高预习的时效性，取得理想的学习成果。

案例五在引导学生预习"生活中常见的盐"这节内容时，通过微课将生活中常见的食盐、大理石和实验室中的一些盐类物质，如硫酸铜、氯化铁等进行直观展示，使学生知道化学与我们的生活密切相关，使他们能更好地了解现实中的各种盐，特别是食盐与化学中的盐的异同，引出盐类的定义（盐是由金属阳离子或铵根离子与酸根阴离子组成的化合物），为下一阶段的学习奠定基础。

案例六在引导学生预习"化学反应原理"这节内容时，在"盐类的水解"一节中，传统的教学模式是以"Na_2CO_3，俗称纯碱，属于盐类为什么叫'碱'呢？"引入新课的。如果教师现在还是如此照搬地引入新课，就会使得新课导入缺乏新意，不足以引起学生的注意力，自然就更无法激发学生的听课激情。此时，如果我们先制作微课视频，在视频中先提出："为什么在焊接铁架的过程中通常用（NH_4）$_2SO_4$溶液清洗？"接着录制一组探究实验：在室温下，将镁条分别放入蒸馏水和$AlCl_3$溶液中，观察实验现象。通过微课视频，学生就会发现问题：为什么镁条放入$AlCl_3$溶液中会出现大量气泡？这时，教师再提出问题，引导学生将问题归结为"溶液显酸性"，由此导入新课，就会激发学生的探究兴趣。而学生也会更主动、积极地参与到整个教学过程中，从而提高化学课堂教学效率。

案例七在引导学生预习"实验室制取二氧化碳"这节内容时，教师需要引导学生在实验室制取二氧化碳的研究中，探讨二氧化碳制取原理的选择。因为学生已经学习了一些产生二氧化碳的反应，教师在微课中提出疑问：为什么不用燃烧木炭法制取二氧化碳呢？为什么不用木炭还原氧化铜制取二氧化碳呢？引导学生课前思考，在课堂上，就可以围绕多个产生二氧化碳的反应，从原料来源是否丰富、操作是否简便、气体是否纯净、速率是否适高等方面通过分析、演示实验等手段去论证制取二氧化碳的可行性，拓展了学生的思维，方便学生掌握二氧化碳的制取原理。

案例八在引导学生预习"气体的制取装置"这节内容时，利用微课将气体的发生装置展示出来——固固加热型和固液常温型，再将固液常温型的几种常见装置及其优点一一介绍；接着再把气体的收集装置和适应范围对应分析，最后介绍多功能瓶的使用方法。利用微课教学，不仅缩短了教学时间，也让学生更直观地理解了这些装置的应用。

上课前，教师通过学习平台向学生发送本节课的微课教学资源，并要求学生在观看微课时，明确学习的重点和难点，完成配套的进阶练习，教师则通过查看学生进阶练习的完成情况，来了解学生的自学情况，学生也可以提出一些自己存在困惑和不理解的问题，并通过反复观看微课视频的方式进行解决，若仍然无法弄懂相关的问题，可以在课堂上向教师或学生寻求帮助。

在课堂教学中，学生在课堂学习前就已观看微课并完成自主学习任务单，那么，在课堂中教师应该做什么呢？只是简单地订正任务单上的错题，或是回答学生提出的问题？当然不是。根据不同学科的特点，教师可将课堂教学的核心设计为问题、探究、互动。

问题，即在课堂开始前，教师引导学生对所要学习的知识内容进行思考，梳理知识，提出疑问和问题。探究，即围绕问题进行探究，可以设计实验进行探究，在实验中获取真知，提升学生的学习能力。互动，即师生、生生之间的交流、互动，可以就学习过程在学习结束后进行知识小结、交流、互动。

问题、探究、互动是环环相扣的，每个环节缺一不可。通过问题的提出，锻炼学生思考问题的能力。而探究会让学生在动手实践中得到真知。互动交流能启发学生的思维，在交流中碰撞出不一样的知识火花，实现"学权"还给学生之后的升华，为以后的终身学习埋下健康的种子。

为了更好地在教学中应用"微课导学"策略，教师可将学生分为人数相同的小组，每组设定相应的学习任务，让学生合作完成，如果学生遇到问题可通过相互讨论、研究的方式解决。这种方式使每个学生都参与到学习讨论中，通过合理搭配，将每个学生的优势发挥出来，从而使学生的学习效果得到提升。微课视频画面精彩纷呈，内容形象直观，可以使学生尽快地融入新课内容的学习中，从而有效激发学生的学习兴趣。

3. 概念理论的教学应用

大多数文献观点认为微课分为实验技能型微课和习题型微课，并且这两种类型的应用研究较多。在日常教学工作中发现微课还有一种以理论知识传递为目的，在课内、课外均可应用的表现形式。此类型包括知识点归纳总结、教学重难点解析、典型例题分析与拓展、趣味科学史介绍等，以补充传统课堂的不足之处。

化学基本概念和基本理论是化学知识体系中非常重要的内容，是学习化学必须掌握的基础知识，同时，化学学科教学内容中很多理论知识点比较抽象、复杂，是化学学习中的难点。比如，初中化学中分子和原子、电子的运动规律和位置关系，化学中有机化学基础、物质结构与性质等知识的教学。在实际教学过程中，许多教师感叹无论自己怎样"挖空心思"来备课，大多数学生还是无法想象出教师对反应过程的抽象描述，学生不能理解，难点仍然存在。同时很多知识点的知认较为繁杂，又存在一定的相似度，学生就容易出现诸多错误。

例如，物质的量的相关计算是学生易失分的知识点之一，大多数学生一见化学计算就心生恐惧。仅凭教师在课堂上的分析和讲解，往往很难让学生在相对较短的课堂时间内掌握，更别提让学生对知识产生深刻的印象了，教师往往是通过不断地演示，让学生领悟计算的步骤和公式的运用。

如何在教学过程中不仅让学生准确地记忆基本概念，还能深刻理解并把握其内涵与外延呢？

此时教师可以将微课引入课堂教学中，利用微课突破教学过程中的难点和重点。教师在进行微课制作时，必须从学生的认知角度出发，从学生的知识储备入手，利用学生熟悉的图片、声音、动画、视频等多元化元素来向学生呈现教学情境，充分考虑学生的年龄特征和理解能力，争取让所有的学生都能够理解。在设计微课时，教师既要保证微课设计的合理性，还要找到这些知识点之间的联系和规律，可以改变知识的认知过程，将抽象的知识变得具体化，将复杂的问题分解为多个简单的知识点，让烦琐的东西变得简单明了，使难点不再"难"，重点不再"重"，加深学科知识的理解，引导学生在具体场景下进行相关的学习和探究。教师可以通过微课资源生动形象的课堂讲解，科学合理地利用微课视频的展示、突破教学重难点。比如将微观抽象的分子、原子核等进行具体形象化的展示，借助微课让微观世界变得清晰可见，大大提升教学效率，为学生增加理性的表现，利用生动活泼的方法让学生掌握和理解所要学的知识点。这样不仅能够使微课教学更具生动性和吸引力，同时也能够全面提升化学课堂学习的效率和质量。

学生可以根据自己对知识点的掌握程度，反复学习，直到自己完全掌握为止。微课教学不但有效缓解了教师教学的压力，减轻了教师的教学负担，而且还使学生的学习效率得到飞速提升。

案例一在教授"氧化还原反应"这节课时，由于本节知识概念较多且重要，逻辑关系接近容易混淆，包含氧化还原反应的判断与实质，氧化剂、还原剂判断以及在氧化还原反应中的化合价变化、得失电子、反应类型等内容。在教学中，仅凭课堂时间很难让学生区分掌握，需要教师反复强调。针对这一情况，教师就需要调整微课视频，将这节课的内容分为三个微课专题：第一个讲解氧化还原反应的基本概念和实质以及和四大基本反应类型之间的关系，第二个讲解电子转移的表示方法以及利用电子的得失守恒规律对氧化还原反应方程式的配平，第三个讲解氧化还原反应过程中氧化剂和还原剂的反应规律以及氧化性和还原性强弱的判断。这样进行微课专题调整，可以降低学生学习的难度，学生通过反复观看，轻松记住微课中展示的知识点，就能逐一突破每一个知识点，学生学习的效率和质量得到极大的提高。

案例二在教授"乙醇的化学性质"这个知识点时，传统教学中，乙醇的分子结构都是通过教师在黑板上书写来教授的。黑板无法展示动态的立体结构，不利于学生想象和理解。教师可以利用微课给学生展示乙醇的结构式，让学生对乙醇有一个感性的认识，再利用动画展现乙醇在化学反应过程中化学键的断裂及形成的关系，使知识的教授与学习更加生动、具体、形象，帮助学生理解与记忆。

案例三在教授"酸碱中和反应"这个知识点时，传统教学方法无法展示反应的实质，而且实验过程中温度计的测量容易受到装置和环境的影响。为了帮助学生理解中和反应的实质是氢离子和氢氧根离子结合生成水分子的过程，教师可将稀盐酸滴加到氢氧化钠溶液的过程制成微课，给学生展示中和反应就是氢离子和氢氧根离子结合生成水分子的过程，而钠离子和氯离子在反应前后物质的量保持不变，从而让学生能准确理解中和反应的实质。通过反应过程中温度计显示数的不断增大，证明酸碱中和反应是放热反应。对比不同物质的量的盐酸和氢氧化钠反应时，温度计示数增大量的关系，得出反应物参与反应量与反应过程中放出的热量成正比例关系，继而快速突破本节知识点中的重点和难点。

案例四在教授"物质的量"这个知识点时，物质的量是一个非常抽象的概念，贯穿在整个化学的学习中，是化学计算中的重中之重。同时也是一个难点，因为这个概念是研究微观粒子的层面，看不见、摸不着，所以要理解这个概念，就要求学生具备较强的抽象分析能力和空间想象能力。教师怎么才能更好地帮助学生理解并掌握这个概念呢？需要在学生的脑海里构建类似的模型，而在课堂上，即使教师在教授过程中不断地重复和解释，也不容易做到。若是在这类课程中引入微课，就是一个比较好的方法。在实际教学中，教师引入常规概念：一份、一打、一盒，先让学生有集零为整的概念，然后再引入可见的细小颗粒，如面粉、食盐的计量方法，再过渡到看不见、摸不着的微观粒子的计量方法，这样学生就容易理解微观粒子中一份的量就是 1 mol，此物理量定义为物质的量，单位是摩尔。再配以练习，让学生明白物质的量的适用范围和常见陷阱。在制作微课视频时，图像和语言一定要表述清楚，学生在感到疑惑的地方可以及时暂停、回放。将知识点制作成微课也有助学生课后巩固，让学生可以感受到教师时刻就在身边。

案例五在讲授"化合价"这个知识点时，教师可以借助微课视频展示化合价的定义、化合价的意义、化合价的书写、化合价的口诀、化合价与离子所带电荷之间的关系、化合价与原子结构示意图之间的关系以及化合价的相关计算和应用。实例分析有助于学生理解和接受以及对知识的应用，把握知识点之间的内在联系，将相关的知识点串联起来，形成完整的知识体系和知识网络。

学生可以根据自己的需求和实际情况选择合适的微课，自主进行知识点的学习或者巩固，加深对知识点的记忆与理解。

4. 课堂教学的教学方案

在课堂教学中，为了有效地引入新课，教师可以根据微课视频时间短、教学内容明确的特点，利用微课视频引入新课。同时对于学生而言，每节课的前几分钟是注意力最集中的时候，在这个时间段内利用微课资源向学生传达本节课的教学目标和内容，这样学生在上课前对本节课的教学内容有了初步的了解，在课堂上就能跟上教师的节奏。如此一来，学生在学习中的角色就会随之发生变化，从以前被动地听教师说，到现在成为课堂探究交流的主体，带着疑惑去学习，大大地提高了学习的效率。在高效课堂中进行有方向的学习，有效地强化教师在教学中的引导作用。同时利用视频也能够直观地呈现出化学与生活的联系，教师可以将一些生活中的实例通过动画进行演示，让学生主动将学习与生活联系起来。

学生成绩不理想的原因往往是学习过程中出现的问题不能及时解决，久而久之造成成绩的落后。将微课引入到课堂教学中，可以集中学生注意力，培养学生自学能力，使学生减少对教师的依赖，增强学习的独立性，帮助学生发现问题，再通过互动交流集中解决学生存在的疑问。

案例一："化学平衡的判定标志"的微课设计

微课设计思路：先进行知识回顾，对化学平衡的定义进行深刻解析，提炼出化学平衡到达后特有的标志是"等"和"定"。结合同步检测，引导学生去分析每项形式与"等"和"定"的本质关联，体会"标志"的真正含义。紧接着利用微课再次呈现如何去判断并精炼出"等"和"定"的本质。换一种形式去展现重点，不仅使学生的专注力得到了延续，也能帮助学生更好地抓住重点，突破难点。

案例二："原电池"的微课设计

将原电池这一个较完整的知识点设计成四个微课教学视频。

微课视频 1：复习氧化还原反应的相关概念

氧化还原反应是我们所熟悉的反应类型，它的基本特征是反应前后有元素化合价变化，而化合价变化的本质原因是反应过程中有电子转移或得失。提出问题：以 $Zn+H_2SO_4=ZnSO_4+H_2\uparrow$ 为例，请用单线桥法标明反应过程中电子转移方向，并写出其中的氧化反应和还原反应。

微课视频 2：为探究原电池工作原理

化学电源在日常生活中比较普遍，比如干电池、蓄电池、锂电池等，你知道它们是如何工作的吗？实验探究：如何将 $Zn+H_2SO_4=ZnSO+H_2\uparrow$ 的化学能转化为电能。设计三个对照实验。

实验 1：将锌片插入稀硫酸溶液中。

实验 2：将铜片插入稀硫酸溶液中。

实验 3：将铜片和锌片用导线相连后插入稀硫酸溶液中。

布置思考题：在实验 3 中，铜片上为什么会产生气体？铜片上产生的是什么气体？气体是哪种粒子变化产生的？氢离子所得到的电子是哪里来的？

通过电流表的指针发生偏转，证实实验 3 可以产生电流，引出了原电池的基本概念，然后通过实验现象，归纳总结原电池工作原理。

微课视频 3：探究原电池的构成条件和本质

结合多种原电池的典型实例，总结归纳原电池的构成条件和本质，同时培养学生观察能力、探究能力和总结归纳能力。

微课视频 4：结合铜锌原电池实例，总结原电池正负极的判断

其中微课视频 1 和微课视频 2 在课前发给学生作为自主学习的视频资料，帮助学生理解氧化还原反应的相关知识：$Zn+H_2SO_4=ZnSO_4+H_2\uparrow$ 反应中的电子转移；通过分析 $Cu-Zn$

原电池的工作过程和实验现象，总结原电池正负极反应类型，电子移动方向，溶液中离子移动方向，归纳原电池的工作原理。

微课视频 3 和微课视频 4 在课堂上播放，用来内化和应用知识，进而使学生能设计原电池，理解化学能转化成电能的方式，掌握重难点，完成教学目标。

案例三："制取二氧化氮"微课设计

在教授制取二氧化氮的实验时，可以借助微课完善合作实验教学方案。实验准备阶段：按照公平性和互补性对学生进行小组分配。公平性是指每个小组都有基础知识扎实的学生和后进生；互补性是指每个小组都有化学理论基础强和化学实验动手能力强的学生。接着播放微课，要求学生以小组为单位，按照微课中展示的实验步骤制取二氧化氮，比拼哪个小组制取得又快又好。此实验任务激发了学生的好胜心，为了不拖小组后腿，他们较为主动地发挥自身实验能力，如理论基础强的学生根据微课内容分析实验原理，推理实验方程式为：$Cu+4HNO_3=Cu(NO_3)_2+2NO_2\uparrow+2H_2O$；化学实验动手能力强的学生，仿照微课中展示的仪器，一步步地进行实验操作，完成整个实验。在合作过程中，让学生交流观看微课的心得体会，在他们完成合作实验任务的同时，也有效弥补了自身化学能力上的不足。

合作实验中微课的应用能有效降低实验难度，使得每个学生都能更好地参与到实验探究活动中。合作实验的开展为学生提供了良好的交流分享平台，学生能根据自身发展诉求选择合适的实验方式，生生之间实现相互促进、共同发展。

案例四："氧化还原反应"微课设计

在进行氧化还原反应的实验教学时，合理引入微课能全面体现学生的主体地位。教学开始，先带着学生一起学习氧化还原反应的理论知识和简单的化学方程式，纯理论讲述可能让学生很难在短时间内理解掌握。这时候引入微课，通过视频的形式分别呈现出氧化反应和还原反应过程微观层面的物质变化，使学生对氧化还原反应有更深入的了解，便于学生观察和思考。随后引导学生探究氧化反应和还原反应的异同点，将抽象知识点具体化，降低理解难度。整节课在宽松的氛围下进行，学生的实验积极性明显提升，每个学生都主动参与到课堂教学活动中来，学生的化学综合能力得以提高。

案例五：多媒体与模型相结合的教学模式

晶体堆积方式的学习，对学生的空间想象能力和逻辑思维能力要求很高，虽然多媒体能够将堆积方式直观地展示出来，但是仍然是以教师讲授为主，学生结合图片或简单的动画，并不能很容易地建立空间立体结构的印象。教师可以采用模型与多媒体相结合的方式，让学生自己动手拼装并观察堆积模型，不仅增强了学习的趣味性，让抽象的知识具象化，也让学生对晶胞堆积方式的理解变得更加的容易和深刻。

微课的应用可以有效解决学生无法观察到微观层面变化的问题，能改变学生固有的实验探究手段，帮助他们更好地完成实验任务，充实化学认知储备的同时，也帮助他们养成了良好的自主实验习惯。通过观看微课进行课堂教学，还能够很好地集中学生的注意力，表述教学重点，引导学生思考的方向，提高学生预习活动的参与度。

5. 课后解惑之微课

学生之间的差异是必然存在的，作为教师，首先应该尊重这种差异的存在，在认可学生差异情况的基础上，提出解决方法来克服这样的差异带来的负面影响。

不管多么优秀的学生，仅仅依靠课堂学习，在有限的课堂教学时间内，也很难将教师传授的知识完全吃透，有的学生难以快速理解并掌握教师教学的知识点，难以跟上班级教学的步伐，导致学习成绩下降。

化学同物理、数学一样，属于理科，习题是化学学习中的重要组成部分。因此在教授完每节课后，教师都会布置课后习题作业，对当堂教学内容进行巩固。课后的复习和巩固是学生学习中必不可少的环节，认真做好这个环节，学生的学习能力和学习品质也能不断提升。然而现实状况是：学生存在个体性差异，同样一节课，在同一个教室里，听同一个教师讲解，不同学生掌握知识和理解程度还是不一样。因而在课后习题上，优秀生轻松完成任务，感觉作业没写多长时间就完成了，意犹未尽。而学习困难生由于课堂知识理解的"夹生饭"，在做作业时显得力不从心。久而久之，为了按时完成教师布置的课后任务，学困生很容易养成拖拉作业或者抄作业的坏习惯。为了解决这类问题，很多教师会进行课后一对一辅导，针对不同学生设计不同层次的训练等，这样增加了教师的工作量，不利于长期工作。

课后复习与学生的学习效率也有着密切联系，化学的题型较为复杂、多变，学生需要经过多次练习才能够掌握题目中所包含的知识点，并整理出正确的解题思路。化学题目往往涉及实验设计、化学工艺，学生难以全面掌握这些知识。传统的习题课都是停留在教师讲、学生练的方式，甚至出现教师一言堂的现象，费时、费力且效率低。庞大的微课资源恰好满足了课后复习的需要，解决了这一类问题。教师可以将教学内容中较难的知识点制作成微课视频，利用播放视频的方式为学生展示重难点知识，完成重难点的突破。教师也可以尝试利用微课资源辅导学生课后复习巩固。学生在课后通过反复学习微课资源，加深对学科知识的整体理解，进而对学科知识进行牢固掌握。为了提升复习效率，教师可以通过微课的形式将一些易错点和易混点汇总整合。学生通过观看微课，对知识掌握得更准确、更牢固，知识体系更加完善。

与课前微课主要思路是概述、课堂微课主要思路是构建情境不同，课后微课主要思路是总结和归纳，也可以是经典实验、专题讲座。学生课后学习微课，可以根据自身实际需要，挑选适合自身能力成长的微课，对学科知识进行再学习，再巩固，再突破。微课能够循环播放以及暂停播放，学生可以拥有充足的时间对知识进行理解以及深化。

教师还可以在课后微课资源中适当地插入检测习题，引导学生进行答题方法和技巧的总结，让复习也变得轻松起来，也可以在难点以及重点的地方放慢速度，进行适当点拨，鼓励学生进行大胆尝试，敢于表达自身想法，促使其逐渐养成创新意识以及创新思维。

这种复习方式能够准确地将学生学习状况反馈给教师，了解学生认知的偏差后，教师可以根据个体差异性进行针对性教学。潜移默化的练习，也避免了纸质作业给学生造成的心理负担，既提高了学生的学习质量，也提高了学生的学习主动性。

案例一"化学能与电能"课后微课资源设计

新课内容包括：原电池的含义，原电池的反应机理和形成条件，电极方程式的写法，原电池实际应用，正负极的特征，一次电源、二次电源的区别，燃料电池发电的过程等。可以说新课内容较多，学生要想通过短短的课堂45分钟就达到知识的认知、理解、消化和吸收，是比较吃力的。微课就可以很好地解决这一问题，如针对学生理解问题的困惑，可以设计常见问题的"问与答";针对知识混乱的学生,可以设计梳理知识点之间的逻辑关系、知识系统性、考试的侧重点等的"知识回顾";针对学有余力的学生,可以设计相似题型综合展示的"解题模型"。微课教学以本节的教学重难点——原电池的反应机理和形成条件为内容,分别以微课的形式录制出来,方便学生在课余时间观看学习,这样有效地解决了教学"一遍过"的现象,解决不同学生由于接受快慢不同造成学习困难的问题。

案例二"资源综合利用——环境保护"课后微课资源设计

当学生已经完成了本节课知识的学习,但是对于其中的难点还是有一点不懂的地方时,教师就可以利用微课的方式将本节课所教的知识进行总结,将石油与煤的加工过程、反应特点、产品类型、深加工与生产目的进行对比分析,帮助学生更好地理解石油与煤在人们生活中的具体应用价值。然后教师提供课后练习,让学生进行巩固训练,同时展示石油的分馏实验,让学生在完成问题的过程中,更好地掌握学科知识,增强环保意识,并对三大合成材料进行统计分析,帮助学生理解聚合反应的具体意义与应用价值,从而完成学科知识的巩固学习。

案例三"滴定曲线图像"课后微课资源设计

本节课知识点较多,多是在题目中的应用,需要教师手把手地教授学生知识的运用,微课视频的教学重点是讲解巧抓五点:滴定的起点、滴定一半的点、恰好反应的点、中性点、过量点。教会学生如何突破这类题型的考查,并通过题目练习巩固。又如分数分布图像,教师在视频中以草酸溶液中逐滴加入 NaOH 溶液的分数分布曲线为例,以交叉点的分析和应用突破这类题的陷阱。还有一些电导图像电解质溶液的稀释图像等问题都可以制成微课视频,让学生课后可以反复学习,使学生有自主学习的空间和时间,通过观看视频就可以达到释疑解惑的效果。

案例四"水溶液中的微粒浓度"课后微课资源设计

这节课的知识点几乎是高考选择题的必考题,尽管很多教辅在设计巩固知识时都分了层次,但学生在完成相应练习时,仍难以独自解决这类题目,在平时教学中需要教师反复讲解。教师可以先精选几道典型题目,引导学生如何审题、入题、解题。虽然在黑板上也能讲解,但书写耗时,课堂时间紧张,使用微课辅导就可以循环播放,学生根据需要不断回看,教师也避免了"日日念同样的经"。

案例五:"复分解反应"课后习题微课资源设计

在复分解反应的习题课中,教师可以将复分解反应涉及的金属氧化物与酸、酸和碱、酸和盐、碱和盐以及盐和盐五大类反应制成微课。在微课中,每类反应不仅有例子,而且有具体反应的视频和图片。这样利用微课复习,不仅能帮助学生整理所学知识,还能提升学生学习的兴趣,使复习变得轻松,提高复习效率。

教学不仅仅是在课堂,课后也是重要的组成部分。教师可以通过批改作业、练习收集学生易错、常错部分的作业、在平时的考试和练习中出现的重难点习题、有价值的习题,指出错误原因,并把批改过程、讲解错误原因的过程录制下来,制作成习题类微课,通过微课,实现课后教学答疑解惑的目标。

6.微课发布

在设计微课教学的过程中,要想更好地发挥微课的作用,除了内容和形式上要更贴合教学内容和学生的认知规律，还需要有一个便捷的微课上传和下载的平台，便于微课的传播和师生之间的交流。

目前大多数学生都使用方便灵巧的智能手机，微课除了适用于 PC 端的多媒体课件，还可以开发出相应的手机端 App，方便学生使用不同的终端学习，也可以利用当下风靡全国的社交软件——微信，来发挥微课教学的优势。微信各项功能都是免费的，手机资费套餐都包含一定的流量，这为使用微信进行学习创造了条件。

教师要根据课程的主题思想和重点来设计微课，将学科知识的基本概念、解题技巧、方法归纳等分步骤录制成教学视频。借助于信息技术的发展，微课视频的类型也更为丰富，除了最常见的 avi、wmv 格式，还有专门针对视频学习的 swf 格式，适合网络传播的 flv 格式，这些格式的视频具有视频存储小和教学效果好的优点，可以自由地切换到重点学习的片段。

化学学科涉及众多知识点，各个知识点具有"微小"特征，都能自成一体，符合微课设计特点。

教师上课前根据学生的学习需求和教学内容，进行微课的制作，包括学习任务单、微课视频和进阶练习，并于课前在教育资源应用平台发布微课，也可在微信公众号上定时向学生推送微课。通过关注微信公众号进行学习，方便学生合理地安排学习时间，满足碎片化学习的使用需求。学生可以在任何时间、任何地点，使用网络查找自己需要的微课开始学习，将学习心得和学习中遇到的问题及时记录下来，也可在微信公众号中留言，实现与教师的交流。课堂上教师引导学生进行问题讨论，小组内合作学习，最后逐一突破学生提出的问题，并将知识总结归纳，帮助学生消化吸收。对于没有及时掌握的学生，再安排学生课后继续复习微课，进行巩固练习。

有条件的学校还可以利用校园信息网络平台，更充分地发挥微课的作用。在网络平台上，学生不仅可以实现随时随地在线学习或下载视频，还可以与教师、其他学生进行线上互动，及时对微课学习过程中发现的问题进行讨论和交流。教师不仅能够在线答疑，更可以整理总结学生学习过程中存在的问题，单个问题个别辅导，共性问题有针对性地在课堂上集体解决。

上课前学生自学。上课时，引导学生发现问题、分享问题、讨论问题、解决问题等。再让学生通过具体的练习，达到融会贯通的目的。学生通过观看微课的例题分析、解题过程、注意事项等学习解题要素，既激发了学习的积极性，又培养了分析自学能力。

案例在学习化学必修一"氧化还原反应"这节课时，教师可以先给学生下发学习任务单，要求学生了解氧化还原反应的本质、氧化还原反应的相关概念、氧化性还原性的强弱比较、氧化还原方程式的配平等，并提示大家从中国微课网（https：//www.cnweike.cn）检索微课资源，其中可以查到与"氧化还原反应"有关的微课共 13 个，包括氧化还原反应的概念 4 个、氧化还原反应的配平 4 个、氧化性还原性的比较 2 个、氧化还原反应的相关计算 1 个、氧化还原反应过程中电子转移守恒的运用 2 个，网络上丰富的微课教学资源让微课教学成为可能。学生通过智能手机或平板电脑等移动设备自主学习，顺利完成任务单上的学习任务，掌握氧化还原反应的基本知识。在教师的引导下，学生在课堂上有更多的时间讨论、分析、解疑和比较，不仅提高了学习的效率，还加深了学习的深度。教师可以在教学当中合理地运用讲授型微课，这样能够让学生更好地理解和掌握教学难点。

微课教学主要在于给学生提供优质的教学资源。任课教师应该在微课的选择上慎重把关，虽然在网络上有来自全国各地的优秀教师从各种各样的角度诠释的微课资源，但是还需要教师筛选出适合自己学生的微课资源，有必要的情况下可以自己录制相关的微课视频，保证重难点的顺利突破。

将做好的微课发布在班级网络平台（班级微信群或 QQ 群）实现共享，让学生能够通过微课了解某一题型的解题方法，让没有完全弄清楚的学生在课下自行观看，可以反复看，有选择地看，有针对性地自主观看，不仅学生作业中的错误能够及时反馈，而且提高了学生的学习效果和学习兴趣，提高学生自主学习意识和能力，从而使学生养成良好的自主学习习惯。学生可以根据自己的需求来选择微课，经过反复的学习和练习掌握该题型的解题方法。

7. 微课的结尾

微课视频在最后可以用一个小结作为结尾，小结的形式可以是对内容要点的归纳，也可以是方法思路的指引，这样能让学生对所学知识有一种完整的感觉，让学生对所学内容加深印象，减轻学生对知识的记忆负担。一个完整的小结，能给一节优秀的微课起到画龙点睛的作用。

教师也可以在微课视频的结尾布置一些与教学有关的问题，同时引导学生总结本章节重点及规律，问题不宜过多，具有代表性即可，让学生将新知识纳入已有的知识体系。

作业是检验学生学习成果的一大重要标准，教师应设计少而精的习题，用于巩固本章节知识。在每一节微课资源学习之后，可以配以练习检验学习效果，巩固所学知识点，引导学生运用所学知识，激发学生学习知识的欲望。

教师还需要规定微课视频观看截止时间和作业提交日期，在所有学生均提交作业后，教师要及时进行批改，找出学生存在的问题，在进行课堂教学时对错误率较高的题目着重讲解。

比如在人教版"化学反应原理——水溶液的离子平衡"的复习课上，学生对于电解质溶液的图像分析一类的题型，很难得分。此时，教师就可以将它设计成微课系列，建立完善的微课教学知识体系，再加入一些优质的模拟试题。如此一来，学生可以清晰地看到解题过程，通过练习巩固新知识，学习效率自然就会提高。

第四节　微课教学应用于化学实验教学

受到传统教学理念的影响，有的教师在高职理科实验教学中采取灌输式的教学方法，通过口述和板书的呈现形式对知识进行讲解，不停地向学生灌输相关的理论知识，教师在讲台上奋力讲解，学生在讲台下努力记笔记，导致学生一直处于被动的学习状态，无法充分发挥其主体地位，课后再通过题海战术完成教学任务，没有给学生留下思考、内化的时间，最终导致的结果将是学生逐渐丧失对学科知识的学习兴趣，从而使学生无法取得良好的学习效果。因此，教师在理科实验教学中应用微课导学策略时，应注重为学生创建良好的教学情境，其目的是激发学生的实验兴趣，使学生积极主动地参与到课堂教学中，让学生针对相关问题进行自主探究，使学生的学科综合能力得到提升。

化学课程和其他学科有着很大的差异性，化学是一门以实验为基础的学科，实验教学在化学学科中的比重较大，不做实验或少做实验，都会影响化学教学。化学实验教学是化学学科体系的重要组成部分，能够培养学生的动手实践能力，也能够让学生养成理性分析问题、尊重客观事实的科学精神，还有利于培养学生学习化学的兴趣和勇于探索的科学精神。许多重要的理论知识都是通过化学实验获得的。

教师将所要教授的化学实验录制成微课视频，抓取核心内容，配上旁白讲解，应用于化学实验教学，发布给学生，通过微课资源辅助学生化学实验的学习，就可以大大提升化学实验教学效果。

微课教学很好地协调了化学教学中的以下几个方面。

1. 微课在化学实验教学中展示化学史的发展

化学史的教学应该成为化学教学的重要组成部分，化学史的教学对学生掌握化学的发展规律、启迪科学思维、训练科学方法、培养创造精神以及思想品德教育等方面都具有一定的教育功能。

利用微课教学向学生展示原子结构模型的演变历程，介绍道尔顿的原子学说观点，再到英国科学家汤姆的"葡萄干布丁"原子结构模型，最后阐述英国物理学家卢瑟福的"带核的原子结构模型"的论证过程。学生通过微课学习，更好地理解原子的结构，体验科学家探究原子结构的过程和方法，即依据实验事实提出模型→实验中出现新问题→为了解释新问题提出新的模型。

案例在教授"空气"这一节内容时，重点是让学生学习测定空气中氧气含量的原理和方法。可以由空气成分的发现过程引入，介绍舍勒、普利斯特里及拉瓦锡等科学家对空气成分的研究过程，让学生感受科学研究的不易，学习科学研究的方法和思路。如果教师想用口述的方法把这些问题讲透，就会耗费大量课堂时间，冲淡教学重点，学生听起来枯燥乏味，印象也不深刻。这部分内容就可以设计成微课，按照空气成分发现的时间轴，配以文字、图片和视频资料向学生描述研究的过程和方法，供学生课前学习。学生学起来更加直观，兴趣更浓厚，学习效果更好。课堂以微课学习为出发点，从拉瓦锡的实验原理迁移到红磷测定空气中氧气含量的实验，教学重点突出。

利用微课使学生了解中国在化学发展史上的杰出贡献，介绍张青莲与相对原子质量的测定、侯德榜的制碱工艺、屠呦呦与青蒿素等，培养学生的爱国情操，激发他们学习化学的动力。

2. 微课在化学实验教学中能提供安全有效的实验环境

就目前的教学现状来看，教师和学生对实验教学逐渐重视，教师已经在课堂当中对大部分的实验进行演示实验或者组织学生分组实验。但是由于化学实验自身原因，比如有些药品具有毒性或腐蚀性，或实验过程存在不安全的因素，因而做实验时有一定的危险性，教师必须承担一定的教学风险，不免存在畏难情绪。多数教师将这部分的实验教学改为通过视频录像或者黑板实验的形式对学生进行教学，甚至有些实验过程是通过口述的方式阐释，这会对实验教学造成一定影响，弱化了实验教学效果。对这些化学实验效果，学生不能体会到真实的实验情境，对于物质性质和实验过程理解不透彻，学生凭借死记硬背的方式完成化学实验的学习。这样的教学方式不仅效率很低，而且也无法实现学生思维能力的拓展，更不利于教学质量的提升。

通过播放微课视频展示化学实验，代替这些存在安全隐患的实验，学生就可以安全地、近距离地、反复地观看实验视频，也可以更清晰地认识到正确的实验操作，这样不仅优化了化学实验教学，达到演示实验的效果，而且也使实验带来的污染和危险降到了最低。微课在有效提高课堂教学效率的同时，也有效拓宽了实验教学渠道。

案例一在教授"硫"这节内容时，为了演示硫燃烧的实验，设计硫在空气中燃烧，火焰为淡蓝色，硫在氧气中燃烧，火焰为蓝紫色，火焰颜色不便于观察，而且燃烧产物的二氧化硫气体是具有刺激性气味的有毒气体，对于师生的健康有伤害，环境污染比较大，不适合在班级内演示实验。

案例二在测定空气中氧气含量时，会设计白磷燃烧实验。白磷易自燃，具有一定的危险性，而且白磷燃烧生成的五氧化二磷易升华，具有强腐蚀性，不能与皮肤直接接触，也不可直接闻气味，若在班级做演示实验会发出难闻的气味，不仅影响学生的身心健康，还导致学生不能细致地观察实验，影响实验效果。

案例三在教授"富集在海水中的元素——氯"这节内容时，氯元素的学习在化学的学习中有重要的意义，由于氯气是一种有刺激性气味的有毒气体，在演示氯气相关反应实验过程中，会造成氯气的扩散，污染环境，对教师和学生的健康造成伤害，所以学习氯气的化学性质时，不适宜做学生分组实验，教师演示实验也要格外小心。而且氢气在氯气中燃烧的火焰颜色是苍白色，火焰颜色也不易观察，如果混合在一起在光照条件下又会发生爆炸，存在安全隐患。如果用微课视频代替相关的实验，这样不仅学生同样能观察到明显的实验现象，还可以降低危险，也可以减少对环境的污染，让学生对氯气的化学性质理解得更加深刻。

案例四有的实验反应速度较快，学生不易观察。在教授"金属的化学性质"这节内容时，其中金属钠与氧气在常温下反应的现象变化快，而且现象不明显，很多学生观察不到金属钠切面的银白色光泽，实验就结束了；金属钠与氧气在加热时先熔化成小球，这个现象也不容易观察到，这些问题通过实验型微课就可以解决。

案例五在教授"酸碱的化学性质"探究实验时，实验前让学生通过观看微课先复习酸、碱的化学性质，再回顾块状药品和粉末状药品的取用操作方法以及正确使用胶头滴管的方法及注意事项，最后重点强调所使用的酸和碱都是具有腐蚀性的，实验时应注意安全以及发生危险时的正确处理方法。学生观看微课后再进行实验时，就能够理解实验过程中的要点，避免因为酸和碱的使用不当发生危险。

案例六在教授"浓硫酸的化学性质"这节内容时，由于浓硫酸腐蚀性很强，需要学生熟练操作实验仪器和用品，独立完成实验存在较大的风险，学生很难应对突发的意外事件。利用微课资源能够很好地弥补教学的不足，教师课前录制实验视频，将优质的实验视频穿插到微课教学中，让学生感受到浓硫酸遇到蔗糖发生的变黑以及黑色稠状物质迅速膨胀的宏观现象，引发学生思考，这样就可以很好地解决实验可能带来的学生安全问题。

3. 微课在化学实验教学中能节约时间

化学以实验教学为主，对于化学课本中的探究实验、操作简便的实验、现象明显的实验，都可以组织学生分组实验，通过学生亲自动手实验的方式进行学习。但若是将学生带进实验室，让学生主动去探究学习，大多时候不能保证教学的顺利完成。

首先是学生课前预习不充分，对实验目标不明确，实验原理不清楚，对于有些仪器的使用和药品的性质不熟悉；其次是学生在实验室纪律性较差，尤其是高职一年级的学生，进入实验室后会表现出强烈的好奇心，从进实验室的兴奋，到实验课堂上的忙乱，教师把很多时间浪费在课堂纪律的维持上，这直接导致实验操作时间减少，分组实验教学效果不理想。

一般在学生分组实验之前，教师都会详细讲解实验步骤，强调实验注意事项，重复安全问题。在分组实验时，有的学生习惯性地按照教师设定的实验方案进行各种实验操作，在实验过程中"照方抓药"，被动地去完成实验操作步骤。学生在实验过程中仅仅起到搬运工的作用，不知道每一步实验操作的目的是什么，无法达到预期的实验教学效果。有的学生没有牢记实验步骤，仅凭借印象完成实验操作，期间会发生这样或那样的意外。还有些学生由于好奇心的驱使，随意把玩实验器材，总会给我们带来一定的"惊喜"。

另外，实验课不同于理论教学课，课后复习没有条件，学生只能凭借模糊的记忆和文字描述，理解实验仪器的操作和实验现象的描述，很难完成相应的学习任务。

因此将微课教学引入实验教学中，可以为我们提供另一种教学思路。课前通过微课让学生了解实验室的规章制度，以及实验室仪器的正确操作方法，这样在进入实验室后，就会减少学生因为好奇和新鲜感而扰乱课堂秩序的现象。对于时间较长、操作复杂的实验，如铁生锈条件的探究实验，不可能在课堂上完成，教师可以事先录好微课视频，让学生在实验前观看相关微课视频，还可以根据自己的教学需要，在整个实验教学过程中穿插注意事项。学生课前对实验过程有所了解，可以提高分组实验中时间的利用效率，课堂上有更多的时间进行实验操作，教师也能够拥有更多的时间与学生互动交流，为学生解答疑惑，集中时间处理主要问题，实现课堂教学效率的稳步提高。同时也可以利用微课来辅助课后复习巩固。

案例一在教授"探究铁制品锈蚀条件"探究实验时，由于该实验需耗费大量的时间，很难在一节课中呈现实验结果，所以在传统的实验课堂教学过程中，大部分教师会让学生结合实验内容自主设计探究方案，再将实验结果直接展示在学生面前。其次，就是采用微课教学，提前一周将学生分成几个小组，让学生利用课前时间进行自主设计，按照实验设计分别观察在不同环境中铁表面的锈蚀情况，要求每组学生用手机等设备录制每天的实验现象，再指导学生在课堂教学过程中认真观察实验结果，并用相关软件制作成微课视频；在后面的课堂讨论中，每个小组分别派代表播放本组的视频，并描述本组的实验现象以及实验结果。由于本实验比较简单，实验现象也比较明显，利用微课教学，配合快进，能够快速地将铁制品的锈蚀过程展示出来，让学生准确地掌握锈蚀的条件。因此在播放视频过程当中不仅可以得出实验结论，还可以对实验的严谨性进行分析，制作成优质的微课资源。

案例二在教授"酸碱中和滴定"探究实验时，关于指示剂的选择，强酸和强碱互滴可以选择酚酞也可以选择甲基橙，而弱酸与强碱互滴选择酚酞，强酸与弱碱互滴选择甲基橙。学生不能很好理解为什么同是酸碱指示剂，酚酞和甲基橙不能通用，都在课堂上演示则时间又不允许。若能在课前将该部分实验录制成微课，上课只演示强酸滴定强碱的实验，其余的通过播放微课来完成。在播放微课时，接近滴定终点还可以采用慢进方式，便能有效解答学生的疑问，学生通过对比实验现象，分析实验数据，才能熟知实验操作和试剂的选择。

通过化学实验可以激发学生对化学学科的学习兴趣，在实验的帮助下能更深刻地了解化学概念和相应的反应原理，在实验操作的过程中能掌握相关操作技能，在小组合作中体验团队的重要性，在实验过程中体会科学的实验态度和严谨的科学思维，提高学生的化学学科素养。

4. 微课在化学实验教学中提升学习的趣味性

传统的化学实验探究教学具有很大局限性，即便选择在教室进行演示实验，效果也不尽如人意。教师在讲台上进行实验的时候，只有距离讲台较近的学生才能看清实验操作和实验现象，而距离讲台较远的学生由于看不到演示实验，很容易失去学习化学的兴趣，有些学生还趁着教师在实验过程中，做与学习无关的事，教师也无法全面顾及，学生的好奇心难以被激发，学习动力不足。为了避免这些情况的发生，教师应该这样做：

课前引导，学生提前利用微课进行预习，可以引发学生探究知识的欲望，锻炼学生的观察能力，提高学生的实验技能水平，为下一步的课程安排和教学做好铺垫工作。然后再进行实验教学时，学生已经熟悉实验过程，在动手能力方面能起到事半功倍的效果。

课堂播放，不仅能激发学生的学习兴趣，而且能让学生有亲切感，之后将实物或直观教具展示给学生，或借此进行规范实验操作，让学生有机会反复揣摩，对强化学生的应用能力，更深入地理解化学原理，增强学生的应用能力都起到了促进作用。

课后巩固，实验教学对学生来说，不再是"一遍过"，学生课后可以根据需要反复学习微课视频，以增强对化学实验的理解和巩固。

兴趣是最好的教师，学生一旦产生了兴趣，对教师来说也就省去了组织教学的过程。而微课资源就能够提供有趣的视频材料，创设新奇的情境，突破时空的限制，增加信息的容量，激发学生探究化学实验的兴趣，调动他们学习的积极性。

案例一在教授"二氧化碳的性质"探究实验时，在微课中以"奇妙的二氧化碳"为主线，通过调制"红酒"的实验（向盛有紫色石蕊溶液的烧杯中通入二氧化碳气体）来激发学生对探究二氧化碳的兴趣，接着通过实验介绍二氧化碳神奇的物理性质和化学性质，最后通过人工降雨和灭火等视频介绍二氧化碳的重要用途。

案例二在教授"验证物质酸碱性"这个实验时，为了演示如何用 pH 试纸检验溶液酸碱性的实验，教师制作"会说话的酸碱指示剂"的微课，模拟不同酸碱性溶液的声音，营造有趣活泼的教学氛围。同时，避免了错误操作造成的危险后果，比如用 pH 试纸检测浓硫酸的酸碱性，浓硫酸具有很强的腐蚀性，稍不注意就会伤害皮肤，但是学生又必须掌握相关知识，用微课进行展示，既提升了课堂容量，又降低了实验风险。

案例三在教授"探究氧气的化学性质"探究实验时，准备一瓶收集满氧气的集气瓶，然后将一根带火星的木条放在瓶口，木条复燃，对比带火星的木条在空气和氧气中的燃烧情况，并录制成微课，让学生明白氧气具有助燃性，并且燃烧的剧烈程度与氧气浓度有关。这样不仅增加了化学实验的探究趣味性，也提升了学生学习化学的兴趣。

案例四在教授"'过氧化钠与水反应现象'再探究"探究实验时，此节课的内容是基于必修一学习的基础上，学生已经掌握过氧化钠与水反应能够生成氢氧化钠和氧气的知识，并知道该反应是个放热反应。在探究酚酞变红后又褪色的因素时，教师事后在实验室中录好了两个微课视频，分别是温度和氧气对溶液褪色的影响。这样在接下来的教学环节中，学生就把主要精力放在氢氧化钠对酚酞褪色的研究上，这样一来不仅节约了时间，而且重点内容的教学也得到了保障，可谓是一举两得。在明确了氢氧化钠浓度对酚酞褪色的确有影响，而且过程是可逆的之后，为了验证有其他的物质在起作用，运用第三个微课视频——过氧化钠与水反应滴加酚酞褪色后的溶液中，加入二氧化锰，并用氧气传感器测其中氧气浓度的变化，让学生感受科技在实验中的应用，准确读出氧气的浓度大小。在探究完过氧化氢的漂白性之后，对于溶液中氢氧化钠与过氧化氢同时存在，二者之间有无相互作用的教学时间剩余不多，仅让学生设计好实验方案并展示实验方案的可行性之后，并不让学生进行操作，而是通过第四个微课视频——氢氧化钠对过氧化氢漂白性的影响，让学生直观感受到二者之间的相互作用。这样，既保证了在有限的课堂教学时间内完成教学目标，也培养了学生对化学实验的设计和基本实验操作能力的学习。

通过微课教学，不但将化学的美丽展现出来，而且使微观世界走上"可视化"的道路，将化学反应的过程用艺术的方式展现在学生面前，从而使化学实验探究教学变得更是趣味性，给学生带了豁然开朗的感觉，激发了学生的实验探究意识和学习的热情。学生不但理解了化学学科的知识，更是通过微课进一步邂逅了化学科学的美丽，探索的兴趣不断激发，最终喜欢上化学，热爱上科学。

5. 微课在化学实验教学中展示微观世界

宏观辨识和微观探析是化学核心素养的重要组成部分，对于刚刚接触化学学科的学生来说，受到认知能力、想象能力的限制，对于微观的分子、原子、离子空间关系、运动状态难以想象，导致学生不能真正理解物质的性质与结构。这些问题也是教师教学和学生学习的头号难题，很多化学知识都拥有微观特征，神秘的微观世界看不见、摸不着，难以描述、难以想象，让教师表述起来十分困难，也令学生学习起来十分吃力。尽管课本中有图片和文字解释，然而学生还是不容易理解，给学生学习化学带来很大的困扰，如何引导学生建构微粒概念是教学的重点。

微观世界的神秘感，又使多数学生渴望对其加深了解，微课资源的出现正好解决了这个问题。化学教师可抓住学生这种矛盾心理，因材施教，在教学时充分利用微课资源，在微课辅助课堂教学的过程中，通过播放动画、图片等形式将物质中的微观粒子结构关系、化学键的形成断裂展示出来，将抽象、难以理解的化学知识、复杂的观念具体和形象地展现出来，辅助学生探索微观世界的奇妙，促进学生对微粒构成物质的掌握，突破教学重难点。

此外，微课应用于微观视角的实验教学中后，不仅能加深学生对物质微观世界的理解，也有利于对教学资源的有效整合，还有利于学生突破重点和难点，最大限度地帮助学生建立直观印象，激起学生探究微观世界的兴趣，逐步让学生在脑海中对所学知识产生深刻印象，使学生高效学习，对化学知识难点也有了更深入有效的了解。

对此，在教学难点突破方面，教师要帮助学习者建构微粒观概念，需要教师充分认识微课的作用，将其巧妙、合理、科学地应用到教学中，确保课堂教学任务顺利完成。在微课中，极微小的原子、分子都是可视的、富有生命力的。微课视频资源的展示效果，让化学教学富有生命力。

案例一在教授"水的电解"这节内容时，利用微课先展示水在蒸发时水分子的运动状态，再借助微课展示水的电解实验的三维动画：一个水分子先断裂氢氧键，分裂成两个氢原子和一个氧原子，然后在阴极处两个氢原子之间建立氢氢键构成一个氢分子，氢分子聚集在一起形成氢气。在阳极处两个氧原子之间建立氧氧双键构成一个氧分子，氧分子聚集在一起形成氧气。这样的微课可以把抽象的电解实验过程形象化，有助于学生对知识的理解，不仅可以帮助学生建立微粒的观念，还能帮助学生从微观视角认识化学变化的本质是化学反应先断键后成键的反应过程，通过微课将这些微小的分子、原子的变化过程变得直观形象，大大降低了学习的难度。

案例二在教授"盐类的水解"这节内容时，可以在突破重点"CH_3COONa 水溶液呈碱性的原因"时制作微课视频。在视频中先提出问题：

① CH_3COONa 水溶液中存在哪些离子？

②哪些离子间可能相互结合？

③对水的电离平衡有何影响？

教师通过 Flash 动画模拟醋酸钠和水反应的过程，再通过"离、碰、合、平、果"等角度在微课视频中逐一分析，将微观粒子的电离过程、碰撞过程、重新结合过程等学生看不到的反应过程展示出来，进而突破教材的难点，让学生掌握盐类水解的实质，同时不同层次的学生也可以根据自己的需要调节观看视频的快慢、次数，最终让每位学生都可以掌握。

案例三在教授"化学键"这节内容时，教学难点就是要让学生从微观的角度了解和掌握化学键的实质及其形成的过程。虽然教材中也配有相应的图片，但仍旧无法降低学生学习的难度。教师利用微课就能够通过动画展示活泼金属元素和活泼非金属元素容易形成阴阳离子，阴阳离子间通过静电作用形成离子键；在金刚石、晶体硅、二氧化硅、碳化硅、氮化硼中原子得失电子难度较大，相邻原子之间通过共用电子对形成共价键；金属单质中金属阳离子和共用的价层电子通过离域 π 键形成的金属键；分子晶体中各原子核外电子趋于稳定，分子间只存在弱作用力范德华力等现象。通过微课视频用动画的方式将这些晦涩难懂的概念表达出来，可以加深学生的印象，强化学生的理解。

案例四在教授"晶体类型"这节内容，比较离子晶体、原子晶体、分子晶体三类晶体的沸点时，首先要知道晶体变成气态时克服了哪些作用力、分子晶体克服分子间作用力成为独立的分子、离子晶体克服晶格能的束缚成为阳离子和阴离子、原子晶体断裂共价键成为独立的原子、不同类型的晶体在沸腾时克服不同的作用力。学生通过对"化学键"的学习，明确地知道分子间的作用力、晶格能的作用力、共价键的作用力相对稳定，既而得出原子晶体类型的物质沸点普遍高于比离子晶体类型的物质、离子晶体类型的物质沸点普遍高于比分子晶体类型的物质。

通过视频软件的制作将化学物质微观世界的结构变化、分子运动进行形象表述，给微观世界赋予了生命力，不仅使微观世界变得更加直观与形象，使学生能够观察理解，降低了学生学习微观世界知识的难度，也提升了学生的学习兴趣，使学习变得轻松有趣。因此，微课在化学中的应用，能够突破微观世界的限制，为学生提供通往微观世界的渠道，帮助学生更好地理解化学知识的难点与重点，提高化学教学的效率与质量。

6. 微课在化学实验教学中展示化学实验过程

在传统教学中，教师演示实验是在讲台上完成的，而且每上一节课只演示一遍实验，坐在班级后排的学生，就无法准确地观看实验操作和现象，从而失去学习兴趣，降低学习效率。为了更好地发挥实验教学的作用，教师可以将实验过程录制下来，或者从网络上搜集实验视频，利用微课的重复播放以及放大等功能，为学生展示实验的过程，让学生能够仔细观察实验现象。同时，微课的使用还能够减轻教师的教学压力，减少实验材料的浪费。

实验是化学的灵魂，学生的化学知识大多来源于实验。微课将化学知识以一种直观且新颖的动态方式展现在学生的面前，帮助学生进行学习，不仅可以解决实验耗时的问题，还可以激发学生对化学的学习兴趣。

案例一在教授"钠"这节内容时，有些教师为了让学生都能够看清钠在空气中燃烧的过程以及现象，就会将教材中在坩埚里燃烧的方式改为放置在石棉网上燃烧，即使是这样，仍旧有很多学生无法观察清楚钠的燃烧。此时，教师就可以充分利用微课，通过从上到下的拍摄方式，录制钠在空气中加热燃烧的微课视频，放大实验过程的细节，让全体学生都能够清晰、准确地看到钠在空气中燃烧时火焰的颜色及产物的颜色、状态。

案例二在教授"钠"这节内容，演示钠与水、酸反应的实验时，这两个反应速率较快，无法给学生展示对比实验，学生还未学习影响化学反应速度因素的知识点，而且钠块的切割大小会给实验带来一定的安全隐患，不适合学生分组实验，这时教师就可以在课前分别录制这两个实验，合理运用微课视频，在同一个画面中对比这两个实验，根据金属钠在水面游动的速度和钠块反应消失的时间，让学生对比钠与水、酸反应的关系。

案例三在教授"水的净化"这节内容时，有区分自来水和天然水的环节，学生会提出疑问：利用什么方法可以得到蒸馏水呢？做蒸馏实验需要的仪器较多，而且实验时间较长，还需要不停地通入冷凝水，课堂演示实验显然不可行。因此，教师可以制作"蒸馏水的制取"的微课视频，学生认真看完后，就会了解蒸馏水的制取过程，之后引导学生进行交流，共同探讨，从而让学生体会到蒸馏实验是一种分离互溶混合物非常有效的方法。

7. 微课在化学实验教学中的破坏性实验

很多化学实验都具有一定的危险性，在班级演示或实验室操作都具有一定的风险。但是正确的实验操作往往不能引起学生足够的重视，如果这些实验的注意事项只通过教师讲述，学生是不能深刻理解的，无法认识到规范实验操作的重要性，同时也会引发学生的好奇，增加意外发生的风险。

为了加深学生的印象，可以制作错误操作的破坏性实验微课，尤其是造成严重不良后果的化学实验，学生在观看微课之后可以加深对正确实验操作的印象，增强学生对规范实验操作的重视度，减少安全事故的发生。但是这些实验不能在课堂内演示，更不能让学生亲自完成，微课就可以承担这项任务，既安全又能取得较好效果。通过微课进行教学，可以避免给学生的生命健康带来的不利影响。

案例一在试管中加热固体的正确操作是：加热时试管口要略向下倾斜。微课展示内容可以为：对装有碱式碳酸铜试管进行加热时，把试管口略向上倾斜，那么加热期间生成的水就会回流到热的试管底部，进而导致试管破裂。

案例二防止加热装置的倒吸现象的正确操作是：加热装置制备气体并用排水法收集气体时，结束操作是先将导管移出水槽，然后熄灭酒精灯。微课视频展示内容可以为：加热氯酸钾制氧气，并用排水法收集氧气，先熄灭酒精灯，后将导管移出水槽。由于对装置停止加热，装置内气压减小，水槽中的水倒流到试管中，导致试管破裂。

案例三冷凝管中冷凝水通入的正确操作是：蒸馏装置中冷凝水由下口进水，从上口出水。微课展示内容可以为：上口进水，下口出水，冷凝管中的空气很难全部排出，导致冷凝效果不佳。

案例四稀释浓硫酸的正确操作是：将浓硫酸沿烧杯内壁缓缓注入水中，并用玻璃棒不停搅拌，由于浓硫酸稀释会放出大量的热，且具有极强的腐蚀性，如果稍不注意便会带来极大的危险。微课可以展示错误的操作，用少量的浓硫酸演示，将蒸馏水滴加到浓硫酸中，立即会看到溶液沸腾，并伴有液体溅出，拍摄液滴飞溅的危险镜头，制成微课，可以提高学生的安全意识。

案例五蒸发结晶的正确操作是：蒸发时溶液不能超过蒸发皿容积的三分之二，用玻璃棒不停搅拌，待有大量晶体析出时停止加热，用蒸发皿的余热将剩余的水蒸干。微课展示的内容为将溶液加到超过蒸发皿容积的三分之二，然后用酒精灯加热时，由于溶液沸腾出现液体溅出，且不用玻璃棒搅拌或加热到无水状态时，都会出现由于受热不均匀导致晶体飞溅的现象。

案例六氢气还原氧化铜实验的注意事项。由于氢气是易燃易爆的气体，实验操作被严格要求，须先通氢气检查氢气的纯度再加热，实验完成先停止加热，后停止通氢气。微课展示先停止通氢气，后停止加热，红热的金属铜再次被氧化成黑色的氧化铜，致使实验失败的现象。

这些实验存在很大危险性，就算是教师在实验室完成这些实验，也要非常小心，最好带好防护设备，注意个人安全。

8. 微课在化学实验教学对中考化学实验操作的作用

理科实验操作考试是中考的重要组成部分，近年来已经纳入升学录取总分，学校及家长对此都很重视。然而在化学实验训练时，通常是以演示实验的形式来完成，学生受到视角、视力和注意力等主、客观因素的影响，难以观察教师演示实验操作过程中的细节，恰恰细节操作是易错点。学生通过死记硬背来掌握实验步骤及结果，实验操作技能没有得到实际训练。虽然也有一些学校会开展实验课，但是受到实验条件和实验环境的限制，学生从看演示实验到亲自去做实验，间隔时间较长，容易遗忘实验内容和具体实验操作及注意事项，在集中训练中指导教师难以对学生进行逐一指导，效率低下且多有疏漏。

实验操作考试通常从实验操作技能、实验原理和实验习惯三个方面对学生进行评定，重点考查学生的实验操作技能。教师可以通过六个实验操作题为蓝本，精心制作六节独立的实验微课，录制规范的演示实验操作，展示学生常见错误，对细微之处运用镜头的放大功能，对关键步骤、关键现象进行特写，让学生看得见、看得清、看得懂，以此让学生进行模仿操作。教师要做到"场上无学生，心中有学生"，在微课教学中还要对实验进行必要的讲解，加强语言的互动，让学生边看边思考，让他们有身临其境的感觉。录制好视频后，通过编辑加上恰当的标注或字幕，突出关键操作步骤，让学生始终被关键信息引导。

案例"碳酸钠和氯化氢反应"微课设计

在进行"碳酸钠和氯化氢反应"的实验教学时，使用微课创建生活化情境，提高学生实验效率。碳酸钠别名"苏打"，是生活中常见的化学物质，可以先将生活中运用到碳酸钠的场景呈现出来，如在洗涤时使用碳酸钠能去除顽固污垢，蒸馒头时放碳酸钠能使馒头更加蓬松，通过这些生活中的画面将生活实际和化学实验紧密地联系在一起，成功创建生活化情境，使学生对碳酸钠产生强烈的探究欲望。紧接着趁热打铁，要求学生通过微课中展示的碳酸钠和氯化氢的反应实验现象，记录实验过程。然后要求学生利用提供的化学材料和仪器，分组完成这个实验，学生在氯化氢溶液中加入碳酸钠后，观察到溶液中冒出了气泡，通过化学物质分析、化学方程式书写等方式明确产生的气体是二氧化碳，达到使用微课创建生活化情境的预期效果。

在多次尝试实验型微课教学后发现，虽然学生在进行实验操作训练之前，通过实验型微课进行了学习，学生的实验操作技能和实验现象记录有了明显的提升，但仍有疏漏。学生观看教师操作的微课时，大多数学生都认为自己看懂了记住了，也就会做了。然而在实际的操作中往往会出现眼高手低的现象，看到教师操作时总以为心领神会，而一旦自己操作时往往顾此失彼、错误百出，距离感较强。微课教学不能完全代替实验学习，作为预习材料或者课后巩固材料，效果更好。

9. 共享优质微课教学资源

随着互联网的普及和自媒体的发展，网络上有丰富的微课资源，教师可以通过网络搜集相关微课资源，获取大量优秀的微课资源。在过去的化学教学中，学生难以在有限的时间内理解并掌握这些知识点，在使用微课教学时，学生在学习时面对的是高质量的教学团队，学习效果也会得到大幅度的提高。将微课资源运用到课堂教学中，丰富了教学内容，为学生提供了更多思考问题的角度与思路。

微课具有多样性，不同的教师对同一知识点的理解角度不同，就会制作出不同的微课。俗话说"尺有所短，寸有所长"，"他山之石，可以攻玉"，每个人的能力是不同的，有的擅长这项，有的擅长那项。教师在教学前，可以观看多个教师的微课视频，取其之长、补己之短，挑选出最合适的微课视频，必要时可重新编辑，使其更符合学生实际情况，增强学习效果。在教学过程中植入优秀的微课作品，可以丰富课堂教学手段，也可以提高学生课堂学习的吸引力，还可以弥补教师在某个知识或教学技能方面的不足。

案例一在讲授"物质结构"中"分子中中心原子价电子对数"这个知识点时，很多老师难以将这个知识点讲得透彻，学生对该部分知识更是模模糊糊。此时，借助优秀的微课资源，对学生进行讲解，不仅可以提高课堂效率，还可以促进学生自我学习、自我提问、自我吸收的能力，更提高了教师自身的专业素质。

案例二在讲授"蒸馏水的制取"这个知识点时，因为蒸馏实验无法在课堂内演示，所以可以利用微课展现蒸馏水制取实验。视频看完后，大部分学生能够说出蒸馏水的制取步骤，互相交流讨论、共同探讨，最后得出的结论是：蒸馏是一种混合物分离方式，是水净化中使用频率最高的方法。微课教学能很好地帮助学生解决实验中搭建器材耗时的问题，且直观形象，还能调动学生学习的积极主动性，提高学生的学习兴趣。

第五节　微课在化学学科中的导入设计

随着近几年微课在教学中的发展，人们对于微课的展示形式从之前的知识点讲解到有了更高的审美要求和教学逻辑要求，要求微课在短短几分钟内既要完成教学内容，又要保证教学过程完整。

　　一节成功的微课要快速引入课题，在第一时间抓住学生的注意力。因此微课的导入十分重要，它是微课视频的第一部分，要在较短的时间内安定学生的情绪，将学生带入教学情境，还要激发学生的学习兴趣。好的导入对于一节微课来说就成功了一半，但无论用什么形式引入，都要力求新颖、有趣、有感染力，与题目关联紧密，快速切题。接下来，我们就以化学学科微课设计为例，交流几种常见的微课导入方式。

1. 矛盾认知导入法

　　挑战以往认知，与以往认知产生矛盾，这种方式可以很好地调动起学生的好奇心和兴趣，激发学生的求知欲。

　　"钠与盐溶液的反应"这个知识点是在"钠与水的反应"学习之后，而在初中的化学学习中，归纳常见金属活动性顺序中的金属性质时，提到较活泼的金属能把不活泼的金属从它的盐溶液中置换出来，在这一认知的前提下，学生对于钠与硫酸铜溶液的反应预测结论是：钠将铜离子以单质形态置换出来。而在插入的"钠与硫酸铜溶液的反应"实验视频中看到的现象是钠浮在水面上游动，有蓝色沉淀生成。这样的现象与预测现象不一致，与学生已掌握的知识产生了矛盾，更能激发学生的好奇心，从而引出钠与盐溶液反应的实质。

　　在"铝"这节内容的教学中，铝是生活中常见的金属，而在插入的"铝与氢氧化钠溶液的反应"实验视频中看到的现象是铝片逐渐溶解，铝片表面有无色气泡产生。这个现象有悖于学生已经掌握了的金属通性，与学生已掌握的知识产生了矛盾，从而激发学生的好奇心，引出学习内容。

2. 实验视频导入法

　　化学是以实验为基础，研究物质组成、结构、性质的一门自然科学。化学实验在化学学习中占有很大比重，化学实验不能用动画代替，真实的实验视频能够直观地反映出实验现象，加深学生对于化学反应的印象。

　　在"钠与水的反应"中，教师插入实验视频，学生可以通过反复观看实验视频，记录实验现象，分析实验结论，引出钠与水反应的规律。

　　在"钠与氧气的反应"中，插入实验视频，对比钠分别在常温和加热条件下与氧气反应的现象和产物颜色，引出钠与氧气的反应。

　　在"铜与硝酸的反应"中，插入实验视频，对比铜分别与浓硝酸、稀硝酸的反应，引出硝酸在不同浓度发生氧化还原反应时，反应产物与反应速率和硝酸浓度的关系。

3. 设问导入法

　　在平时的课堂教学中，新课的导入会经常用到设问法，通过设问能够引发学生的思考，指引学生的逻辑方向，集中学生的注意力，从而把学生带入既定的教学情境中。微课也可以采取这种惯用的方式。

　　在"元素周期表的应用"的教学中，以"1871年，门捷列夫预测'类铝'的性质，4年之后，科学家才发现这种元素，并通过实验证实了门捷列夫的预测"为主线，以设问"门捷列夫是如何做出如此准确的预测？"引出学习主题。

　　在"胶体"的教学中，以"阳光穿过茂密的林木枝叶，明亮车灯在大雾中的光路"为背景，以设问"为什么会产生这些美丽的景象？"引出学习主题。

在"氮的循环"的教学中，以"雷雨发庄家"视频为主线，以设问"在雷雨过程中发生了哪些化学反应？"引出学习主题。

4. 讲授导入法

如果对于学生是新知识、新概念的课程，学生没有相关的知识储备，那么微课的导入可以采用讲授法，这样的方式有利于学生快速理解、掌握学习内容。

"物质的量"这节内容是从全新的角度认识微观粒子与宏观物质之间的关系，可以通过概念的解读、分析以及实例的应用，帮助学生快速建立认知。

"有机化合物的命名"这节内容对学生来说也是一个陌生的知识，需要对照一个或几个有机化合物，逐字逐句地解读命名规则、注意事项，并举例分析易错结构。

5. 回顾导入法

对于知识点相互关联的课程知识，可以采取回顾导入法，通过对以往知识点的回顾、扩展、提问、再思考，建立新旧知识点的联系。

在"氧化还原反应"的教学中，以初中阶段学习的氧化反应和还原反应入手，举出实例，从氧原子的得失同时发生在同一反应引出氧化还原反应既对立又统一的特性。从反应过程中，反应物之间对于氧原子的得失，过渡到反应物中某种元素或某些元素化合价的变化，再分析元素化合价变化的原因及规律，引出氧化还原反应的实质原因：反应过程中存在电子的得失或偏移。

6. 生活实例导入法

微课创作可以从生活实例入手，比如新闻、典故、历史等，引出微课学习的主题。既提高了学生的学习兴趣，又帮助学生理论联系生活。

在"硝酸及其性质"的教学中，以"福州硝酸泄漏，一小时成功救险"这则新闻，利用新闻中提到的"黄褐色的浓烟""咽喉刺痛""水雾来压住并稀释烟气""水泥地面都被腐蚀"等语句引出硝酸及其性质的学习。

在"乙醇"的教学中，以杜康儿子由于错误的操作导致产品变质，而最终酿出了醋的故事，引出乙醇还原性的学习。

在"元素周期表的应用"的教学中，以门捷列夫能够预测出一百多年后才发现的元素镓的化学性质这一典故，引出对元素周期表的学习。

在"溶解与乳化"的教学中，教师在讲解相关知识时，可以在课堂中将洗衣液的广告作为课堂导入视频，并在这个过程中设置相关的问题，使学生真正理解溶解与乳化的实验原理。

7. 情境导入法

为了更好地发挥导入的作用，我们可以巧妙地利用多媒体来创设教学情境，构建学习环境，引起学生注意，激发学生学习兴趣，引导学生学习方向，让学生根据视频中的讲解和自己的预习，了解这节课所需掌握的基本知识。在这个过程中，学生主要通过观看微课视频验证自己的预习成果，教师不必给予过多指导，从而培养学生的自主学习能力。通过观看视频，学生能够快速集中注意力，进入高效的学习状态。

在"溶洞的形成"的教学中，教师可以利用图片、视频将学生带入美轮美奂的溶洞世界，从而引发学生思考溶洞的形成过程。

在"化学反应速率"的教学中，教师可以通过图片视频对比金属锈蚀和烟花燃烧，引出描述、衡量化学反应快慢的物理量——化学反应速率。

在"甲烷"的教学中，教师可以采用吐槽式的讲解方式进行导入：甲烷这种化学物品，"脾气"十分暴躁，一点就爆，丝毫缓冲的机会都不给人留。这样的介绍不仅能让学生觉得教师生动幽默，还能使学生非常容易地抓住甲烷的性质特点。

以微课为基础引入生活场景的化学实验情境，能更好地引发学生共鸣，使他们真正感受到来自化学实验的魅力，进而促使学生在之后的化学实验学习中主动和日常生活联系，让学生在微课中汲取对优化自身化学核心素养有益的内容，保证每个学生都能较好地提高实验效率。

8. 对比导入法

对于一些知识点比较接近、概念比较相似、学生在学习过程中不易区分的教学内容，可以采用对比方法导入。

在"电解质"的教学中，可以对比氯化钠溶液和乙醇溶液的导电能力，引出电解质的概念；以对比 $0.1 \ mol \cdot L^{-1}$ 稀盐酸和 $0.1 \ mol \cdot L^{-1}$ 醋酸溶液的导电能力，引出强电解质和弱电解质的概念；以氢氧化钡溶液在滴加稀硫酸前后的反应现象和溶液的导电能力变化，引出离子反应。

9. 预测性质导入法

在学生掌握一定知识和能力的前提下，教师可以引导他们对一些物质的化学性质进行预测，既能展示出科学探究的过程，又能体现化学学科的特点。

在"铝"的教学中，学生经过一段时间的学习，已经掌握了金属及其化合物的通性和氧化性、还原性的比较及应用，通过金属通性预测金属铝的化学性质，通过铝的活泼性，预测金属铝的还原性强弱，引出铝及其化合物的性质。

微课作为一种全新的教学模式，突破了以往教学在时间和空间上的限制，正在影响和改变传统教学模式。在既尊重学生差异，又减少学生差异带来的消极影响的同时完成了既定的教学任务；既适合课前预习，又可承担课后复习的双重任务。因此微课在以后的教学中必将大放异彩。

在微课教学的课堂导入后，教师要注意把握好知识的表现性，进行知识的深入讲解。在这个过程中，教师需要透彻了解知识内容，明确教学内容中的重点和难点，将知识的应用要点和细节清晰地展示在学生面前。在微课视频中，教师还要提出一些问题，引导学生思考，优化课堂教学，促使学生掌握所学知识。

第六节　微课教学应用于化学的注意事项

化学学科是研究物质组成、结构、性质的一门自然科学，化学知识是趣味性比较强的学科，并与人们的生活息息相关。

在高职理科学科中，化学处在一个尴尬的位置，总分介于物理与生物之间，难度也介于物理与生物之间，论受重视程度不如物理，论学科得分率不如生物，论知识点数目首屈一指，还有众多的信息和注意事项，导致在学生做理科综合试卷时，绝大多数的学生都将化学题目放到最后再写。

在应试教育的背景下，在化学知识的学习过程中，学生最畏惧的难点就是化学方程式众多，物质性质繁杂，实验题型比重大。为了解决这些问题，大部分化学教师仍旧停留在化学知识的教学上，要求学生投入大量时间熟记，通过反复练习增加熟练度，忽视了学生化学学习能力的培养，导致学生化学知识掌握不够扎实，不利于学生综合能力的发展。而在大力倡导素质教育的今天，高考化学试卷大多是信息题，提供的信息内容前沿尖端，老师、学生平常很难接触到，学生看到这种题目往往会无从下手，想要在考试中得分就需要学生充分理解掌握化学知识，仅仅依靠死记硬背，已不能满足现代教育的需要。

化学基础知识和化学实验操作是非常重要的两种化学学科能力，在新课程改革的背景下，教师可以结合学生的个性特点，适当地采用微课教学方式，让学生进行自主学习，帮助他们完成化学知识的教学，并更好地掌握化学知识。

在化学实验教学方面，由于教学时间宝贵，学生分组实验次数有限，微课教学可以有效地提高化学实验教学的效果，学生通过课前微课教学了解实验步骤，明确实验现象。视频预习相比于传统的图文预习，能够给予学生更深的印象，在学生分组实验时，就可以减少学生的实验错误，减少安全隐患。同时在微课教学时，师生之间可以互相沟通，帮助学生对实验有完整的认识，形成自己的看法。

在化学知识教授方面，化学学科知识广博，在高考考纲的范围中涉及300多个知识点，这就导致学生化学学科的预习难度大。微课资源能够帮助学生完成自主学习，并培养良好的习惯。微课资源让学生的学习不再局限于课本，它可以通过视频解说降低学生学习的难度，增加化学基础知识的学习乐趣，拓宽化学学科学习的深度和广度。对于化学基础薄弱的学生，可以在课后反复观看学习微课，完成化学知识的理解和吸收。

教师借助微课并紧密结合教学课程与教学内容，针对性地设计教学环节，拆解教学任务，融合教学思路，制作符合教学目标的微课课件，再录制微课视频。在教师教授学生学习的过程中，可以采取微课教学引导学生学习，由于学生对新媒体有着强烈的新鲜感，能激发学生对化学知识的学习兴趣，再结合学生的兴趣爱好，设计问题和教学活动，就能加深学生对知识的记忆，促进学生学习成效的提升。老师在课堂上设置轻松的问题，就能有效地激发学生学习的成就感。

例如，在教授"常见金属活动性顺序"这节内容时，为了帮助学生对比镁、铝、铁、铜在稀盐酸中反应速度的快慢，就可以利用视频编辑将四个实验的反应过程同时展示出来。学生在视频中就能直观地发现化学反应速率的关系，有效满足学生的学习需求，并通过实验视频规范学生实验操作，完成教学目标。

微课教学是一种新兴的课程资源，主要表现在以下几个方面。

1. 科学性是前提

科学性是微课教学的前提。化学是一门自然学科，元素存在形式、物质性质、制备及应用等，都是学生必须学习和掌握的内容。化学教学微课视频的科学性主要有以下三个方面。

首先，微课教学中使用的化学术语必须准确，不模棱两可、含糊不清。

其次，对化学相关概念的解读、原理的分析和方程式的书写，必须做到准确、完整、严谨。

最后，在教学过程中所引用的案例、素料必须真实可靠，微课教学中不能引用未经科学证实的理论或结果。

化学不仅要学习宏观物质变化，还要研究微观世界中的物质关系。对于一些化学反应的微观解释，很难通过语言传递给学生，让学生明白其中的关系，这时就可以通过微课视频的动态画面和语言标识，介绍与解释微观世界的奥秘，从而突出重点，突破难点。

例如，在学习"水分子的组成"时，可以使用 Flash 动画来展示电解水。水分子中氢原子和氧原子之间的化学键断裂，吸收电能，以键能的形式储存起来，然后两个氢原子之间、两个氧原子之间分别形成新的化学键、释放化学能，由于化学键断裂吸收的能量大于化学键形成释放的能量，因此整个反应过程表现为吸收能量的反应过程。这些微观世界的动态展示能让学生更清楚地理解在化学变化中能量的传递过程。

2. 新颖性抓住学生的注意力

微课教学视频与传统教学视频有很大的区别。传统的教学视频，还是教师站在讲台上授课的画面，对于学生来说，只是换了一个角度看教师上课，毫无新鲜感，导致学习效果不好。而微课教学视频，可以有教师的身影，也可以只有教师的头像，或者只保留教师的声音，甚至是电脑合成的声音，视频画面只保留教学的内容，而且知识经过拆解，教学内容微小，教学目标明确，教学内容符合学生的接受能力。

将微课资源引入课堂，微课视频的制作要让学生乐于接受，这就需要教师在设计微课时，对教学过程的设计和微课视频画面的处理有独特的想法，画面应能够让学生眼前一亮，要让学生感到不同于课堂教学的感受，能够抓住学生的注意力，同时能够引发学生深度思考。教学材料的选择应与近期发生的热点问题相联系，可以再创新，教师灵活使用素材也能够培养学生的创新素质和创造能力。

相比于传统的课堂教学，微课教学更有以下优势：学习地点的随意性、方法的多样性、反馈的及时性、知识的准确性、交流的广泛性和资源的丰富性。化学教学中的许多重点、难点，有时仅靠教师一节课的讲解，学生很难理解和及时掌握，而化学微课视频更形象、直观，学生可以通过反复学习，达到知识的内化，易于学生掌握。微课教学既可增加知识的活泼度，又有利于知识的生成，从而顺利减少教学障碍，最大限度地帮助学生完成学习目标，突破重难点。

微课视频主要讲究个"微"，即微课视频的制作要内容精炼、重点突出，集中讲解某个知识点或某个实验环节，力求"短小精悍"。学生可以利用课余时间学习，大大化解学习难点，提高了学习效率，弥补了课堂学习的不足。

3. 形式性符合学生的认知特点

微课设计的特点是把知识点"化整为零"，在这一点上与学生可以支配的零碎时间恰好吻合。

每一节微课都围绕一个特定的问题、一个知识点或者一个知识片段进行讲解，有较强的针对性，方便学生查找，也方便归纳整理，这样就可以降低学生学习的难度，实现知识的碎片化处理，符合现在青少年对于知识的接受规律。

化学教学微课视频通过简短的语言文字、生动的视频动画、形象的声音图像等，将书本上的知识可视化，复杂的逻辑简单化，抽象的问题形象化，以动态影音的形式展示给学生，更加形象具体，能够充分调动学生学习的积极性。微课内容突出重点知识，突破难点内容，让学生能够及时把握课程的重难点，激发学生学习化学的兴趣及欲望，在一定程度上充分调动了学生的多种感官，引起学生注意，能够促进学生积极主动学习，让学生能够集中精力参与到学习当中。

视频中的图片、声音、视频等各方面应该结合紧密且贴切，具有一定的艺术性，从而间接培养学生的美感。比如在学习"氧气的用途"时，书本中只给了一些图片，不足以引起学生注意，此时插播潜水员携带氧气罐在海底作业的视频更能让学生意识到氧气的用途。

4. 要符合学生的心理特征

在传统的学科知识教学中，很多教师在评价学生学习成果方面存在不足，没有注重教学评价。同时，当前很多学生是独生子女，在家庭中是爸妈的"心肝宝贝"，如果教师给予其不恰当的评价，可能会导致学生对学习产生逆反心理，这给学习效果带来极大的不利影响。另外，有的学生认为教师在评价时存在"敷衍"的现象，由此导致学生对学科知识的兴趣逐渐降低。同时，在传统教学中，由于教室里座位的原因，有的学生会感觉没有得到教师的关注，从而学习兴趣降低，而在微课的学习中，以上问题都会得到解决，他们会感到教师是在给他一个人在讲，个体的存在感上升，学生的平等感增强，学习时也会更加认真。

传统教学中教师单一地传授知识，学生容易疲劳和分心，注意力不集中，对学习失去兴趣，学习效率低下。而微课教学模式倡导先学后教的方式，学生通过教师设计的教学视频和学习任务，根据自身情况来安排和控制自己的学习进度，学生从被动接受者转变为知识建构的主动参与者，学习方式发生改变，学习空间得到解放。在线下学习中，学生没有学懂的内容可以放慢节奏观看教学视频，或者重新学习，也可以通过网络与同学、教师交流，这种学习方式提高了学生学习的积极性，学生个性得到充分展示。在课堂教学中，学生由于课前的学习，就会更自信更积极地参与到课堂活动中或师生讨论中，学生的表达、合作能力得到提高，个性得到发展，创新能力得到培养。

经过心理学研究得出，高职生处于青春期，注意力集中的时间变短，能够集中注意力的时间一般是 8～15 分钟，特别容易受到外界干扰，同时他们对新鲜事物有着很大的热情和兴趣，尤其是对电子信息技术类的事物尤为喜欢。传统教学显然不能很好地吸引他们的视线了，所以如果继续采用传统教学方法，那么学生的学习效果就不会太好。微课教学的优势在这时候就凸显出来了，微课的时间长度为 10 分钟左右，就是控制在学生注意力最为集中的这段时间内，这样既符合学生身心发展特征，又能达到微课的最佳使用效果。微课利用其创意性的视频和图片元素来强化视觉刺激，加强视觉引导，激发学生的学习热情，提高学生的学习效果，并且能够吸引学生自主学习，实现课堂转换。

5. 要符合教学的目标要求

在应试教育制度影响下，有些教师认为教学的主要任务是充实学生知识储备，拓展学生的知识面，帮助他们在考试中取得较为理想的成绩，因此，在课堂中，学生始终处于被动地位，不利于学生核心素养的培养。

微课的使用改变了传统的教学模式，教师也要及时调整教学观念，通过微课的合理引入全面体现学生的主体地位，帮助学生在微课的引导下有效发挥主观能动性，养成良好的自主探究习惯。

微课的内容选择必须来源于真实的教学情境，根据教学的实际需要，围绕教材中的重难点或易错的知识点展开设计，这些内容可以为学生答疑解惑，满足学生的学习需要，不能是自己的主观臆断或为参加比赛、完成任务等，制作微课的目的是为教学服务。

微课的内容，要围绕教学目标这条线循序渐进，突出重点，突破难点，最终将问题化解。微课在制作时，要"微""精"，即其形式上要短小，内容上要精悍，使用上要适合现代学生的特点。

案例一在教授"探究影响过氧化氢分解速率的因素"这个实验时，通常很难做到不同的影响因素对化学反应速率的影响的对照实验。现在我们制作微课视频，分别录制不同的实验，通过视频编辑软件，同时将不同的实验展示出来，方便学生观察对比。再引导学生发散思维，设计其他影响因素的实验方案，准备实验仪器和药品，组装实验装置，对比实验现象，记录实验现象，总结实验结论。

案例二在教授"原电池"这节内容时，化学电源在日常生活中随处可见，那么化学电源是如何将化学能转化为电能的呢？可以让学生通过观看微课视频了解原电池的相关定义，然后进一步认识原电池工作的原理。重点是：认识原电池概念、原理、组成及应用。难点是：原电池的工作原理、电极反应方程式的书写。通过微观剖析两个电极材料的化学性质、两电极处发生的化学反应类型以及电子得失转移方向，引出化学能转化成电能的过程，帮助学生理解原电池的工作原理。

案例三在教授"氢能源"这节内容时，我们可以借助微课资源插入我国航天器现场点火发射升空的视频，既可以让学生接触到我国先进的科技成果，增强学生的民族自豪感、自信心，培养学生的国家意识和爱国情怀，又可以引入教学情境，让学生深刻地认识到氢气作为二次燃料在燃烧时可以提供大量的能量，而且产物只有水，绿色环保无污染，为学生营造出一个良好的课堂教学情境。

案例四在教授"人类重要的营养物质"这节内容时，我们可以借助微课展示安徽的特色美食，并适当引导学生思考各种美食中所含的主要营养物质是什么，怎样合理膳食、科学膳食、健康膳食。微课视频的展示可以很自然地把学生带入教学情境中，能够极大地提高学生的学习热情，有助于学生将化学知识与生活实际相联系，学以致用，更加坚定化学这门课是具有广泛用途的一门学科。微课的运用，促进了化学知识呈现方式的变化，提升了化学教学的多样性和生动性。

6. 微课制作的目标

由于微课受时间、内容量的限制，加之微课的教学目标明确，微课的选题更倾向于教材中重点突出或难点突破的内容。微课要求以学生为本，重在解惑、答疑，微课需要的是真问题、真智慧、真策略。在进行教学内容选择时应充分考虑本节微课视频是否具有实用价值，是否具备独立性、完整性和示范性，是否能有效解决教学过程中的重点和难点，是否能完成教师设定的教学目标，是否能有效解决实际教学问题。

通过网络发布的微课，具有暂停、回放等多种功能，有利于学生的自主学习，学生可以利用零碎的时间，根据自己的学习情况，自主选择相应的微课模块化学习，补差补缺或者提前预习，无论是何时何地，对于不理解的知识点都可以反复学习。

比如，在教授九年级化学学科时，气体制取装置的选择、金属活动性的探究、燃烧条件的探究、中和反应的实质、复分解反应发生的条件等，这些探究性内容既是教材中的重点、难点，又是教材知识和学生能力培养的结合点，也是学生的疑点和易错点。教师可以将这些课题制作成微课，利用微课的优势，翻转学习时间，让学生课前学习内容，课堂讨论总结，课后复习巩固，先学而后教。微课教学应用于翻转课堂相当于学生学习了两次，学生课前预习，了解化学的基本知识，并发现在学习过程中自身无法理解的问题；再将这些问题带入课堂，教师分类整理，探讨拓展，攻克难点，拓展深度，提升学生的全面认识。

化学学科是一个实践和理论相结合的自然学科，一直是教学信息化的先行学科，翻转课堂的应用也是来自国外化学教师对于教学方式的改进。当前微课平台的建立，为化学学科的翻转课堂教育提供了坚实的基础。

7. 总结

相对于传统模式而言，使用微课教学的困难在于投入大量时间备课，即微课设计、视频制作，都需要大量的时间和精力。但在学生人数越多的情况下，使用微课教学模式就更具优势。它可以解决教师只有一人、学生众多、学生问题不同、教师精力不足的问题，还可以让学生有多种选择的"营养餐"，效果可想而知。与此同时，一位教师的力量是不够的，需要众多教师共同协作、资源共享，才能圆满完成这项工作。

学生课前利用微课学习新知识，课中利用微课解决重难点问题，课后利用微课巩固和拓展。无论是课前、课中，还是课后，教师在制作微课视频的同时，也需要做好学习效果的检测工作，设计合理的自主学习任务单，让学生在任务驱动下使用微课视频，保证学生不只是通过微课"看热闹"，更能"看门道"。

微课教学一个重要的特点，就是具有良好的互动性。为此，在选择化学知识点时，就不能一味地追求面面俱到，而是要找准其中的重点知识，进行针对性的设计。同时教师还需要注意相关知识点的综合与提炼，对教授的问题、概念进行全面讲解，使一节微课能够引发学生产生更多的联想，进而更好地巩固所学知识。这样一来就能保证在有效的时间内对学生进行知识的传授，有效提高学生的学习效率。使用微课，不仅能使学生很快理解和应用，也能减少教师的教学疲倦感。

总而言之，在当今大力提倡翻转课堂教学的理念下，微课在现代教学中的应用越来越广泛，所以在化学教学过程中，要摆脱教材的局限，进一步强化化学的探究性，就需要化学教师不断研究，更好地把微课应用在学科教学的各个环节，以此更好地促进学生思维能力的发展。

第九章　高职院校绿色化学教育

第一节　绿色化学教育的理论基础

一、绿色化学的概述

（一）绿色化学的含义

"绿色化学"是由美国化学会（ACS）提出，它指的是：有效地、综合地利用最好是可再生原料去生产与应用化学化工产品，消除各种废弃物与避免使用有毒有害的、危险的溶剂和试剂。而当今的绿色化学是指通过各种保护环境的化学技术和方法，利用自然资源及能源，降低或完全除去化学化工产品制造、应用过程中有毒有害物质的使用和产生，避免所涉及的化学化工产品或过程给生态环境造成负担，并积极地考虑节省能源及资源、减少废弃物排放量，甚至过程和终端能都为零排放或零污染。

绿色化学又被称为"环境友好化学""环境无害化学""清洁化学"，是更高层次的化学，包含一种新的创新性的思想，是一门从源头阻止污染的化学。绿色化学的特点有化学反应的清洁性、化学反应的原子经济性、化学反应技术可持续性、化学生产的可持续性、化学工艺的循环和封闭性。它的研究目标是利用可持续发展的各种方法，降低为提高人类生活水平及科技的进步需要的化学产品生产过程中使用及产生的有害物质，形成一种新的仿生态系统模式：自然原料—工业的生产—产品的使用—废物废品回收—二次能源再生。因而，绿色化学不仅是未来化学工业发展的方向，而且世界各国政府、学术界与企业已将"化学科学的绿色化"作为新世纪化学进展的主要方向之一。

（二）绿色化学与绿色化学教育

绿色化学是一个多学科交叉的研究领域，与生态学、生物学、材料学、医药学、食品安全学、计算机科学等都有着密切联系。绿色化学的发展和应用，需要这些学科的知识，同时绿色化学也带动这些学科的发展与创新。绿色化学的提出，为化学科学注入了生机和活力，要使绿色化学真正能在生态环境保护上起作用，最终还是要靠教育的力量，就是我们所说的绿色化学教育。绿色化学不仅仅是一门独立的学科，它还是一种指导思想、一种研究政策及战略方针，我们应该用实际生动的范例、渊博知识功底充实我们课堂教学内容，根据范例所涉及的知识点，生动自然地渗透到工业化学、环境化学、食品化学、基础化学和物理化学等学科中，我们的学生们通过我们的教学，能够树立起牢固的绿色化学和生态环境保护的意识，将来使他们能成为自觉的"地球保卫者"和"绿色化学家"。

绿色化学教育进入教育领域，是教育改革的主导方向。绿色化学是化学教育与环境保护的有机结合，也是实现培养全面的高素质人才和可持续发展两大战略目标的完美结合。绿色化学教育将化学科学与技术的理论与人文教育需要融为了一体，人类发展与国家未来富裕、强大在于我们孩子，将来世界是由他们接手管理与创新，应将绿色化学观念渗入孩子们的人生观、价值观中，让他们在应用和创造科学技术同时，自觉爱护和保护我们赖以生存的环境，懂得科学技术的生态价值。绿色化学教育将绿色文明种子生根、发芽繁殖，使人类社会与生态自然和谐共处。

二、对高职生实施绿色化学教育的必要性

（一）绿色化学教育促进可持续发展

可持续发展的含义是指"既满足当代人的需求，又不对后代人满足其需求的能力构成危害的发展"。它是一个不可分割的系统，不仅以社会经济发展为目的，而且要保护好人类赖以生存的自然资源和环境。而绿色化学是一门现代新兴的化学学科的分支，以"原子经济性"为原则，研究从物质生产的源头控制废物的生产，减少有毒有害物质的释放，从而保护我们生态环境和自然资源。那么要实施可持续发展战略，就应该将环境问题和发展问题有机结合起来，渗透到我们绿色化学教育教学中，提高人口素质，再考虑社会经济发展的全面性战略，使社会、经济和生态协调起来统一发展，使人类文明发生新的转换。为了保护生存环境、维护生态平衡，人类生态意识逐渐觉醒，积极去寻求从生产源头预防污染新的化学方法及手段。绿色化学符合可持续发展要求的，它具有高效益性。在自然资源开发与利用中，绿色化学是考虑各种条件、时空的变化，服从自然生态发展规律并有效利用有限资源和能源，从而达到最佳的社会及经济的综合效益，避免各种污染物产生，维护生态平衡，促进全人类的可持续发展。

绿色化学教育，是可持续发展战略其中一项原则，将化学科学知识和技术与人文需要融为一体的教育。受过绿色化学教育的人们能正确认识绿色科学，认识人与社会经济、自然环境的关系，以可持续发展的战略思想来学习研究绿色科学知识，利用、探索和改造自然，实现人与自然的和谐发展。实施绿色化学教育能形成在全人类范围统一的绿色观念，营造绿色社会氛围，规范人们行为和态度，最终达到绿色化学教育为领头带动其他社会领域可持续发展。

（二）绿色化学教育是高职素质教育的重要部分

素质教育是以提高全民族各种素质为根本宗旨的教育。它是依据《中华人民共和国教育法》规定的国家教育方针，面向全体学生提高他们的基本素质为根本宗旨，以注重培养受教育者的态度、能力，促进他们在德、智、体等全面发展为基本特征的教育。高职教育是国家教育体系中的比较重要组成部分，那么实施素质教育自然就是中国高职院校任务的核心要素之一。我们教育工作者在教育过程中要将素质教育融入自身专业知识及能力培养中去，将素质教育与知识、能力的教育有机结合起来。

那么，高职生的素质教育包括思想政治素质教育、身心素质教育、文化素质教育、业务素质教育和创新素质教育。而绿色化学理念的培养正是文化素质教育的重要内容之一，

同时又是其他素质的综合体现。绿色化学教育基于文化素质，同时凌驾文化素质之上，是高职生综合素质的集中反映。绿色化学教育是高职院校化学教育的前沿及其发展的必须，要成为未来国家各行各业栋梁的高职生们，应具有很高的全面发展的综合素质，还要接受化学教育，培养绿色化学的意识。对于非化学专业的学生及教育工作者，也应具有一些绿色化学的知识和绿色化学的基本常识，这是我们每一个自然人应该做到的，也是创建我们将来美好生存环境的保障。

（三）绿色化学教育是体现STS教育内容的课程之一

STS指的是科学（Science）、技术（Technology）、社会（Society），它是探讨和揭示科学、技术和社会三者之间的相互作用的复杂关系，研究科学、技术对社会产生的正面、负面效应，其目的是要改变科学和技术分离，科学、技术和社会脱节的状态。这种庞大的交叉系统学科不仅仅具有很强的理论性，还具有相当强的实践性，体现了一种新的科学教育观、价值观和社会观。STS教育是科学教育改革中兴起的一种新的科学教育构想，其宗旨是培养具有科学素质的公民。它要求面向公众，面向全体，强调理解科学、技术和社会三者的关系，重视科学、技术在社会生产、人们生活中的应用，重视科学的价值取向，要求人们在从事任何科学发现、技术发明创造时，都要考虑社会效果，并能为科技发展带来的不良后果承担社会责任。

进一步加强STS教育，是当今国际上理科教育改革的必要手段。随着科学技术发展渗透着社会价值的过程。STS的主要任务就是把科学技术看作一项的事业，其中政治、经济和文化价值观念促进了科学技术事业的发展；相反科学技术又影响这三种价值观念及它们在社会中的形成。STS教育就是以对科学、技术、社会相互复杂关系的理解为起点，在STS研究的基础上进行的科技与人文、社科知识和科技与社会关系的教育。它培养的是既有科学技术知识又有人文社会知识，既有STS价值观又有应用实践能力的综合高素质人才。

随着我们生态环境日益破坏，人们对化学工业及其产品产生恐惧，甚至将化学产品等同于"有毒、有害"，随之带来的社会、政策、法律等一系列的问题。绿色化学应运而生，它给人类铺设了一条从根本上解决这些问题的道路，向我们展示了发展科学技术，可以不以牺牲生态环境为代价的新化学的境界，完全造福人类。

绿色化学的提出体现了科学技术及社会互动互因，为STS教育树立了好的榜样。绿色化学教育是体现STS教育内容的课程之一，在这样的大背景下，绿色化学教育自然能够更好地体现出STS教育的主导思想，体现出绿色的本质，体现出科学技术的教育作用。它能够培养学生创新意识、科学价值观、实践能力和社会责任感，能使学生了解现实社会、关心现实社会，正确地分析、认识社会中的各种问题。

第二节　高职院校绿色化学教育的现状调查

一、调查的目的

为了了解高职院校绿色化学教育的现状，以武汉职业技术学院为例，调查与分析化学教师及学生对绿色化学的认知程度。通过调查了解学生们的现有绿色化学知识的水平、绿色化学意识及行为习惯、绿色化学态度，从而分析实施绿色化学教育可能存在的问题及影响因素，为本节高职院校绿色化学教育实践提供参考依据。

二、调查对象及方法

1.调查对象

对武汉职业技术学院 2019 级学生及其授课教师进行问卷调查，涉及碳素工程、生物化学工程、材料工程、建筑工程、应用电子技术、汽车制造与装配技术六个专业，抽出每个专业一个班学生进行调查。

2.调查方法——问卷调查法

对学生的调查采用的方法为问卷调查法（问卷见附录 1），调查地点是教室，时间是一节自习课，要求独立完成问卷中的内容。

对教师不受时间、地点限制去完成。

三、调查内容的设计

此次问卷中的问题主要从六个方面进行设计。

（1）调查对象对绿色化学基本概念的了解。

（2）调查对象对一些环境污染防治与治理知识的了解。

（3）调查对象的绿色化学意识及行为习惯。

（4）调查对象对待绿色化学教育的态度。

（5）调查对象了解绿色化学有关知识的渠道。

（6）最后将前三项调查内容回答较完善的卷子抽出进行统计，从学生的基本情况：性别、所学专业、居住地、父母的文化程度了解调查对象对绿色化学基本概念掌握程度和绿色环保意识。

四、调查数据的统计处理与分析

该调查问卷共发放 260 份，回收 257 份，回收率 98.8%，有效问卷 252 份，占回收率 98.1%，其中学生问卷 232 份，教师问卷 20 份。

表 9-1 "绿色化学"的认知问卷调查统计表（学生卷）

选项	题目									
	1	2	3	4	5	6	7	8	9	10
A	5.2%	16.8%	19%	40.5%	81.2%	7%	22.5%	65.5%	5%	15.3%
B	72.1%	29.8%	27.2%	11.5%	9.8%	62.5%	46.5%	11.4%	14%	12.9%
C	22.7%	53.4%	53.8%	48%	9%	30.5%	31%	23.1%	81%	71.8%

续表

选项	题目									
	11	12	13	14	15	16	17	18	19	20
A	9.2%	40.2%	28.1%	3%	21.6%	40.7%	4.8%	5.9%	22.3%	41.6%
B	52.6%	46%	27%	15.8%	34.7%	20.2%	5.7%	37.1%	18.1%	36.1%
C	38.2%	13.8%	44.9%	81.2%	43.7%	39.1%	89.5%	57%	59.6%	22.3%

选项	题目									
	21	22	23	24	25	26	27	28	29	30
A	0	18.8%	0	82.1%	21.8%	32.4%	42.2%	58%	28.9	11.4%
B	86.4%	68%	45.1%	13.4%	78.2%	12.5%	37.7%	21.7%	57.3%	43.3%
C	13.6%	13.2%	54.9%	4.5%	0	55.1%	20.1%	20.3%	13.8%	45.3%

通过对学生的问卷分析（见表9-1）可以看出以下几点。

（1）从学生对绿色化学的基本概念认知方面知：多数学生听说过绿色化学，并且都知道与环境保护有关系，但确切知道绿色化学的基本概念的不到30%。关于"绿色"一词的，明白的学生只有20%左右，但是这种认识是片面的、肤浅的、不完全准确的，例如对"绿色蔬菜"的理解。现在电视、网络的广告常常介绍化工产品危害，使得一部分学生对化工产品产生畏惧，认为不接触化学品，纯天然的才是最好的，这都说明学生绿色化学知识极为贫乏，绿色化学教育在高职院校的宣传和普及还远远不够。

（2）从学生对环境问题了解方面知：从5～15题看出，学生们还是比较关心我们生存的环境，并且有一定知识基础，但对如何解决与处理目前的环境问题不是很清楚。52.6%的学生赞同综合治理，有一半数以上的不知道改造环境的根本途径是什么，可见传统教育明显落后与当今科技的发展，我们应加快教育改革的步伐，与社会、科技的发展相适应起来。

（3）从学生的绿色化学意识和行为习惯知：从19～25题看出，多数学生的绿色化学意识很淡薄，偏向于生活方便，事不关己，不从大的生态环境考虑。但经过宣传与引导是可以加强的。

（4）从学生对绿色化学教育态度知：多数学生对目前绿色环保教育远远不够，表示愿意学习绿色化学，可以提高自身的素养，以便将来能在社会上具有较强的竞争力。可见普及绿色化学教育正合时候，乃人心所向。

（5）从学生获得绿色化学知识渠道知：多数学生是从课外及电视、网络、报纸杂志等其他方式获得的，不是通过在学校的学习知道绿色化学的，这种获得知识是不系统的、不全面的，甚至有时会导致错误的结论，说明绿色化学教育应从教学过程中、实验中、其他教学手段中等方面进行。

（6）绿色化学基本概念掌握程度好坏和绿色环保意识高低，与学生性别、所学专业关系不大，但可以看出居住在城市的、父母文化程度高的家庭条件好的学生明显绿色环保意识较高，掌握绿色化学知识程度要好些。

表 9-2 "绿色化学"的认知问卷调查统计表（教师卷）

选项	题目									
	1	2	3	4	5	6	7	8	9	10
A	39.4%	0	100%	5.2%	92%	32%	25%	89.1%	2.8%	7%
B	60.6%	0	0	58.1%	2.1%	50.1%	69.1%	0	11.2%	9%
C	0	100%	0	36.7%	5.9%	17.9%	5.9%	10.9%	86%	84%

选项	题目									
	11	12	13	14	15	16	17	18	19	20
A	41.5%	62%	26.7%	0	0	55.4%	5.7%	0	30%	63%
B	42.1%	33.5%	3.1%	0	5.2%	42.5%	6.8%	16.9%	15.7%	35.5%
C	16.4%	4.5%	70.2%	100%	94.8%	2.1%	87.5%	83.1%	54.3%	1.5%

选项	题目									
	21	22	23	24	25	26	27	28	29	30
A	0.2%	28.1%	12.7%	58.4%	53.9%	39.8%	73.1%	76.3%	49.7%	23.2%
B	67.4%	67.3%	65.9%	31.7%	3.6%	2.9%	15.7%	0	41.6%	40.3%
C	32.4%	4.6%	21.4%	9.9%	42.5%	57.3%	11.2%	23.7%	8.7%	36.5%

通过对教师问卷（表 9-2）分析看出：教师知道绿色化学的基本概念比学生百分比要高，但对准确的绿色化学内涵知道的不多，甚至有的教师认为绿色化学等同于环境保护。部分教师是为了提高生活质量去了解绿色化学，对化学产品存在排斥思想，看来教师对绿色的认识也存在片面性。教师们有一定的环境意识，但由于传统教育局限性，只有 41.5% 的教师赞同预防污染，从源头消除污染源，也说明教育要改革，要跟上社会、科技发展的步伐。教师是绿色化学教学是否能很好地进行的一个重要的影响因素，教师应转变传统观念，重视学生绿色化学思想的培养，提高学生绿色化学意识。从数据上看出，教师们还是愿意加强绿色化学教育，从而加强自身素质，只是如何去实施绿色化学教育需要探索，没有经验去借鉴。可见，高职院校加强绿色化学教育是势在必行的。

从以上对数据的分析，我们可获得以下启示：虽然绿色化学教育越来越多地受到了教育界的重视，但高职院校的绿色化学教育存在明显的不足，有部分学生是由对口升学来的，大多数没有经过高中的学习，只是初三学习了一年的化学知识，所以高职院校的化学基础较差。高职生在校学习三年后，少数的专升本升学，但大多数直接走向社会就业，有的专业的学生从事化学相关的工作，有的专业的学生虽说没有直接从事化学相关的工作，但他们大部分都是工科的，保护生态环境，是我们每个公民的职责。绿色化学与我们生活环境息息相关的，我们的衣、食、住、行都离不开"绿色"。绿色化学的基本概念和知识，我们应该有所了解，教师是知识的传播者，应该及时的加强绿色化学知识的补充，将绿色化学作为教学的情感目标，从而使学生建立起环保的、绿色的意识和责任感。

第三节 高职院校绿色化学教育的实践研究

本研究在武汉职业学院范围内进行绿色化学教育实践活动，时间从 2020 年 9 月到 2021 年 2 月，为期一个学期。

实施策略：（1）以 2019 级化学工程专业学生为研究对象，他们的授课教师根据专业特点及所教课程，与研究者共同探讨如何将绿色化学知识融入课堂教学中，并设计教学方法和教学内容。（2）在全学院范围招募教师与学生，创办"绿色环保社团"并组织、宣传各种课外活动。例如：举办绿色化学讲座、开展学生课题研究、设计主题丰富校园文化、参与社会实践等。（3）建议并申请学院开设绿色化学选修课，开设青年教师绿色化学培训。

一、提高教师绿色化学知识水平，更新教师绿色化学新观念

"师者，所以传道授业解惑也。"教师是绿色化学知识、思想的传播者，离开教师，绿色化学教育只能是一句空话。高职教师需要提高自身绿色化学知识水平，更新绿色化学观念，将绿色化学的思想和内容融入课程教学体系中。

高职院校教师实施绿色化学教育，首先要牢牢树立起可持续发展教育的观念，不仅对学生进行传统的"知识理论教育"，并且要进行科学技术素质教育，使学生明白所学知识对我们未来社会发展的影响，懂得科学技术是一把双刃剑，既能造福人类，又能带来灾难。绿色化学是一个崭新的课题，是化学的一场革命，它是化学与自然生态结合发展的必然趋势。在这场绿色革命的漫漫征途中，化学教师要义不容辞承担一份责任，以人类与自然平等和谐相处为教育出发点，认识化学与自然和谐发展的关系，树立起坚固的绿色化学意识。其次，教师要认识到绿色化学的发展，不单单是科学技术领域的任务，高职院校教育更应该担负起对绿色化学的普及、教育、宣传的任务。由于绿色化学是一门前沿科学，教育工作者要时刻具有关注有关绿色化学新科技进展、新成果的意识，并能及时将其内容引入日常教学当中，培养学生的绿色化学意识，使学生通过学习树立一种信念，绿色化学是有能力对人类生存的自然环境负责的。教师还要有意识的引导学生用新学习的绿色化学知识解决日常生活实际问题。另外，高职院校应为教师提供更多培训和进修的机会，使我们教师的绿色化学知识结构和能力得到不断地补充、更新。

为了提高教师绿色化学知识水平，本研究采取的具体措施有：定期组织教师集体学习，订阅相关绿色化学书籍，采取自学—讨论—反思形式，拓宽教师绿色化学知识面；有计划的召开化学教师研讨会，针对不同专业，商榷绿色化学教学内容，安排讲座时间，确定绿色化学讲座内容；根据学生学习情况，更新教学方法及策略，并及时反思，确定下一步计划。

总之，教师要牢牢树立起"绿色化学"新观念，自觉地用绿色化学的思想、知识武装自己，不断更新的教学方法和策略，改进传统"粗放式"化学教育转变为"集约式"绿色化学教育，使学生在头脑中建立起绿色化学意识。

二、立足于化学课堂，渗透绿色化学教育

（一）在教学过程中融入绿色化学知识

高职院校要培育具有绿色化学和环境保护意识人才，最基本有效的方法就是在整个教育教学过程中将绿色化学思想贯穿进去。而教育教学的主要阵地就是课堂，它是向学生传授知识和能力的有效场所，对高职生进行绿色化学教育自然也离不了课堂教学，因此课堂上渗透绿色化学教育思想、知识是非常有必要的。

教师通过化学教学过程中，传授绿色化学的原理和特点，使学生们树立起绿色意识和责任感。教师还要结合学科特点，在教学内容中设计增加有关绿色化学方面的知识和技术，通过各种有效的教学手段和教学方法，采取实例讲解，注意充分发挥学生的主体性，让他们自己发现问题、分析问题和解决问题，从而使教学内容有趣、生动活泼，提高学生的学习知识兴趣，扩宽学生的知识面，活跃课堂气氛。在整个全部教学过程中教师应是扮演引导者、组织者的角色。

高职院校涉及的专业多，并不是每个专业都有化学课，根据本次调查研究涉及的与化学相关专业有碳素工程、烹饪工艺与营养、材料工程，专业不同，学生学习相关化学课程也是不同的。例如：碳素工程专业开设的课程有无机化学、有机化学等化学基础课，烹饪工艺与营养专业开设的课程有烹饪化学、食品安全与营养，材料工程专业开设的有工程化学基础。教师要根据不同专业、不同课程，研究所教不同课程教科书，充分挖掘教材中的有关绿色化学素材，再按素材的内容设计教学活动，进行绿色化学教学。

对碳素工程专业的学生们，教师可以在教学中加入绿色化学产生的背景、绿色化学基本概念、安全无毒化学品的设计、绿色化学与催化、绿色化学的技术、绿色化学的应用、绿色化学发展趋势。通过对绿色化学的系统学习，学生可以了解有关化工的绿色化学对可持续发展经济的影响，从而掌握绿色化学的概念、基本原理和应用；了解化工生产中的能源、资源合理利用与生态可持续发展的关系，形成预防污染的绿色化学观念；理解与掌握化学反应过程中对原料、溶剂、反应效率、催化剂的基本要求；了解已经成功或正在开发的绿色的化学工艺；了解绿色有机合成、绿色化学品工业、绿色新材料及新能源工业等领域最新研究成果和清洁技术。这样学生才能时刻知道经济、社会对化工的新要求，为高职生们走向社会参加相关领域的生产、科研，或者进行相关课题研究打下坚实的基础。

对烹饪工艺与营养专业的学生们，教师在课堂教学中可以加入绿色化学与食品安全、绿色化学与食品营养、绿色化学与食品添加剂、绿色化学与人类健康等的知识。使学生可以了解日常生活的烹调方式对人体的影响，了解食品新能源与功能食品的安全利用，了解食品中病原微生物、农药和兽药的残留、化学污染物（含生物霉素）、食品添加剂和食品包装材料对人体健康的影响，掌握新的、安全、有营养的烹调技能和知识。

这些绿色化学知识与技能有助我们未来的大厨师、营养师们提高自身的专业素养。

对材料工程专业的学生们，教师可以在课堂教学中融入绿色化学基本知识、资源合理利用及对生态环境的影响、绿色材料介绍、绿色材料加工工艺及技术、最新已经或正在研制的新型绿色材料、报废材料安全处理与循环利用等等。教师还应将材料与可持续发展联系起来，教学中可以引入材料的循环和再生技术，如再生纸、再生塑料和可降解塑料及再

循环利用混凝土等；还可以引入净化材料介绍，如贵金属及稀土材料复合的汽车尾气催化剂材料、具有很高吸臭吸湿天然矿石、蜂窝结构的堇青石净化器等；还有绿色建材、绿色环保电池、绿色包装材料等。

（二）在教学过程中融入绿色化学知识的教学案例

作为化学教师要准确地掌握教材结构和知识点，以"绿色化学"为主线，贯穿于各个学科领域，构建新的教材体系；还要不断在教学中渗透绿色化学思想，培养学生的绿色化学意识，提高他们环保素质。以"工程化学基础"中水溶液中的化学反应一章中引入"水质与水体的保护"一节为例，提出节约用水，改善水质人人有责，结合实例介绍处理废水的方法，增强学生的绿色化学意识。

【教学目标】

（1）知识与技能

高职院校绿色化学教育的现状调查及实践研究。

①了解水资源的重要性。

②了解水质分类和用途。

③理解水体污染的来源、控制和治理方法。

（2）情感态度

让学生养成节约用水，保护自然生态环境的优秀品质。

【教学重点】

（1）水体污染的来源、控制和治理方法。

（2）保护和合理利用水资源的措施。

【教学难点】水体污染的来源、控制和治理方法。

【教学方法】多媒体教学、探索式教学法。

【教学过程】

通过多媒体图片：中国国家节水标志图片、2005—2015 年联合国教科文组织的世界水日的主题和图片、地球图片、地球水资源拼图引入。学生观看，教师总结。

1. 水资源概况

地球上的水资源是极其丰富的，地表水和地下水总称天然水。其中 97.3% 以海水形式存在，在有限的 2.7% 的淡水，大约 90% 的是不易被利用的，而人类的生活和生产用水，基本上都是淡水。目前全球 20 亿人饮水困难，有 60% 的陆地面积淡水供应不足。

［教师］水资源是宝贵的，我们要珍惜它，合理利用它。

2. 水体定义及水质分类用途

［学生］根据教师提问，看书自己总结。

（1）水体是指以相对稳定的陆地上的天然水域。如江河湖海、地下水、冰川等的总称，它包括水及水中溶解和悬浮物、底泥、水生生物等。

（2）水体质量即水质，不同的使用目的对水质有不同的要求。如高纯水用于高压或超高压锅炉、高绝缘材料制造和电子工业部门，工业用水，人们生活饮用水，灌溉农业用水。

3.水体污染的来源

（学生课外查资料、讨论，教师和学生共同总结。）

（1）需氧污染物

当水体中所含的碳氢化合物、脂肪、蛋白质等有机化合物中在水中微生物等作用下，最终分解为二氧化碳、水等简单的无机物，同时消耗大量的氧；而水体中的亚硫酸盐、硫化物、亚铁盐和氨类等还原性物质，在发生化学氧化时，也要消耗水中的溶解氧。这些物质就统称为需氧污染。水中溶解氧的下降，必然影响鱼类及其他水生生物的正常生活，有机物还会分解放出甲烷和硫化氢，水质越来越恶化。

需氧污染物主要来自城乡生活污水和造纸、食品、印染、制革、焦化、石油化工等工业废水。

（2）重金属及其化合物的污染

重金属，特别是汞、镉、铅、铬等具有显著和生物毒性。它们在水体中不能被微生物降解，而只能发生各种形态相互转化和分散、富集过程（即迁移）。重金属微量浓度即可产生毒性，在微生物作用会转化为毒性更强的有机金属化合物（如甲基汞），可被生物富集，通过食物链进入人体，造成慢性中毒。如六价铬可能是蛋白质和核酸的沉淀剂，可抑制细胞内谷胱甘肽还原酶，导致高铁血红蛋白，可能致癌；过量的钒和锰则能损害神经系统的机能。

（3）一般有机污染物

有机污染物含有油类会降低水生生物的品质和数量，影响水资源的；酚类属于可被天然分解的有机物；氰化物，在石油的开采、炼制、使用过程中进入河、海，化工厂废水，生活污水，等等。

（4）酸碱及一般无机盐类

①矿物微粒和黏土矿物。矿物微粒，主要指硅酸盐矿物，其中：石英（SiO_2）、长石（$KAlSi_3O_8$）等矿物微粒颗粒粗、不易碎裂，缺乏粘结性。黏土矿物（云母、蒙脱石、高岭石），主要是铝镁的硅酸盐，由其他矿物经化学风化而成，具有晶体层状结构、有粘性、具有胶体性质，可以生成稳定的聚集体。

②腐殖质。带负电荷的高分子弱电解质，多含有^-COOH、^-OH等。在 pH 高，离子强度低条件下，羟基、羧基大多离解，负电荷相互排斥，构型伸展，亲水性强。

在 pH 低、较高浓度金属离子存在下，各官能团难以离解，高分子趋于卷缩，亲水性弱，因而趋于沉淀或凝聚。

③悬浮沉积物。各种环境胶体物质的聚集物，组成不固定

④其他。湖泊中的藻类、污水中的细菌、病毒、废水中的表面活性剂或油滴。

酸碱及一般无机盐类污染物，首先是使水的 PH 值发生变化，破坏其自然缓冲作用，抑制微生物生长，阻碍水体自净作用。同时，还会增大水中无机盐类和水的硬度，给工业和生活用水带来不利影响。无机污染物主要通过沉淀－溶解、氧化－还原、配合作用、胶体形成、吸附－解吸等一系列物理化学作用进行迁移转化，参与和干扰各种环境化学过程和物质循环过程，最终以一种或多种形态长期存留在环境中，造成永久性的潜在危害。

4. 水体污染控制及防治

（教师结合多媒体实例讲解）

水体污染主要由工业废水和城市污水造成。要控制和消除水体污染，就要控制废水的排放，结合有关部门实行"防、治、管"。防止水体污染的主要有以下几个途径。

（1）减少污染物的排放。

高职院校绿色化学教育的现状调查及实践研究。

①改革生产工艺。

②综合利用废水。

（2）废水无害化或零排放。

（3）对水体及其污染源进行监测和管理。

（4）废水处理技术。

分离出废水中各污染物，将其转化为无害无毒物质，可以采用方法按作用原理分为物理法，化学法和生物法。

[教师] 今天课下的作业是多方面搜集整理资料，考虑如何对现有水资源合理利用和开发的问题，设计一个自己能节水方案。

【教学总结】本节课采用启发、探索引导方法，让学生自己发现问题，总结解决问题，通过教师讲解，独立思考去寻找解决问题方法，进而使学生珍惜水资源，培养绿色化学意识。

三、设计绿色化学习题，强化学生绿色化学意识

习题教学是教学过程中落实教学内容有效性和时效性的重要环节，它不仅可以帮助学生掌握和巩固所学的知识技能，而且还可以开发学生的智力，提高分析问题、解决问题的能力，增强思维的灵活性和创造性，能使学生在练习的同时了解科技发展的动态，达到学以致用，培养学生良好的科学素养。教师可以将绿色化学知识有意识地设计编写在学生的作业、习题中，让学生在解题中渐渐地建立起绿色化学意识。

习题编制要包括教师选择设计习题和做习题、学生做习题、教师批改习题、教师讲解习题、学生订正作业等环节。教师在设计挑选时，要体现绿色化学理念，用绿色化学解决环境污染问题的思想，注重对学生能力、素质的培养，使他们热心关注与绿色化学有关的新闻、社会热点问题，逐步形成可持续发展的思想去做事情。教师设计与选择应与学生所学专业相关题目，还要选择更加密切联系日常生活和社会实践的题目，提高学生学习知识积极性。

例如：对烹饪工艺与营养的学生多涉及食品营养与安全方面的习题。

（1）苯并芘的化学式是 $C_{16}H_{10}$，它是三大强致癌物之一。下列哪些烹调方式不会造成苯并芘潜入人体之中？（　　　）

A. 煎或炸的方式　　　B. 炒菜时，食用油加热至 270℃ 以上

C. 熏烤食品　　　D. 凉调的方式

解析：这道习题选择 D 项。食物经熏、烤、煎、炸等烹调方式都可造成的食品污染苯并芘的产生并潜入人体。焦煳的食品中其含量比普通食物可增加至 10 ～ 20 倍，蛋白质、

脂肪和糖类经过高温油炸或烧烤的热分解后也会产生苯并芘这种化学致癌物，而对熏制食品表面不仅可能有部分变焦，还会附着烟雾颗粒，自然苯并芘含量也是很高的。

（2）塑料食品包装在我们日常生活到处可见，不同的材质，不同用途，在包装上标示的带箭头的三角形中数字也是不同的。那么下列所标志的数字与化学成分、用途对应正确的是（　　）

A．"02"——LDPE（低密度聚乙烯），用于保鲜膜、塑料膜等，耐热性不强。

B．"04"——PVC（聚氯乙烯），易产生有毒有害物质，较少用于食品包装。

C．"05"——PP（聚丙烯），用于微波炉餐盒，耐130℃高温。

D．"06"——PC及其他类，用于制造奶瓶、太空瓶等。

解析：这道习题选择C项，这道题让学生了解日常的塑料材质包装，提高环保意识。"01"——PET（聚对苯二甲酸乙二醇酯）用于制造矿泉水瓶、碳酸饮料瓶等，耐热70℃，高温易变性，长期使用会产生致癌物。"02"——HDPE（高密度聚乙烯）超市和商场使用的塑料袋多是这种材质，可耐110℃高温，可盛装食品。"03"——PVC（聚氯乙烯）易产生有毒有害物质，较少用于食品包装。"04"——LDPE（低密度聚乙烯）用于保鲜膜、塑料膜等，耐热性不强。"05"——PP（聚丙烯）用于微波炉餐盒，耐130℃高温。"06"——PS（聚苯乙烯）用于制造碗装包面盒、发泡快餐盒，又耐高温又抗寒，但不能盛装强酸（如橙汁）、强碱性物质。"07"——PC及其他类，用于制造奶瓶、太空瓶等。

再如，对碳素工程专业、材料工程专业的学生，可涉及最新研究能可以充分利用的无毒无害的原材料与资源，最大限度节约常用能源、开发利用新能源，找出在化工生产中各个环节达到无污染环境的途径等方面。

（3）下列有关新能源叙述错误是（　　）

A．新能源指非常规能源，如太阳能、天然气能、风能、生物能和核能等。

B．资源丰富，普遍具备可再生，可供人类永远利用。

C．供应间断，波动大，不能持续供能。

D．能量密度很低，开发利用空间大。

解析：这道题是有关新能源定义和特点的内容，新能源的定义为：以新技术和新材料为基础，现代化技术的开发和综合利用，用取之不尽的可再生能源，如太阳能、潮汐能、风能、地热能、生物质能、氢能和核能（原子能）。而煤、石油、天然气属于常规能源。所以此题选A。

（4）在"绿色化学工艺"中，理想状态是反应物中的原子全部转化为产物，即原子利用率为100%。下列反应类型能体现"原子经济性"原则的是（　　）

①置换反应；②化合反应；③分解反应；④取代反应；⑤加成反应；⑥消去反应；⑦加聚反应；⑧缩聚反应

A．①②⑤　　　　B．②⑤⑦　　　　C．只有⑦⑧　　　　D．只有⑦

解析：高效的绿色有机合成反应最大限度地利用原料分子的每一个原子，使之结合到目标分子中，如加成反应：A+B=C，达到零排放。则此题正确答案应选B。

通过一些像这样的练习，不但让学生充分了解最新绿色化学方面的科技动态、熟练掌握现有绿色化学知识，也是学生的解题能力、环保意识有所提高。作为教师要重视学生习题方面的培养，鼓励学生去多渠道多方面的了解绿色常识，多将书本的理论和社会实践联系起来，扩宽学生视野，激发学生绿色环保意识和积极性。

四、开设绿色化学选修课，强化学生绿色化学意识

（一）开设绿色化学选修课的必要性

当今"可持续发展""绿色"是人类社会和经济发展的两大主题。高等职业院校培养的是为生产和管理第一线服务的高层次人才，顺应时代呼唤，高职院校应该以"绿色化学教育"的思想为指导，培养具有绿色环保意识与可持续发展意识的"绿色知识和技能人才"。这样培养出来高职大学生就会拥有绿色化学思想，掌握一定的绿色化学理论，从而提高高职学生的综合素质，使学生能够得到全面的发展，成为具有绿色化学理念的新一代高职大学生。

在社会上，只要对非化学专业的人们一提到化学及化学产品，大多数人都会想到化学工业给人类带来的各种污染和不安全的因素，想起化学工业给社会、经济和人们生活带来的种种不良负面影响。为了改变人们对化学工业的这种根深蒂固的不好认识，高职教育不仅要在化学教学过程中融入绿色化学知识，还应该面对非化学化工专业学生开设绿色化学选修课程就显得尤为重要。对非化学化工专业的学生，要教授紧密贴近生活的教学内容，结合所学的专业介绍绿色化学的科学思想和基本原理，介绍一些绿色化学改革传统化学的成功例子，介绍最近新的绿色化学科技和项目，了解绿色化学的正面影响。让学生们认识到我们的生活环境与绿色化学是息息相关，绿色化学可以使我们的生活变得更美好，在加深他们对绿色化学认识的同时，对化学工业及产品也有个崭新的认识。非化学专业学生通过对自然环境、资源、各种能源和人类可持续发展与化学的关系等问题的了解，灌输绿色化学思想，培养学生的绿色意识，也可增加学生对社会、经济和环境的关注，培养学生节约资源、保护环境的意识，进一步关注人类的生存和发展。通过对绿色化学的学习，他们可以认识到人类的生产和消费活动都应该是绿色无污染的，使他们能够从化学的角度去认识环境及生活中面临的各种问题，也能够在遇到各种问题的时候考虑到化学因素，从而能正确的维护自己的利益。因此，在高职院校面向全体学生开设绿色化学选修课程是很有必要的。

（二）绿色化学选修课程的教学设计

1. 教学内容设计

绿色化学选修课程是面向全体除化学专业外的学生开设的，非化学专业像建筑工程、应用电子技术、汽车制造与装配技术、经济管理等，这些专业不涉及任何和化学有关的课程。学生通过绿色化学选修课程的学习，将系统了解绿色化学的概念、原理和发展规律。教学内容可以涉及现有天然资源利用、绿色化工、绿色材料与涂料、绿色有机合成、绿色食品、绿色农药和环境污染与治理等方面。通过课堂讲授、课堂探索与讨论、做习题、课程小论文设计等教学环节达到教学目的。

（1）教学中引入最新科研成果和项目。在课堂教学上及时向学生介绍当今绿色化学发展的最新研究动态，培养学生的创新意识，进行探索式教学，用绿色化学发展的最新研究

动态拓展学生思维，增强绿色化学意识。比如：在绿色材料部分，可以介绍化学家关注的纳米材料、非晶态金属材料；在环境污染与治理部分，可以介绍英国最新设计的巨型"泡沫公园"来治理雾霾；在绿色食品部分，引入食品安全问题与人类健康。这样可以让学生意识到绿色化学就在我们生活周围。

（2）设计开放研究性课题，让学生在探究过程中感受到绿色教育。教师指导学生选题时，要联系学生所学专业，注意学生的能力范围，最好密切联系学生自身的生活，让学生自主的探求解决环境污染各种问题的新方式。例如：食品中添加剂的调查报告、本地区大气污染的调查、白酒中甲醇含量的调查、建筑材料甲醛的调查、电子垃圾污染与处理的调查等等。

（3）通过做习题形式加深学生的绿色意识。有意识的选择能体现绿色化学教育的习题，开放式做题，学生可以在解题过程中自然地感受到绿色教育。例如：天然资源与能源的合理利用；当前社会热点，将绿色化学的理念与相关学科知识结合起来去探讨生活中加酶、磷的洗衣粉、白色污染、生活中环境激素等，使学生在练习中牢固树立起绿色化学的意识。

（4）设计和进行绿色化学实验，强化绿色化学教育。绿色化学虽是一门选修课，一些实验课开设也是不可缺少的，以便从实际亲身体会中强化学生的绿色化学意识。但根据高职院校具体情况而定，也可以利用多媒体仿真实验，达到逼真、可信的效果。

2. 教学方法设计

（1）注重课堂教学中学生的自主性。在绿色化学选修课教学过程中，可以采取让学生自己准备课件、教案，参与讲课的方式。充分地调动学生的积极性、创造性、能动性、自主性。例如：教师可以在课堂上将下次上课的主题内容告诉学生，让他们选择自己感兴趣的相关内容进行准备。在准备的过程中，可以自由组成小组，通过上网或去图书馆查阅相关资料，自己总结做成学习课件和讲解稿。另外，还可以在研讨课上让学生自己设计提出课题题目，分组讨论，得出结论，写出总结；也可以开设教师指导专题汇报课。通过一段时间的学习研究，学生会对学习的某一部分内容有了一定的认识和理解，可以给他们充分的时间去准备与思考，教师要提供一些必要的帮助，让学生自己汇报自己所学知识情况，谈谈对这一部分自己的理解，或对某一问题的认识和掌握，很大程度上地调动学生的积极性和主动性。

（2）开展绿色化学实践活动。在绿色化学选修课的活动教学过程中，可以尝试开展绿色化学的实践活动。将学生分成若干多个小组，每个小组自己设计主题、自己开展组织活动，以多种多样形式进行绿色化学实践活动。等活动结束后，每个小组可以小论文或调查报告的形式进行交流汇报。可见，通过这些绿色化学实践活动拓宽了学生的视野，让学生能够在实践活动中运用学习绿色化学的知识和技能。

总之，我们应该提倡在高等职业院校中开设绿色化学选修课，培养学生"可持续发展"和"绿色环保"的意识。

五、举办绿色化学知识讲座，加强绿色化学教育

讲座是一种教学形式，是教师不定期地向学生讲授某种专门学科或某个专题知识，以

扩大学生知识面。举办讲座是进行绿色化学教育的一个很好途径，既能激发学生的学习绿色化学知识的兴趣和创造动机，让学生触动、感受、理解绿色化学的理念，又能培养学生的科学创新精神，开阔学生的思维，还可以为高职院校提供知识服务打开了一个新的方式，有着重要的意义。

绿色化学是化学学科发展的方向，是当今化学重要研究与开发领域，也是人类关注的焦点。不定期地举办绿色化学知识讲座不仅可以系统向学生讲解绿色化学的基本理论，还可以向学生介绍绿色化学发展的最新动态，使学生接受更多信息，学生知识结构体系也能得到更新。例如介绍地沟油变废为宝合成生物燃料、3D打印机所用的材料、锂电池的最新发展等绿色科技动态。教师还可以举办一些专题讲座，主题内容可以是"绿色化学""能源开发及利用""城市固体垃圾的分类及循环利用""食品添加剂与安全""大气污染与保护"等。通过绿色化学知识讲座普及了绿色化学知识、提高了学生绿色化学环保意识、加强了高职院校的绿色化学教育，从而正确引导学生用积极科学的态度投身于自然环境保护的活动中去。

下面介绍一次关于《绿色化学》讲座提纲。

（一）绿色化学基本概念

1．绿色化学的定义

2．绿色化学的目标

3．绿色化学的特点

4．绿色化学产品的特点

（二）绿色化学提出背景

（三）绿色化学的十二条原则

（四）绿色化学技术

1．超临界流体技术

2．等离子体技术

3．高能辐射技术

4．夹层催化剂

5．生物模拟多功能催化剂

6．基因技术

7．细胞技术

8．微生物工程

（五）新世纪化学界关注热点

1．纳米化学

2．非晶态金属

3．超导材料

六、立足课外活动，加强绿色化学教育

课堂教学是进行绿色化学教育的主要阵地，但高职院校课外活动形式是多种多样的，内容也是丰富多彩的，它是课堂教学的有效补充。本文笔者利用课外时间创建一个"绿色环保社团"，组织社团成员参加有关绿色环保的各种活动，使绿色化学意识通过学生延伸到社会及家庭，进而提高学生及家长的绿色化学素养。

（一）小组合作，开展课题研究

目前，我国教育部越来越重视全面的素质人才的培养，这也是高等职业教育关注的焦点。而研究性学习正是体现了素质教育，它指的是学生在教师指导下，根据各自的兴趣、爱好和条件，选择不同研究课题，独立自主地开展研究，从中培养创新精神和创造能力的一种学习方式。研究性学习是一种实践性很强的教育教学活动，它不再单单局限于学生对纯粹的书本知识的学习和掌握，而是让学生参与实践活动，在实践中亲身体验学习、获得能力。研究性学习涉及的知识面是综合的，但不只是几门学科综合而成的课程，也不等同于所谓活动课程。它是学生自主开展的以科学研究为主的课题研究活动。

通过研究性课题的开展，学生创设了类似科学研究的情境，自主地探究、实践、发展和体验，为学生了解自然环境保护和人类社会发展提供了便利条件，也为提高学生的绿色化学素养和培养绿色化学的实践能力提供了崭新的途径。因此，高职教育推行研究性学习是培养高职学生的科学精神、创新思维以及分析问题、解决问题的能力需要，也是拓宽高职生知识视野，提高科学文化素养的需要，还是提高高职教育质量的需要。本研究首先在武汉职业技术学院全校范围宣传，重点是问卷调查对象的 6 个班级，组建一个"绿色环保社团"，其中有四位教师和 22 名学生。在根据学生的需求和所学习的专业结合实际，组织学生开展"食品添加剂对人体健康的影响"和"固体废弃物的危害、回收和利用"两个课题的研究。每 11 名学生与两位教师一组开展活动。

案例 1 《食品添加剂对人体健康的影响》的研究概况

1. 课题的提出

近几年来，关于人体健康的食品问题与药品的安全常常会引起社会各界的高度重视。"食品安全"已成为全世界关注的热点，"吃好、吃少、吃精、吃安全"已成为当今城市居民提高生活质量的目标。人们可以在电视、报刊、网络等各种媒体都看到有关食品添加剂引起的食品安全问题，例如"瘦肉精""毒奶粉""牛肉膏"等事件将食品添加剂推到浪尖上，使得食品添加剂在食品安全问题上尤其引人瞩目，成为大家共同关心的问题。

然而，食品添加剂又是我们生活中不可缺少的，它改善食物颜色、香味等品质，是食品防腐和加工工艺的必需品。但是有些不法商家为了牟取利益，大量使用的食品添加剂，造成对人体伤害，使人们对食品添加剂存在诸多误解。为了社会公众和学生能够正确看待的食品添加剂，使人们不再误解、惧怕食品添加剂。我们选择了这一课题研究，通过该课题一方面了解食品添加剂的分类、用途、安全标准及法规；另一方面了解食品添加剂对人体健康到底有哪些危害及如何防范提出建议。

2. 课题研究的目的

（1）让学生自己找出食品中加入添加剂的原因。

（2）使学生正确认识食品添加剂及其分类。

（3）让学生了解使用食品添加剂是否一定对人体健康产生影响，并学会选购食品。

3.　课题研究的方法

（1）文献查询研究：上网查询和查看有关书籍、报刊，让学生了解相关内容。

（2）实地调查研究：通过观察食品包装说明、超市调查、访谈同学、教师及家人，让学生初步了解食品添加剂的种类及周围人们对食品添加剂的看法。

（3）讨论研究：由小组成员和指导教师一起讨论，交流汇总研究成果。

4.课题研究过程

（1）分小组讨论与分工

①文献调查。

②超市调查，阅读食品标签及配方。

③对同学、教师和家人进行访谈。

（2）学生交流，汇报。

（3）教师引导分析，学生思考。

（4）小组合作，总结撰写课题研究成果报告（见附录2的课题一）。

案例2　《固体废弃物的危害、回收和利用》的研究概况

1.课题的提出

随着经济的高速的发展、城市化进程日渐推进和城镇居民生活水平不断提高，各种生活、工业生产等固体废弃物的大幅度增加，对我们赖以生存的自然环境产生严重的负面影响。若这些废物不及处理，就会侵占土地，传播疾病，污染环境。我国每年的固体废弃物排放量约为5亿吨，城市生活垃圾人均产生量约为0.4吨，年增长率为8%～10%，其中各种可回收的原材料、无害化处理只有6%。在农村，人们把垃圾到处乱扔，生活垃圾的处理也是个大问题。保护生态环境是全人类的职责和义务，大家都希望有个清洁、安全的环境。因此我们开展了"固体废弃物的危害、回收和利用"的研究，让学生通过课题研究深刻了解固体废弃物的危害，以及如何进行回收和利用，从而培养学生良好的生活习惯，例如不随意丢弃垃圾、不使用一次性物品等。

2.　课题研究的目的

（1）调查本地区固体废弃物的种类和来源。

（2）了解固体废弃物处理、回收及利用的经济与环保价值。

（3）培养学生的观察能力、分析能力，并使其初步掌握调查研究的方法。

3.　课题研究的方法

（1）通过网上和书籍查阅有关资料，了解固体废弃物的种类及其回收价值。

（2）通过实地调查研究，了解本地区固体废弃物的种类和来源。

（3）分析、归纳和总结本地区固体废弃物处理情况。

4.　课题研究的过程

（1）同学自己组成小组，进行讨论分工。

（2）小组讨论，制定研究课题计划和实施方案。

（3）总结研究内容，撰写研究报告和提出建议（见附录2的课题二）。

5. 课题研究的内容

（1）调查主要固体废弃物的种类。

（2）了解固体废弃物的污染和危害。

（3）研究讨论固体废弃物的处理方法和经济价值。

（4）提出建议，即生活习惯的建议。

通过这两个课题小研究，培养学生循序渐进、勇于追求卓越的学习态度，培养发现、提出、解决问题探索精神，提高了学生的绿色化学意识和加强了高职院校的绿色化学教育。除此以外，我们还建议开展一些课题，例如"大气污染与保护""雾霾天气产生原因及对人体健康的影响""饮用水污染及净化处理""废旧电池的污染及循环利用"等等。

（二）利用环保纪念日举办课外活动，增强学生绿色意识

与环境相关的纪念日一年当中有很多，本研究借助环保纪念日，设计组织各种主题的活动进行宣传交流，让学生们在活动中体会绿色化学的理念，陶冶情操，从而提高环保的道德素养，规范日常行为，从我做起爱护环境、节约资源。例如：3月12植树节，3月22日世界水日，4月22日世界保护地球日，6月5日世界环境保护日，等等。每逢这些纪念日到来学校的"绿色环保社团"中教师与学生就组织宣传活动，如设立宣传栏、组织各种宣传与实践活动。学生还可以关注收集相关资料进行交流，为绿色环境保护尽一份职责。

七、充分利用网络资源，传播绿色化学知识

目前，互联网已经构成了最大的信息资源。本研究的笔者搜集了有关绿色化学的网络资源，教师和学生可以通过这些资源进行查阅和学习。尤其是教师可以通过这些资源对科学和技术发展的前沿，尤其是绿色化学的前沿进行把握并应用于教学过程中。

在网上搜索信息，常常要使用搜索引擎，使用不同的搜索引擎数据库，就算是输入同样的关键字或语句搜索到的结果也会不相同的。使用者可以将相同的关键字或语句同时输入多个通常用的搜索引擎，然后将搜索结果汇总，往往可以获得更广泛的意想不到的信息。

第四节　高职院校绿色化学教育实践研究的效果

由于对"高职院校绿色化学教育的实践"进行的研究，是在具体问题表面上的探索，具有内隐性，不容易提出一个具体的研究假设，其效果评价也很难进行定量检测分析，所以笔者通过对具体的研究实践资料汇总和概括后，通过对个别学生和教师的访谈和对全学院学生进行随机问卷调查（问卷是研究绿色化学教育现状时用的调查问卷，见附录1）进行对比总结来表述研究的效果。

一、问卷调查与分析

笔者发动"绿色环保社团"利用课外活动时间在全学院范围内随机发放调查问卷共50份，全部收回。

表9-3 "绿色化学"的认知问卷调查统计表（学生卷）

选项	题目									
	1	2	3	4	5	6	7	8	9	10
A	100%	8.3%	91.6%	10.7%	100%	65.5%	56.1%	89.4%	5%	12%
B	0	70.3%	0	77.1%	0	27.5%	32.7%	0	2.1%	6.4%
C	0	21.4%	8.4%	12.2%	0	7%	11.2%	10.6%	97.9%	81.6%

选项	题目									
	11	12	13	14	15	16	17	18	19	20
A	61.2%	51.6%	11.3%	1.4%	70.7%	1.5%	0	57.9%	85.6%	
B	36.2%	48.4%	17.8%	8.1%	6.2%	10.2%	2.1%	33.6%	42.1%	14.1%
C	2.6%	0	70.9%	90.5%	93.8%	19.1%	96.4%	66.4%	0	0.3%

选项	题目									
	21	22	23	24	25	26	27	28	29	30
A	0	14.1%	54.1%	4.2%	88.1%	91.2%	93.3%	82.3%	78.9%	45.6%
B	53.5%	81.4%	45.9%	62.4%	2.4%	8.8%	6.7%	2.1%	17.3%	30.1%
C	46.5%	4.5%	0	33.4%	9.5%	0	0	15.6%	3.8%	24.3%

然后对这些学生的问卷（表9-3）进行数据处理与分析（与表9-1比较）。

（1）从学生对绿色化学的基本概念认知方面知：100%学生听说过绿色化学，并且都知道与环境保护有关系，对绿色化学的基本概念的了解超过了73%。关于对"绿色"一词的理解，明白的学生达到了90%以上。

（2）从学生对环境问题了解方面知：从5～15题看出，学生非常关心我们生存的环境，并且具有一定的知识体系，题目回答的较为完善。

（3）从学生的绿色化学意识和行为习惯知：从19～25题看出，多数学生具有一定绿色化学意识，为了保护我们周围自然环境与建立起和谐的校园文化氛围，愿意以身作则，养成良好的行为习惯。

（4）从学生对绿色化学教育态度知：学生对我学院绿色环保教育活动都听说过，甚至还有学生曾经参加过。多数学生表示愿意学习绿色化学知识与技能，从而提高自身的素养及社会竞争力。

（5）从学生获得绿色化学知识渠道知：一部分学生是从课外及电视、网络、报纸杂志等其他方式获得，还有一些学生通过学校开展活动和讲座知道绿色化学的，并且已经形成绿色化学理念。

（6）绿色化学基本概念掌握程度好坏和绿色环保意识高低，与学生基本情况关系已经不是很大。

二、教师体会与评价

参与学生课题研究的教师通过整个研究过程，有了深刻体会。陈小娟老师表扬学生说：

"我们的学生总是学习不积极，行为懒散，过着得过且过的日子。但是没有想到，自从参加绿色环保社团，参与课题研究和各种环保活动后，学习态度积极，学习兴趣高涨，积极主动帮助其他学生养成良好的生活习惯，宣传绿色化学知识与技能。"

三、学生访谈

在经历了一学期从不同方面给学生进行绿色化学教育、培养绿色行为习惯、组织各种实践环保活动后，与个别学生进行了交流（事先没有说明交谈目的），从侧面了解实践研究的效果。虽然没法从定量上测定实践的效果，但个人认为若能在学生的意识空间中留有绿色化学、可持续发展观念的一席之地，那这些努力就有收获。下面摘录了一些与学生、家长交谈内容。

（1）与史浩琳同学的交谈

[师] 你在参加课题研究之前听说过"绿色化学"吗？

[生] 听说过。

[师] 说一说你对"绿色化学"的理解。

[生] 以前只是听说过什么"绿色食品""绿色电池""绿色化学"等，但对具体的概念不清楚，通过课题的研究，明白"绿色化学"指的是保护环境，减少污染排放，对人体健康无害的化学。

[师] 那你以前参加过课题研究吗？

[生] 没有。这次对"食品添加剂对人体健康的影响"的研究是第一次，开始有些不知所措，但还是很愿意参与，兴奋、期待。

[师] 感觉怎么样？有什么收获？

[生] 收获可不少。原来对化学不是很感兴趣，现在可不同了，经常与几个同学交流有关食品安全的信息，还把我所知道的食品添加剂的知识和食品安全事件上传到我的微博，与好友讨论研究。我发现自己的胆子变大了，能力提高了。尤其当我们完成那么长的课题研究报告时，感觉自己本领真大。

[师] 你们确实很有本领。在课题内容方面有什么收获？

[生] 当然有。以前只是知道食品添加剂，但没想到若不正当的使用添加剂对人体健康带来这么大的伤害。不过明白任何事物都有两面性，食品添加剂也给我们生活带来了方便和色彩。我觉得以后选购食品一定要看标签和配方，慎重选择，远离垃圾食品。我还把如何选购食品的方法告诉了我妈妈……

（2）与J同学的母亲交谈（学期末偶遇在校园）

[师] 你觉得J同学这学期表现怎么样？

[家长] 高中时学习就不怎么好，总是想着玩。这一段时间学习比较积极，信心十足。有时还给我讲一些大道理，说什么废旧电池不能随便丢弃、出门吃饭不要用一次性筷子、购物尽量不用一次性塑料袋呀、使用无磷洗衣粉、买环保电池等。讲起来一套一套的，听起来很有道理。

[师] 那他的性格有什么变化？

[家长] 变得开朗、自信、好说……

从随机问卷调查的结果、教师体会与评价、学生访谈的内容三方面来看，经过一学年的时间，通过在武汉职业技术学院进行的绿色化学教育的实践研究可以证明教师与学生的绿色化学意识有所提高，从只听说过"绿色"到几乎全校师生认识"绿色化学"真正的内涵，并将其应用到日常生活中，从而使学生养成良好的生活习惯，建立起可持续发展的思想。当遇到环境及生活中的各种问题时，学生就学会考虑"绿色化学"的因素，维护自己应有的利益。因此，在高职院校进行绿色化学教育是可行的。

四、研究结论与展望

"绿色化学"是一种理念，是全人类的一种职责，是我们应该倾力追求的目标。人类社会与经济要发展、人们生活条件要提高，都离不开科学技术的进步，而科技的进步，又是靠全面的人才来推动的，作为一名化学教育工作者，让新一代了解绿色化学，运用绿色化学的知识和技能，去利用与改造自然环境，为绿色化学教育做出应有的贡献，将是我们不可推卸的、义不容辞的责任。

高职院校的任务是培养生产第一线高技能职业人才，他们是目前社会和经济发展急需的技术人才，将走向社会各行各业，是人类社会发展的顶梁柱。在高职院校给大学生们在教学过程中讲授一些有关绿色化学的知识，开展一些有关绿色化学的课外活动，进行绿色化学教育是很有必要的。笔者搜集翻阅大量的资料与文献，分析确定研究方向，从对高职生绿色意识问卷调查结果分析开始，通过教材扩充、化学习题、活动课、课外活动和日常生活等方面对我校武汉职业技术学院高职教育中的绿色化学教育进行实践研究。从中可以得出，在高职院校对学生进行绿色化学教育的思想是能通过化学教育来实现的，高职院校进行绿色化学教育是行之有效的。本研究对其它高职院校绿色化学教育的实施也有一定的借鉴意义。

通过本研究实践可以证明高职院校开展绿色化学教育对教师与学生都有很大的帮助。对教师来说，通过自学和集体探讨学习绿色化学知识，可以拓宽教师的知识面，开拓教师的视野，帮助教师更好地将绿色化学知识融入所教的课程中去；本研究还给教师提供了教学与科研的学习空间，帮助教师及时了解掌握最新科学技术动态及成果，并应用于教学教育教学中，从而提高了教师的科研水平，更新了教师绿色化学的新观念。

对高职生来说，通过本研究绿色化学教育的实施，不仅可以提高学生学习的积极性，增强学生学习兴趣，而且还可以提高学生分析问题、解决问题的能力，从而培养高职生综合素质。研究表明，高职生还是非常愿意接受绿色化学知识和基本理念的，积极性也很高，还将绿色化学理论与所学专业结合起来，应用到日常学习和生活中去，分析解决所遇到的各种社会问题。另外，绿色化学教育实施还可以让高职生渐渐养成从绿色化学角度去思考问题，感受到化学不只是一门让人触动、能为之奋斗的现代科学，而是更多的担负一种为社会和经济能可持续发展的责任，这也为培养高职生的创新精神和实践能力提供了良好的契机。

但高职院校的绿色化学教育正处于尝试阶段。在高职院校中，加强对学生绿色化学意识的培养是一项持久性的工作。在这场绿色革命中，进一步如何增强绿色化学教育的针对性和实效性，是值得广大化学工作者不断努力探究的课题。

21 世纪是绿色化的世纪，"绿色环保"也是我国今年两会关注的国内大事件之一，而全人类的绿色化学教育能否实现，取决于新一代的青年的绿色化学意识与可持续发展观。只要我们坚持不懈地对学生开展绿色化学教育，使每一个人都意识到环保的重要性，落实到行动中，那么全人类可持续发展愿望一定能实现。

附　录

附录 1　调查问卷

亲爱的同学、教师，非常感谢你的配合。本问卷是为了了解高职院校师生对绿色化学的认识的情况，采取无记名方式。本调查主要是为了研究而进行的，请按你的真实想法和做法填写在每题的括号中。我们保证对你的答案保密。

一、基本资料（教师不用填写）

1. 你的性别：A．男　　　　　　　B．女（　　　）
2. 你的专业：（　　　）

A．碳素工程　　　　　　　　　B．烹饪工艺与营养

C．材料工程　　　　　　　　　D．建筑工程

E．应用电子技术　　　　　　　F．生物化学工程技术

3. 你家的居住地位于：（　　　）

A．城市　　　　　　　　B．郊区或城镇　　　　　　C．农村

4. 你爸爸的文化程度：（　　　）

A．大学或大学以上　　　　　　B．大专

C．高中或中专　　　　　　　　D．初中或初中以下

5. 你妈妈的文化程度：（　　　）

A．大学或大学以上　　　　　　B．大专

C．高中或中专　　　　　　　　D．初中或初中以下

二、绿色化学认知调查

1. 你了解绿色化学吗？（　　　）

A．听说过，并且有所了解　　　B．只是听说过　　　　C．从没有听说过

2. 你知道绿色化学是研究什么的科学？（　　　）

A．绿色植物　　　　　　　　　B．预防污染，保护环境　　C．不清楚

3. 你知道当前我们说的"绿色"，如"绿色电池""绿色能源""绿色食品"等一词真正含义是什么？（　　　）

A．对人类健康和环境无害　　　B．绿色　　　　　　　　C．不知道

4. 你知道绿色化学是有哪个国家提出的？（　　　）

A．中国　　　　　　　　　　　B．美国　　　　　　　　C．不清楚

5. 你认为环境保护与绿色化学关系是什么？（　　）

A. 有密切的关系　　　　　　　B. 没有关系　　　　　　　C. 不知道

6. 你对当今世界存在的十大环境危机了解多少？（　　）

A. 基本了解　　　　　　　B. 了解其中 1～2 项　　　　　　　C. 根本不知道

7. 你对当前环境问题的看法是什么？（　　）

A. 非常严重，人类必须采取措施改善环境

B. 不是很严重，应该优先发展经济，提高生活水平

C. 不了解环境问题

8. 你觉得近几年，沙尘暴和雾霾天气与生态环境破坏有直接关系吗？（　　）

A. 有　　　　　　　B. 没有　　　　　　　C. 不完全是

9. 你认为汽车造成的环境污染怎么处理？（　　）

A. 对大气层进行处理　　　　　　　B. 对汽车尾气进行处理

C. 汽车使用清洁燃料

10. 你认为煤燃烧后放出的二氧化碳对环境有害吗？（　　）

A. 二氧化碳有毒有害　　　　　　　B. 二氧化碳，无毒无害

C. 有害，温室效应

11. 你认为下列哪种方法更有效进行环境保护？（　　）

A. 从源头预防污染物产生和排放

B. 对污染物进行综合处理

C. 永不使用化学品，回归自然

12. 你对改造环境的根本途径是什么？（　　）

A. 教育学生，提高全民的绿色化学意识。

B. 植树造林　　　　　　　C. 不知道

13. 你认为如何在河流上建一座造纸厂？（　　）

A. 在河的上游　　　　　　　B. 在河的下游

C. 地址位置不重要，但保证要对污水进行处理，不能随意排放。

14. 你认为工业生产中"三废"不包括下列哪一项？（　　）

A. 废渣　　　　　　　B. 废水、废气　　　　　　　C. 废品

15. "白色污染"主要是由下列什么形成的？（　　）

A. 泡沫　　　　　　　B. 废纸　　　　　　　C. 塑料

16. 你认为保护实验室环境的最好办法是什么？（　　）

A. 采取预防污染的措施及方法　　　　B. 实验过程和实验后再处理

C. 不做有污染的实验

17. 你觉得保护环境应是谁的责任？（　　）

A. 化工厂首先保护环境

B. 环保局与政府首先保护环境

C. 保护环境人人有责

18．你知道什么是绿色蔬菜吗？（　　）

A．绿色的菜

B．不用化肥、农药，生态自然生长的菜

C．不使用任何化学品种植的菜

19．你在购物时，会注意物品上绿色环保标志吗？（　　）

A．注意　　　　　　　B．有时注意　　　　　　C．不注意

20．你是怎样看待"禁塑令"？（　　）

A．好政策，完全赞同　　　B．无所谓，该用还得用　　C．不好，生活不方便

21．你是怎样处理废旧电池的？（　　）

A．收集起来送回收站　　　B．和别的垃圾一起丢弃

C．有时收集，有时随便丢弃

22．你在购买洗衣剂时首先考虑的是什么？（　　）

A．洗得干净的　　　　　B．无磷环保的　　　　　C．便宜的

23．你对刚装修不久房子室内污染或装饰材料污染及其危害是否了解？（　　）

A．完全了解　　　　　B．了解不多　　　　　C．一点不知道

24．你要是遇到周围人吸烟，会劝阻吗？（　　）

A．不劝阻，和我没有关系　　　　　　B．偶尔劝阻

C．极力劝阻

25．你要是遇到校园里有同学乱扔果皮、包装纸等，你会怎么做？（　　）

A．捡起来放进垃圾箱　　　B．置之不理　　　C．劝说扔垃圾人以后注意

26．你对你学校绿色化学教育的态度如何？（　　）

A．基本满意　　　　　B．满意　　　　　C．一点也不满意

27．你认为有必要在课堂上增加有关"绿色化学"知识吗？（　　）

A．很有必要，帮助我们学习绿色化学知识　　　B．无所谓

C．没有必要

28．你认为高职院校有没有必要加强实施绿色化学教育？（　　）

A．有必要，提高自身素质

B．没有必要

C．无所谓

29．你在看电视、看报纸或上网时，对有关绿色化学及环境方面关注的程度如何？
（　　）

A．经常关注　　　　　B．偶尔关注　　　　　C．一点不关心

30．你主要是通过什么渠道了解绿色化学的？（　　）

A．学校教育　　　　　B．电视、广告、网络等媒体　　C．报纸杂志

附录 2　课题成果报告

研究性学习课题一 "食品添加剂对人体健康的影响"

当今社会，一提到食品添加剂就会使人们想起食品安全，可是我们生活也是离不开它，如果没有食品添加剂，食品就会腐烂变质，我们就无法得到丰富多彩的食品。所以为了了解食品中有哪些主要添加剂及食品添加剂对人体到底有什么影响，我们选择了 "食品添加剂对人体健康的影响" 这一课题。

一、食品添加剂的主要分类

1. 按来源分类

食品添加剂可分为天然食品添加剂和人工化学合成品两大类。其中天然食品添加剂是从动植物或微生物中提取得到的，而人工食品添加剂则通过化学合成获得。人工食品添加剂可以分为两类：①一般化学合成品（完全通过化学合成获得的，用于调味、增加食品的质地、改善外观等）；②人工合成天然同等物（人工合成的，但与天然产物在化学结构上相似，具有相似的风味、色素特性）。

2. 按功能分类

中国食品添加剂可分为 23 大类，包括酸度调节剂、抗结剂、消泡剂、抗氧化剂、漂白剂、膨松剂、着色剂、护色剂、乳化剂、酶制剂、增味剂、面粉处理剂、被膜剂、水分保持剂、营养强化剂、防腐剂、稳定和凝固剂、甜味剂、增稠剂、香料、胶姆糖基础剂、咸味剂和其他。这些食品添加剂在食品工业中发挥着不同的作用，如调整食品的味道、质地、颜色，延长保质期等。需要注意的是，在使用食品添加剂时，应遵循相关法规和规定，合理使用，确保食品的安全和质量。

3. 按安全性分类

CCFA（联合国食品添加剂法规委员会）曾在 JECFA（FAO/WHO 联合食品添加剂专家委员会）讨论的基础上将食品添加剂分为 A、B、C 三类，每类再细分为①、②两类。

A 类：①已制定人体每日容许摄入量（ADI）；②暂定 ADI 者。

B 类：①曾进行过安全评价，但未建立 ADI 值；②未进行过安全评价者。

C 类：①认为在食品中使用不安全；②应该严格限制作为某些特殊用途者。

其中，ADI（可接受每日摄入量）是指在人类终身饮食中，每天可以摄入的某种食品添加剂量，而不会对人体健康产生明显的有害影响。这一值通常以毫克（mg）为单位，是基于体重的，表示每公斤体重允许摄入的毫克数。ADI 是国内外评价食品添加剂安全性的关键指标，用于确定食品添加剂在食品中的最大使用限量。例如：山梨酸钾的 ADI 值是 25 mg/kg（单位 mg/kg 为每天每公斤体重允许摄入的毫克数）。

二、食品添加剂的作用

正确、科学、合理地使用食品添加剂在食品生产加工中起到重要作用。它不仅能使食品在色、香、味、质地等方面呈现多样性，同时也对人们的食欲、消化和营养吸收产生积极影响。此外，食品添加剂还具有防止微生物滋生、抑制食品腐败和延长保质期等功能。食品添加剂在食品工业加工过程中是其他物质无法替代的，是食品工业现代化的重要标志。

三、某些食品添加剂的危害（摘选出一部分）

1. 凝固剂

人们说的"卤水点豆腐"的卤水指的是氯化镁（$MgCl_2$），它是制作豆腐的凝固剂。此外，还有硫酸钙、葡萄糖酸内酯也是豆腐的凝固剂。但过多地摄入氯化镁，可能对人的血液造成一定的影响，即盐析作用，指的是这些阳离子可能是血液中的一些蛋白质凝固，对人体是不利的。有些不法商贩利用医院骨科用过的废石膏（硫酸钙）做凝固剂，我们要警惕。

2. 增白剂

在面粉处理中，常常会用一种增白剂过氧化苯甲酰。它使用时一般与面粉均与混合，通过破坏米面中的胡萝卜素和叶绿素来达到增白的目的。但过量添加该物质可能会引起人类身体的某些病变，甚至致癌，若长期过量食用会损害肝脏功能。

3. 甜味剂

食品中的甜味剂可以分成三种来源：（1）天然糖类，即蔗糖、果糖、麦芽糖等天然产品，无毒无害，对高血糖或糖尿病人一定的危害；（2）糖醇类甜味剂，即天然加工生产的山梨醇、木糖醇等；（3）高强度甜味剂，如糖精钠常见于食品的饮料中，安全性一直受人们争议。它是没有营养价值、人工合成的甜味剂，只是起到改善口感、增加甜度作用。若人们短期内大量食用糖精钠，会导致血小板减少性大出血，甚至会严重损害脑、心、肺等部位。所以我们对甜味剂的危害不可轻视。

四、小建议

（1）建议少吃对身体有损伤的食品，例如膨化食品。

（2）购买任何食品要多关注配料和含量，谨慎选购。

（3）建议开发安全的、新的天然食品添加剂，政府和有关部门加大监督力度，完善相应的法律法规和食品标准体系，对不法企业给予严重处罚。

研究性学习课题二"固体废弃物的危害、回收和利用"

随着经济的发展和人民生活水平的提高，城市垃圾处理问题日益突出，让人不能忽视。我们选择了"固体废弃物的危害、回收和利用"这一课题来进行研究。目的在让自己对固体废弃物的种类、危害、回收和利用有一个比较完整的了解。

一、固体废弃物种类

固体废弃物分为四大类：工业、生活、建筑和医疗。具体如下。

（1）工业废弃物包括废渣、废屑、废塑胶、废弃化学品、污泥、尾矿、包装废物、绿化垃圾以及特殊废弃物等。

（2）生活废弃物涵盖剩饭剩菜、菜根、骨头、鱼刺、塑料瓶、塑料袋、罐头、玻璃瓶、纸张、旧衣服、烟头、废铁、废电池和一次性筷子等。

（3）建筑废弃物主要涉及水泥、砖头、木头、石灰、钢材等。

（4）医疗废弃物包括一次性注射器、一次性输液管、棉花、药瓶等。

二、固体废弃物的危害

1.浪费大量资源

固体废弃物产生量巨大，占用大量土地，消耗丰富的物质资源。适当处理废弃物也需要耗费大量的人力、财力、信息和时间等资源。

2.破坏生态环境

固体废弃物，尤其是有害废弃物，如果处理不当，会破坏生态环境。

（1）一次污染。

不适当处理固体废弃物，如随意堆放、排入水体、随意排放、装卸、转移、非法倾倒等，会导致环境破坏。其中所含的污染物可能进入土壤、水体、大气和生物系统，对生态环境造成一次污染，损害土壤、水体、大气和生态系统的健康。

（2）二次污染。

在固体废弃物处理中，一些成分（包括污染物和非污染物）可能通过物理、化学和生物反应，产生新的污染物，导致二次污染。这种二次污染产生的机理较为复杂，其防治相对于一次污染更加具有挑战性。

3.造成居民精神伤害和财产损失

固体废弃物处理影响当地投资环境，对周边居民造成心理压力，可能导致精神伤害，同时也会给居民带来健康风险和不动产财产损失，同时还可能减少当地的发展机会。

三、固体废物回收与利用的途径

（1）废物回收利用：包括对废物进行分类收集、分选和回收。通过这一过程，废物中有价值的物质可以被重新利用，减少资源浪费和环境污染。

（2）废物转换利用：采用特定技术，将废物中的某些成分转化为新的物质形态。例如，利用微生物分解有机废物制造肥料，或通过裂解废塑料制造汽油或柴油等。

（3）废物转化能源：通过化学或生物反应，释放废物中蕴藏的能量，并将其回收利用。例如，通过垃圾焚烧发电或填埋气体发电，将废物中的能量转化为电力或其他形式的可再生能源。

四、生活小建议

（1）提倡使用再生产品和可重复利用产品，避免使用一次性物品，如塑料袋和筷子。

（2）培养节约意识，避免浪费，建立节约的生活习惯。

（3）建议政府设立废物收集公司，实行全面的城区废物分类回收。

第十章　化学教师的评价与专业发展

　　21 世纪的教育改革将创新能力的培养置于核心地位。历史已经证明，那些擅长创新的国家和民族能够实现快速发展和强大。在不断变化的世界中，坚持守旧将使国家陷入被动挨打的境地。因此，全面推动素质教育，培养具备创新精神和创造能力的高素质人才，已经成为每位教育工作者面前紧迫的重大任务。作为一名化学教育工作者，我们需要清晰地认识到创新的重要性。创新意味着突破旧思想、旧观念和旧模式的束缚，具备解决新问题、获得新成果、开创新局面的思维能力。创新需要充沛的想象力、活跃的灵感、合理的知识结构、敏锐的观察力、独特的求异本领以及坚韧不拔的探索精神。教师的角色不仅仅是知识传授者，更应成为学生学习的引导者、合作伙伴和激励者。要培养学生的创新能力，教师首先要自己具备创新意识和创新精神。这需要改变思维方式，摒弃惯性思维，勇于学习、思考、探索和创新。

　　为了培养学生的创新能力，教师首先需要具备创新意识和创新精神。这就要求教师转变观念，克服思想上的惰性和教学方法上的惯性。同时，教师还应该具备善于学习、勤于思考、勇于探索和敢于创新的品质。教师的最重要任务之一就是激发学生的学习热情，教导他们如何学习，如何思考，如何发现问题，以及如何展开个人发展。例如，在介绍硅酸盐工业知识时，可以采用引发思考的方式。比如，教师可以给学生提出一个问题：为什么相同生产工艺下，用同样的原料生产的砖却呈现不同的颜色？这种问题能够激发学生的兴趣，引发讨论和探究。学生可以通过思考、讨论和实验来寻找答案，从中获得新的知识，巩固旧知识，并培养创新能力。这种启发学生独立思考、自主学习、亲身实践的教学方法，有助于突破学生的学习障碍，降低学习难度，使学生更好地理解、掌握、印象深刻并牢记所学内容。最终，这种教学方法可以取得最佳的教学效果，促使学生在创新思维方面取得长足的进步。

　　每位教师都面临着一个重大的使命，即培养高素质人才。为了实现这一目标，必须改变教育观念，注重培养学生的创新精神，使他们成为适应 21 世纪发展需求的有价值的人才。这是我们作为化学教育工作者的使命。

一、提升化学教师服务意识的对策

　　面对教师服务意识的缺乏，我们应该积极地进行改变。但对于中考、高考这些制度，我们是无法改变什么的，我们中有从身边想办法。

（一）转变观念，提高教师职业道德素质

教师缺乏服务意识的最主要的原因是思想观念的落后与保守。创新是民族进步的灵魂，是历史前进的动力，是改革开放的关键，是国家永远立于不败之地的根本保证。经济、科技、社会等都在发展，因而人才必须符合时代的需要。这就要求教育必须创新，教育必须以造就全面发展的、有创新精神和创造能力的人为己任。作为化学教师，根据学科特点，在教学过程中实施教育创新是十分必要的。因此，教师应该从思想观念上着手，改变传统的观念，特别是"师尊生卑"的观念，确立全新的"一切为了学生，为了一切学生"的服务意识。学生应该尊敬教师，但是应该是发自内心的尊敬，而不是表面上所表露出来的畏惧。在教育中，教师必须用自己优质的服务来满足学生的需要，这是教师从事教育工作的基本要求。教师都是经过专业训练的有着过硬的专业知识的人，所以要注重服务理念和职业伦理，也就是要特别强调服务或奉献的专业道德。特别是在一些概念性的化学教学中，教师只有转变观念才能取得好的效果。例如，在"走进化学"的教学中，教师不能够用"填鸭式"的教学方法，而应该试着转变自己的观念，让学生去感受化学的魅力。

（二）改变对学生的"服务态度"

做任何事情，光有理念还不行，还需要实际的行动。这就好比一个宾馆，只有好的服务意识还不行，还必须将服务意识渗透到行动中才可以。学生到学校学习并不仅仅是为了成绩和名次，他们还需要得到别人的尊重和欣赏。例如，化学教师在上课的时候可以多一些微笑；将一些有趣的化学小实验引入课堂中，让课堂的气氛活跃起来；当学生对某个化学概念或者某个化学反应等不了解而提问时，化学教师应该不管这个题目的深浅程度都耐心地倾听；对于学生的作业要仔细地批改，如化学反应方程式的条件是否正确，化学反应的现象描述是否正确，方程式的书写是否存在未配平的现象；等等。

（三）让学生有选择的权利

教师既然是服务者，而学生是教师的服务对象，那么学生就应该具有选择的权利。在这种选择的压力下，教师会被迫放弃那不合时宜的师道尊严，主动地对学生的需求、成长进行关注，从中总结自己在教学中的观念、方式是否有缺陷，是否需要改进。当教师在改变中获得学生的回报的时候，也主动地进入服务者的角色。当然学生并不都是理性的个体，因此这个选择的权利也只能够是相对的。

二、兴趣是学习化学最好的老师

许多教师常常感叹："现在书越来越不好教了，学生越来越不好学了……"那么，如何改变这种状况呢？"兴趣是最好的老师"，学生学习也一样，兴趣是推动学生求知欲的强大内在动力。

从绪论课入手，激发学生的学习兴趣。绪论课是启蒙课，也是激发课。刚开始，学生会对此学科表现出极大的兴趣，但这种兴趣仅仅是停留在表面的一种好奇感，若不及时深化，"热"度很快就会退去的。所以，教师应该把绪论课的教学难点放在激发兴趣和树立信念上。

三、播种化学

在化学面临可怕的、工具的、难学的尴尬境地的当下，只有教师发现大用的、大美的、大智的魅力化学，给学生播种一颗完整的、观念的、简单的化学的种子，化学的明天才会更加美好。

化学对人类文明做出了巨大的贡献，可人们对化学的误解和疏离却越来越多。化学的繁荣、声誉的改善，关键在于化学工作者的责任心和学科自信心。中学化学教师更是举足轻重、责无旁贷。只有教师感受到化学世界的奇妙、化学科学的魅力，才会不自觉地把这种深情传递给学生，给他们播种下一粒赞赏化学、热爱化学的种子。播种化学是每一堂化学课的责任，更是每一位化学教师的责任。

（一）尴尬化学："可怕的、工具的、难学的化学"

作为一线中学化学教育工作者，笔者深感化学学科确实面临吸引力不强、声誉不佳的问题。这些问题产生的原因十分复杂。其中，中学化学教师学科责任的缺位、中学化学教育本位功能的异化、中学化学教学方式方法的偏颇，事实上导致了可怕的、工具的、难学的尴尬化学的境地。

1."可怕的化学"

人们过多地将化学与环境污染、恐怖威胁、化学武器等联系起来，化学给人类带来的似乎只有这些东西。在我国，人们甚至将近年出现的三聚氰胺奶、吊白块、假鸡蛋、假化肥、假农药等重大掺杂使假事件也要归罪到化学学科及化学工作者的头上。我们不能责备那些无生命、无意志的化学物质，更不应抱怨那些发明或生产这些物质的化学家和生产人员，也不应当不理解公众对化学缺乏客观公正认识的原因，而应当反思中学化学教师科普责任的缺位。

2."工具的化学"

每当问起中学生"为什么学习化学"的时候，他们大多一脸茫然："为什么，为考试啊！"中学化学教育的本位功能异化，把高考这一选拔人才的手段倒置为教育终极的目标，中学化学教育沦落为考试的工具，使培养的学生只掌握生硬的知识模块和零碎的技能，造成了化学学科的工具化和中学生科学素养的极度贫乏。

3."难学的化学"

在化学成绩不佳的班级里的多次调查表明，有 60% 的学生认为化学属于难学的学科，有 25% 的学生因难学而失去学科兴趣，有 20.9% 的学生因难学而产生"厌学"。在对高职学生进行的有关化学学习的调查中发现，有近 1/3 的学生不喜欢学习化学，其原因主要是化学需要记忆的内容太多，许多物质的性质、制备、检验等涉及大量的化学方程式，很容易混淆，即使当时努力记住了，不久又会忘掉。化学学科成为难学的学科，这与教师对化学学科特点的把握与处理不当不无关系。

（二）魅力化学：大用的、大美的、大智的化学

面对社会、面对公众、面对学生，中学化学教师的学科认识水平和学科态度很大程度

上影响社会对化学的认识和对化学的理解。因此，当今的中学化学教师有责任了解化学的过去、发展和走向，了解大用的、大美的、大智的化学，从而增强学科责任感，增加学科自信心，以自身的感受和言行影响社会、影响公众、影响学生。

1. 大用的化学

21世纪的化学，宏观上将是研究和创建"绿色化"原理与技术的科学，微观上将是从原子、分子水平上揭示和设计"分子"功能的科学。因此，在被誉为21世纪朝阳科学的八大领域中，化学以其中心科学之重当仁不让地继续在环境、能源、材料三大领域起主导作用。同时，化学秉其化学擅变之妙，通过与信息、生命、地球、空间和核科学五大领域的交叉而使自己愈发异彩纷呈。"化学就是未来，没有化学就没有未来"，"化学不能代替一切，但没有化学肯定没有一切"。化学在人类生活中理所当然地继续承载着中心科学的重任。

2. 大美的化学

化学的物质美、化学的结构美、化学的造化美、化学的价值美、化学的和谐美……日升月沉，斗转星移，星河灿烂，天外有天，这是宏观世界之美；山川河流，沧海桑田，百草丰茂，燕舞莺歌，这是宏观世界之美；运动不止，瞬息万变，这是粒子世界之美。物质世界的神奇之美，恰恰构建了化学的学科美。作为化学教师，我们不但要自己欣赏和感受学科之美，更要通过化学教学过程启发和激励学生认识物质世界之美，使他们从心底产生出热爱科学，并为追求科学的自然美而奋斗终身的意愿。

3. 大智的化学

学习化学让我们真正感受到智慧的力量。科学家的任务就是为人类找到一个心灵的家园，一种系统理解世界的方式，这就是智慧。化学不是冷冰冰的知识体系，而是充满人性激情、生命智慧、人生苦乐的交响诗。当我们从历史的角度认识化学的时候，化学就像久违的朋友，会张开双臂与我们热情拥抱，让我们在与化学互诉衷肠的过程中感受到快乐，实现认知和智慧的统一。用化学方法探究水的组成，就其思想方法来看，如同侦讯，首先用实验"拷问"，对其"供词"进行甄别，然后分析推理得出结论。通电之后，水变成气体（供词），是什么气体（供词的甄别）？确认分别是氢气和氧气后，分析推理得出水的组成是氢元素和氧元素。在学生完成实验并得出结论后，用上述比喻让学生反思：我们是怎样让水开口说话的？你听懂它说的话了吗？通过哪些推理，你得出了什么结论？有了这种探究物质组成的思想方法，就不难看出发现电子、原子核、质子、中子与探究水的组成的思想方法是一脉相承的了。

（三）播种化学：完整的、观念的、简单的化学

为什么有的人可以一辈子喜欢化学？而有的人却总想远离化学？上学的时候，有些人谈化学色变，因为要考试；工作了，有些人谈化学茫然，因为会遗忘。化学给了他们什么？化学又给了我们什么？就像"谎言"穿上"真实"的外衣，人们就会相信它就是"真实"一样，中学化学教师要播种真实的化学；就像"一千个读者有一千个哈姆雷特一样"，一千个中学化学教师就有一千种化学，中学化学教师心中要有真实的化学。毋庸讳言，作

为教育的施行者，中学化学教师应当承担起化学学科的公共责任，给学生播种一颗完整的、观念的、简单的化学种子，学生才能赞赏化学、热爱化学、立志于化学。

四、青年化学教师如何上好化学课

追求优质高效的课堂教学是广大教师的共同理想，课堂教学中的教育理念、教育策略是教师教育观念的具体反映。青年教师在课堂教学中很难像老教师一样从容、自信、镇定，他们常常情绪紧张、患得患失，有时遇到学生随机提出的问题就慌了手脚，这些都严重影响了课堂的教学质量。

五、新课改背景下化学教师角色

新课改将改变教师的角色和教学方式，这对化学教师带来了挑战，本书通过文献资料法和经验总结法相结合，对新课改背景下的化学教师的新角色进行论述。

(一)"组织者"

作为学生学习的组织者，教师应尊重学生，采取一切办法调动学生的积极性和主动性，放开手脚让学生充分展示自己的独立性。在课堂教学中，可以采用个别学习、小组讨论或全班交流的学习方式为学生学习创设合作交流的空间。因此，对教师来说，为学生营造宽松愉悦环境的组织能力比自身的学识渊博更为重要。

(二)"主导"角色

教师主导作用的实质在于引导启迪，而引导启迪的目的在于使学生主动参与学习。所以教师主导作用的准确发挥能否使学生从"被动学"变为"主动学"中有很大的牵制作用。只有教师"主导"和学生的"主体"相结合，课堂教学的气氛才能变得活跃。教师应帮助学生制订适当的教学目标，指导学生形成良好的学习习惯和学习策略。教师还应提供各种便利，以为学生的学习和发展做服务。对不同的学习内容，还应选择不同的学习方式，从而使学习变得丰富而有个性。指导学生学会交往，学会生活，学会创造。

(三)"朋友"角色

如果化学教师以朋友的身份参加教学活动，教师就得到学生的信任和尊重。如果教师跟朋友一样爱护学生，尊重学生，师生之间就可以直接交往。只有教师和学生的关系平等，教师才能了解学生，只有教师了解学生，教师才能站在学生的立场，才能从学生的角度设计教学。另外，平等的师生关系能够给学生以心理上的安全感和鼓舞，使学生的思维活跃，使学生更加投入学习当中去。

(四)"研究者"角色

这里讨论的"研究"包括两个方面的内容。首先，最近化学科学的发展是突飞猛进的，作为一个化学教师应该与时俱进，并不断地更新自己的本专业知识和其他相关专业知识，要掌握现代教育技术。水平要深刻一点，别成了"教书匠"。别忘了"要给学生一杯水，教师必须有一桶水"。例如，讲"原子的组成部分"时，最好采用多媒体教学。其次，如果经常使用传统的教学方法，那教学过程就会变成一种单调乏味的义务。化学教师要不断地开发研究适合学生和学校实际情况的教学模式，以促进教师有效地教和学生有效地学。最后，实验教学模式中，实验教师不要经常开设传统的"教师做，学生看"的实验方法，还可以探究开设简单微型化学实验（如钠与水的反应的微型化）、趣味化学实验（滴水生火）、家庭小实验等（如水与酒精等体积混合探究"1+1是否一定等于2"）。这样生动有趣、说服力强的实验教学既有利于提高学生的积极性，大大激发学生的参与欲望，又可以培养学生的思维能力和环保意识。

（五）"鉴赏"角色

化学是一门以实验为基础的学科，新课改中实验课的位置非常突出，几乎每节课都有实验。以前的学生实验基本上"教师做，学生看"，不太重视学生的位置。教师尽量让学生展示自己，有什么问题，教师尽量让学生自己解，解决不妥当的，教师站在鉴赏者的位置上给予学生适当的评价，这样有利于大幅度提高学生的学习积极性，有利于培养学生的思维能力。

（六）"帮助者"角色

教师必须尽快帮助学生正确认识自我，帮助学生形成良好的学习习惯，掌握学习策略和发展元认知能力；帮助学生设计恰当的学习活动，密切联系学生的生活世界，创设丰富的教学情境；激发学生的学习动机，培养学习兴趣，充分调动学生的学习积极性；为学生提供各种便利条件，帮助学生寻找、搜集和利用学习资源。总之，教师要为每个学生提供达到最充分、最理想发展的学习条件，并帮助学生找到适合的方向和道路。

总之，在新课改的大潮中，每位化学教师都应确定好自己的角色，从新的角度去认识自己的教育对象，向传统的教育观念、教育方式挑战，树立新的课程意识，不断地提高专业水平和自身素质，从全新的教学理念来指导自己的教学实践，以为我国的课程改革做出自己的贡献。

第二节　现代化化学教师的要求与专业发展

一、化学教师的评价

"一个教师写一辈子教案都难以成为名师，但如果写三年反思则有可能成为名师。"坚持写教学反思，有利于更新教师的教学知识结构，拓宽教师的教育视野，树立终身学习的理念，提升教师的课堂调控能力，提高教师的教育教学水平，促进教师的专业成长，更是由普通教师向专家型教师晋升的必经之路。

教学活动完成后，反思和自我评价也是关键的一环。反思的内容包括：对于概念与原理教学中的关键是否已经传达给学生？学生对于这些的理解能力有多少？在进行相关的化学问题解答时是否有遗漏？化学方法与化学思想在教学目标的制定中是否已经准确体现，并在实际的教学中进行教授？自我评价的内容包括：在化学探究活动中是否已经将相关的化学概念与原理教授给学生？对于学生的困惑是否真正做到细心地讲解，学生是否真正理解？对于自己的教育方式还有没有不妥的地方，需要改进的地方有哪些？在下一次的教学中还需要注意的问题有哪些？

（一）在素质教育中关于化学的反思教学

为更好地适应新时期素质教育的要求，教师必须在原有教学基础上进行深入的反思，认真做好反思教学，从侧面总结教学过程中的得失，找出差距，不断完善化学教学。本书分析了反思教学对学生和教师的要求，提出如何在化学教学中进行反思教学，最终提高化学课堂的有效性。

1. 反思教学的要求

反思教学是一种新颖的教育方式，它从侧面评估学生和教师自身。这种有效的方法对教师有一些明确的要求，总结如下。

首先，反思教学要求教师专注于评估自己的教学策略。作为反思教学的核心，教师需要主动反思并回顾自己的教学方法。通过对学生的反馈以及自身经验的积累，教师应不断改进自己的教学策略。同时，熟悉化学教学中的实验器材的使用、维护和操作等知识也是必要的。

其次，反思教学强调培养学生的综合能力。在素质教育的背景下，培养学生的自主学习能力成为首要目标。因此，反思教学应着重于培养学生的创新能力和实践能力，并以此为基础制定相应的教学策略。

再次，反思教学有助于提升课堂教学的质量和效率。在有限的课堂时间内，反思教学可以帮助教师更好地优化教学成果的实现，从而达到更高的教学效果。

最后，反思教学还应着眼于改善学生的学习方式，促使学生的学习思维得以转变。这种方法不仅有助于教师提升自身的教学水平，同时也能够引导学生改进学习方式，提升课堂教学的效益。

2. 影响反思教学的因素

反思教学是一种注重教师与学生互动的新型教学方法。然而，由于传统教学观念和学习方式的长期影响，反思教学的实际成果受到一些因素的制约，主要包括以下三个方面。

第一，某些教师因为坚守旧有观念和思维方式，限制了反思教学深入发展的程度，从而影响了其实际效果。

第二，部分教师在课堂中难以真正将学生置于学习的核心，师生互动不足。传统教学模式以教师、课本和课堂为中心，学生被动接受知识，缺乏主动学习的积极性。师生之间的互动不够，学生缺乏及时的反馈和交流，从而降低了教学的效果。

第三，过于追求考试成绩，而忽略了学生综合能力的培养。过分关注分数可能导致教学过于应试化，忽视了培养学生的创新能力和综合素质。

这些因素都影响了反思教学的实施和效果。要推动反思教学取得更好的成果，需要教师们积极转变观念，重视学生的主动学习，增强师生互动，以培养学生的综合能力为目标，而非仅仅追求分数。

3. 化学反思教学的内容

（1）对教学理念的反思

素质教育要求教师跳出传统的教学模式，从注重知识传递转向注重培养学生能力。教师应反思过去的教学理念，重新构建新的理念，并在实践中更加关注学生的价值观和情感变化。这需要改变以教师为中心的思维方式，降低教师与学生之间的心理距离，认识到在人格上的平等，积极与学生互动，促进师生之间的良好关系。同时，教师需要将过于强调成绩和分数的观念转变为注重培养学生综合能力，从而实现学生全面进步和发展。

（2）对教学能力和技巧的反思

教师的反思教学最终也是通过教学技巧和能力来进行的，因此教师需要对自身的教学进行全面的评估和反思。其主要可以从以下三方面着手。

①讲课方式和语言表达的反思：在化学教学中，逻辑性和科学性非常重要。教师应反思自己的讲课方式，确保语言表达清晰、准确，避免口误和误导性错误。注意对化学元素、公式等的正确发音，同时以简练且富有感染力的语言激发学生兴趣。

②板书和图示的反思：教师应合理规划黑板板书的布局，确保书写工整、清晰，字体大小适中。绘制图示时要精确，确保图形能够清晰传达所需信息，提高学生的理解和记忆效果。

③实验器具和操作的熟悉程度：在化学教学中，实验课程至关重要。教师需要熟悉实验室的化学药品和实验器材，掌握实验操作程序和安全规范。对于实验事故要有清晰的应对策略，并及时指导学生规范操作，避免实验失误。

（3）对教学方法的反思

素质教育把学生的能力培养放在了首位，使得教师在教学时也必须改变原有的教学方法。对此，教师可以采取如下三种方法。

①课前反思：教师需要提前研究教材，制定教学计划和目标，并设计合适的教学方案。这有助于确保教学内容有条理、逻辑清晰，为学生提供有效的学习体验。

②课中反思：在课堂中，教师应关注课堂氛围和情境的营造，确保师生之间的有效互动。教师还应反思自己对课堂的掌控程度，思考如何更好地促进师生沟通交流，以及如何激发学生的兴趣和参与度。

③课后反思：在课程结束后，教师应重点关注学生对课堂内容和实验课程的反馈与理解。通过反思和总结课堂教学，教师可以不断改进教学方法，逐步提高教学质量。

教学反思是素质教育的核心要求。通过反思，教师能够自觉地发现课堂教学中的不足之处，并积极寻找解决策略，以不断提升自身的教学水平。这种持续的自我反思和提高，为培养出色的化学人才奠定了坚实的基础。

4. 对学习方式的反思（自主、合作、探究）

建构主义强调学习是积极主动的构建过程，学习者根据自身认知结构主动选择并构建外在信息的意义，而不是被动接受。教育改革将这一理念应用于学生的学习行为，要求教师将课堂归还给学生，使他们在教与学的全过程中积极参与。新课程理念倡导培养学生自主、合作、探究的学习方式，不仅注重知识和技能，还关注学习乐趣和过程体验。教师在化学教学中，应结合学科特点，帮助学生培养积极的学习态度和情感。通过这种方式，可以实现学生的全面发展。

5.对新教材内容的反思（贴近生活，加强了与其他学科的联系）

教师应在教学中引导学生从熟悉的生活现象出发，激发问题意识，探究获取相关知识和经验，利用丰富的化学课程资源，从不同视角和切入点深入探索，将理论与实际联系起来，加深学生对"科学、技术、社会"观念的理解，培养学生社会责任感。例如：（1）（序言）收集生活中常见的物质变化，并加以比较有什么不同？（2）（燃烧及缓慢氧化）探究燃烧条件灭火的方法。（3）（质量守恒定理）探究化学变化前后的质量变化，解释为什么煤燃烧后剩余的灰烬比煤的质量少。（4）（甲烷）农村沼气的使用前景、西气东输、常见化学纤维的简单区分。（5）（铁）现代工业的支柱———金属材料。（6）（酸碱盐）学生可以调查胃酸病人的药物应用情况，自制酸碱指示剂，了解水垢成分和化肥的使用，培养环保意识。教师通过这样的教学方法，将化学知识与生产生活实际相结合，拓展学生的思维，培养综合素质和社会意识。

当今社会，人类面临着人口、环境、能源、资源和健康等诸多挑战。这些问题的解决需要各学科之间的协同合作。化学与物理、生物、地理等学科之间存在许多紧密联系，因此在教学中有必要有针对性地设计跨学科的学习课题，以帮助学生在各学科基础上更全面地理解问题，培养综合素质。例如：（1）二氧化碳与光合作用；（2）溶液与生命运动；（3）土壤的简单分析；（4）水系的变迁及水资源的分布；（5）赤潮和水华现象；（6）水溶液的导电与金属的导电；（7）新能源的开发使用；（8）食品添加剂的种类、作用及不良影响。教师应通过这些跨学科课题的学习，让学生意识到化学与其他学科的紧密联系。这有助于学生从多个角度去思考、分析和解决问题，培养其参与意识、决策能力、科学精神和人文关怀，从而提升学生的综合能力。

（二）化学教师的素质要求

教师的劳动是一种复杂的、创造性的劳动，那么化学教师具备哪些素养才能称得上是一个好教师呢？针对化学教师的素质结构，以下从五个方面描述高职化学新课程对化学教师的素质要求。

1.思想品德素质

对于教师来说，必须具有坚定正确的政治方向，要有高度的事业心与责任感，并且具备开拓意识和创造精神。教师在教书育人的过程中起主导性作用，教师的工作态度与能力是决定教育工作最终成败的关键因素。教师一举一动不仅影响自己的工作效果，而且对学生行为、品格的成长有着直接的影响。

2.教育思想素养

教师要树立新型的人才观和育人观，化学学科教学一定要以人的发展为本，服从、服务于人的全面健康发展。此外，教师还要具备先进的教学观和质量观，只有这样，才能培养出适合时代发展需要的身心健康、有知识、有能力、有纪律的创新型人才。

3. 新课程理念

教师应铭记新课程的核心理念是"为了每一位学生的发展",应系统学习高职化学课程标准,具有新的课程观、教材观、学生观、教学观、评价观和教师专业化发展的动力。

4. 科学文化素质

我们认为,化学教师的学科专业知识应包括陈述性知识、程序性知识和策略性知识三部分。大学无机化学系统的元素化合物知识、有机化学的有机化合物性质的知识、结构化学的基本知识、化学发展史的知识以及化学与其他学科交叉渗透的内容等是化学教师专业知识中陈述性知识的主要组成部分;无机化学的基础理论知识、有机化学反应的基本规律、物理化学原理、分析化学的基本原理构成中学化学教师专业知识的程序性知识;而中学化学教师专业知识中的策略性知识主要包括化学科学研究的一般方法和化学研究的专门性方法(如物质结构的测定,物质的合成、分离和提纯等)两大部分。

5. 化学教师的实验教学能力

化学教师的特殊素质要求主要体现在化学实验教学能力方面。化学作为以实验为基础的一门学科,要求教师具备演示实验、设计和改进实验、指导学生实验的能力。演示实验时,教师需明确实验目的,确立知识传递目标,示范操作步骤,引导观察重点,培养学生特定能力。安全是首要考虑,演示操作需规范、现象明确。在实验过程中,启发性讲授应加强,鼓励学生将实验、观察与思维结合。通过分析实验过程和现象,引导学生理解实验原理、装置和操作的关系,促进对整个实验的全面理解。

设计和改进实验能力是指教师根据教学需求和内容特点,创造性地设计新实验或改进现有实验,以深化学生对知识的理解。这要求实验在科学基础上,既符合教学目标和学生认知规律,又能保证科学性。指导学生实验的能力体现在引导实验操作、观察和思考,培养学生科学态度和方法。这涉及教师的创新和指导技能。

二、专家型教师与一般教师的比较

(一)专家型教师的基本特征

专家型教师可以理解为教学相长的教师,他们不仅精通所教学科的专业知识,还具备丰富的教学实践经验。他们在培养学生道德品质、激发学习热情、培养学习和创造能力等方面表现出色,展现高超的教学技巧和明显的教学成果。他们拥有独特的教学理念,并被社会公认为专业能手。研究表明,专家型教师主要有以下三方面的基本特征。

1. 具备并能有效运用丰富的、组织化的专业知识

专家型教师的首要特征是具备广博的专业知识,这些知识主要包括所教的学科知识;教学方法和理论,适用于各学科的一般教学策略(诸如课堂管理的原理、有效教学、评价等);课程材料,以及适用于不同学科和年级的程序性知识;教特定学科所需要的知识,教某些学生和特定概念的特殊方式;学习者的性格特征和文化背景;学生学习的环境(同伴、小组、班级、学校以及社区);教学目标。专家型教师可以将这些知识高度整合,使其具有

良好的结构，与教学背景相联系。除此之外，专家型教师还能针对学生的自身条件因材施教，从而实现最优的教学效果。

2. 可以高效率地解决教学领域内的问题

专家型教师在广泛的知识经验基础上，能够迅速且只需很少或无须认知努力便可以完成多项活动，这是因为专家型教师本身在元认知和认知的执行控制方面能力比较高。经过长期积累，某些教育技能已经程序化、自动化，可以在较短时间内完成更多工作，高效率解决问题。专家型教师善于监控自己的认知执行过程，注重从自动化的教学向更高水平的推理和问题解决方向发展。此外，专家型教师也愿意在所需解决的问题上花费较多的时间去理解和计划，在教学行为进行过程中，他们又能主动对自己的行为做出评价，并随时做出相应的调节。

3. 有很强的洞察力并善于创造性地解决问题

专家型教师善于观察，发现事物间的相似性，可以从不相关的信息中提取有效的信息，并能够有效地将这些信息联系起来，重新加以组织，将各种信息联系起来综合运用，解决身边的问题。专家型教师的解答方法既新颖又恰当，往往能够产生独创的、有洞察力的解决方法。

目前，学术界经常提到的学者型教师、研究型教师、反思型教师都不完全是专家型教师，作为专家型教师应该有学者型教师的睿智与开放、研究型教师的严谨与创新、反思型教师的批判与深刻。专家型教师是一种境界。

（二）与一般教师的比较

专家型教师与一般教师在很多方面都有不同，表 10-1 从教师日常教学的教学设计、教学过程和教学评价来分别阐述专家型教师与一般教师的不同。

表 10-1　专家型教师与一般教师的比较

教学体系		专家型教师	一般教师
教学设计		只是把教学过程中的重要环节写成书面材料（教学设计），不涉及教学过程细节	把教学过程的每一个细节（甚至包括语言和动作）按照自己的意志设计得很详细，并全部呈现在教学设计中
教材呈现		注重采用适当的方法回顾先前知识，注意旧知识对新知识学习的支持性作用，注意及时复习与巩固，注意对重点知识强化，对难点知识能循序渐进地给以巧妙突破	对所有的教学内容面面俱到，平铺直叙，不能引导学生对所学内容进行前后联系，难以有效突破重点和难点
教学过程	课堂练习	把练习当作促进学生知识理解、迁移、检查学生学习情况的手段，注意学生练习的进程和出现的各种问题，允许学生进行讨论，并在课堂上留出时间解决共性问题	把练习当作必需的教学步骤，关注练习的时间，特别强调练习时的纪律，课堂上巡回走动时只顾自己关心的学生，看不到整体情况，不能及时发现问题，提供反馈
	教学策略	教学策略丰富，能灵活运用，善于提出系列问题，引导学生的思维	教学策略比较贫乏，运用不够恰当，提问的次数相对较少，问题也比较孤立，无法正确引导学生得出正确答案

教学体系	专家型教师	一般教师
教学评价	着眼点放在教学目标的完成情况、学生学习活动的水平、课堂教学的成功之处和应注意的问题等环节	关心课堂上教师的表现，课堂上发生的细节及课堂的形式和氛围，关心既定的教学设计完成的情况等
教学体系	专家型教师	一般教师

三、化学教师专业发展的方向

改革和发展是教育永恒的主题，教育的发展需要也要求教师的发展，新一轮基础教育课程改革将教师的专业发展问题提到了前所未有的高度。《普通高职化学课程标准（实验）》在其所倡导的基本课程理念中明确提出："为化学教师创造性地进行教学和研究提供更多的机会，在课程改革的实践中引导教师不断反思，促进教师的专业发展。"

20 世纪 80 年代以来，教师的专业发展成了教师专业化的方向和主题，教师专业发展以教师专业结构的丰富和专业素养的提升为宗旨。教师专业标准的内涵是开放的、不断变化的，是动态发展的。随着教育体制的不断发展，教师专业标准由低层次向高层次发展。这个过程既有阶段性，又是永无止境的，其阶段性是同教育改革所处的现实社会情境相对应；其发展的永无止境指的是发展只有起点没有终点，这是同教育改革发展的无止境相联系的，教师必须不断地改进自己以适应社会变化的需要。教师专业发展具有强烈的时代性，它本身就是对传统教育的超越、扬弃、更新和创造。

新课程由学习领域、科目、模块三个层次构成，打破了过去单一的学科设置模式，是围绕一定的主题并通过整合学生的经验及相关内容而形成的。

（一）知识结构趋向于综合化

我国的教师教育一直重视教师对专业知识的掌握，但是新课程对教师提出了新的要求，合理的知识结构或较高的科学文化素质是化学教师必备的学术背景，不仅要求教师有系统的、深厚的专业基础知识，而且还要求教师在对知识价值的理解上，超越学科的局限，从宽阔的社会背景中认识化学。

新课程要求教师要学会探究教学，因此，教师需要去了解有关的科学哲学知识。教师拥有的关于科学探究和科学内容的知识越多，就越能成为有效的探究者，也就越能胜任探究性教学。

综合化的知识结构具有创新功能，是一个不断建构、不断发展的过程，教师要时刻关注化学学科的学术发展动态，注意知识的更新和发展，树立终身学习的意识。

传统教学中，教师基本上都是以传授教科书上的知识为教学目的，没有顾及学生自身的兴趣需求与年龄特征，采取直线式的教学方式传授学科知识，导致学生普遍产生死记硬背、机械记忆、被动接受的学习方式，不利于学生的发展。

新课程则提出"一切以学生发展为本，学生成为课堂学习的主体，教师应该尊重学生的精神世界和人格尊严，变传统的单向传授方式为合作生动式的教学方式"。教师不再是课堂的权威与决定者，而是学生学习的辅助者，能够针对学生的个性特点，真正让课堂焕发生命力，激发学生的智慧潜能。

（二）教师角色体现出多重性

长期以来教师的角色定位为"教书匠"，只需要单纯地向学生传递知识。在新课程中，教师需要承担的角色多样，必须重新定位自己的角色，自如地转变角色。

首先，教师在新课程中应成为学生学习的促进者。教师不要自居为知识传授者和课堂主宰者，要时刻考虑到学生在学习和成长过程中遇到的问题，给予及时的指导，帮助学生在知、情、意、行各个方面获得全面的发展，成为学生学习的激发者和促进者。此外，教师还应关注对学生的心理健康和优良品德的培养，促进学生形成科学的情感、态度、价值观。

其次，教师在新课程中应成为教学实践的研究者。教学具有很强的实践性和情境性，而新课程蕴涵的新理念、新方法以及实施过程中遇到的新问题都需要教师以研究者的心态置身于教学实践之中，以研究者的眼光审视和分析问题，反思自身行为，探究教学实践。

最后，教师在新课程中应成为课程的开发者。新课程倡导民主、开放、科学的课程理念，同时确立国家课程、地方课程、校本课程三级课程管理体制，这就要求课程与教学相互整合，教师必须在课程改革中发挥主体性作用，从而改变教师只是既定课程执行者的角色。这些都需要教师树立课程开发者的角色，利用课程资源开发与设计校本课程。

参 考 文 献

[1] 贺红举.全国技工院校公共课教材配套用书化学教学参考书[M].6版.北京：中国劳动社会保障出版社，2023.

[2] 盛况，杨仕平.高校课程思政教学设计案例精选化学化工类[M].上海：上海教育出版社，2023.

[3] 邱德瑞.化学有效教学理论与实践探究[M].长春：吉林人民出版社，2022.

[4] 魏壮伟.促进职前化学教师学科教学知识发展的课程开发研究[M].武汉：武汉大学出版社，2022.

[5] 邓峰，钱扬义.化学教学设计[M].北京：化学工业出版社，2022.

[6] 金城，李佑稷，李志平.高等学校教材化学教学理论与方法[M].北京：化学工业出版社，2022.

[7] 赵春梅.基于真实情境的微项目式化学教学实践[M].上海：华东师范大学出版社，2022.

[8] 陈颖，支瑶，尹博远.基于核心素养的化学教学关键问题解析[M].北京：高等教育出版社，2022.

[9] 章红，严小丽，陈晓峰.化学工艺概论[M].3版.北京：化学工业出版社，2022.

[10] 岳文虹，苑凌云.追寻化学教育的本源化学疑难问题研究[M].西安：陕西科学技术出版社，2021.

[11] 臧奕.初中化学教学中融合生命教育的探索与实践研究[M].长春：东北师范大学出版社，2021.

[12] 张晖英，林曼斌.基于化学核心素养的教学设计与案例分析[M].广州：广东高等教育出版社，2022.

[13] 徐雪峰，金继波，张莉.上海市基础教育名师学术文库化学课堂教学设计与实践[M].上海：上海交通大学出版社，2021.

[14] 任乃林，张晖英，周青.教师教育学科核心素养丛书化学教育专业核心素养提升读本[M].广州：广东高等教育出版社，2021.

[15] 黄凤.化学实验教学策略研究[M].沈阳：辽宁科学技术出版社，2022.

[16] 陈日红，赖英慧，张立峰.化学教育与科学素养[M].长春：吉林人民出版社，2020.

[17] 吴敏.化学观念教育[M].上海：上海教育出版社，2020.

[18] 张健如.化学教育求索[M].北京：人民教育出版社，2020.

[19] 张世勇，李勋.化学教育研究方法与案例[M].北京：中国石化出版社，2020.

[20] 程军，方正，罗华荣.绿色化学教育视野下的化学教学改革 [M].延吉：延边大学出版社，2020.

[21] 张世勇.基础教育化学教科书变革研究 [M].南昌：江西科学技术出版社，2019.

[22] 吴晗清.化学教育实践研究 [M].北京：首都师范大学出版社，2019.

[23] 倪胜军.教育目标分类学在初中化学教学中的应用 [M].吉林：吉林出版集团股份有限公司，2019.

[24] 宋萍.高职院校化学教学模式建构 [M].汕头：汕头大学出版社，2019.

[25] 马富，赵红建.绿色化学教育研究 [M].长春：东北师范大学出版社，2018.

[26] 黄梅.化学教育研究方法 [M].北京：科学出版社，2018.

[27] 宋丽军.新课改下的化学与 STS 教育理念综述 [M].延吉：延边大学出版社，2018.

[28] 陈海霞.化学特殊教育 [M].厦门：厦门大学出版社，2017.

[29] 林雪，张艳尊，李明福.化学教学与素质教育 [M].西安世界图书出版社，2017.

[30] 杜正雄.化学教育研究案例与实践 [M].北京：科学出版社，2017.06.

[31] 张婉佳，张小兰，高兆芬，等.化学教学论实验指导 [M].上海：复旦大学出版社，2017.

[32] 吴绍艳，何秋伶，江舟.生物化学教学与思维创新 [M].沈阳：辽海出版社，2017.

[33] 刘炳华，范庆英.基于学科核心素养的初中化学教学设计 [M].苏州：苏州大学出版社，2017.

[34] 卢宏，王娣，李永莉.物理与化学实验教学思维创新 [M].长春：吉林人民出版社，2017.

[35] 毕建洪，董华泽，夏建华.微型化学实验及教学案例设计 [M].合肥：中国科学技术大学出版社，2017.

[36] 陈志高，徐坤，罗桂林.化学分析与化学教学研究 [M].长春：吉林大学出版社，2017.

[37] 徐开胜.基于互联网＋的化学教学模式创新 [M].延吉：延边大学出版社，2017.

[38] 熊言林.化学教学实验研究 [M].安徽师范大学出版社，2016.

[39] 夏建华.数字化实验与化学教学深度融合 [M].合肥：安徽教育出版社，2016.

[40] 宋友德.化学比较学习与比较教学 [M].成都：四川大学出版社，2016.

[41] 吕晓燕.化学课堂教学中问题设置的实践研究 [M].兰州：甘肃教育出版社，2016.

[42] 蔡亚萍，竺丽英，杨振曦，等.化学教学理论与策略 [M].北京：科学出版社，2016.12.

[43] 谢祥林.化学教学设计原理 [M].长沙：湖南教育出版社，2016.

[44] 杨切吾.化学教学模式与视角创新 [M].北京：光明日报出版社，2016.